# 上海财经大学富国 ESG 丛书

## 编 委 会

**主 编**

刘元春 陈 戈

**副主编**

范子英

### 编委会成员

（以姓氏拼音为序）

郭 峰　黄 晟　靳庆鲁　李成军
李笑薇　刘詠贺　孙俊秀　杨金强
张 航　朱晓喆

上海财经大学富国ESG丛书
上海市"十四五"重点出版物出版规划项目
上海市促进文化创意产业发展财政扶持资金项目资助

# 从ESG到社会治理

## 企业社会公民角色的新定位

宋程成　楚汉杰　陈豆豆 ◎ 著

上海财经大学出版社

上海学术·经济学出版中心

图书在版编目(CIP)数据

从 ESG 到社会治理：企业社会公民角色的新定位 / 宋程成, 楚汉杰, 陈豆豆著. -- 上海：上海财经大学出版社, 2025.1. -- (上海财经大学富国 ESG 丛书).
ISBN 978-7-5642-4546-7

Ⅰ.X322.2; D63

中国国家版本馆 CIP 数据核字第 2024WV2297 号

□ 责任编辑　胡　芸
□ 封面设计　李　敏

## 从 ESG 到社会治理：
### 企业社会公民角色的新定位

宋程成　楚汉杰　陈豆豆　著

上海财经大学出版社出版发行
(上海市中山北一路 369 号　邮编 200083)
网　　址:http://www.sufep.com
电子邮箱:webmaster@sufep.com
全国新华书店经销
上海华业装潢印刷厂有限公司印刷装订
2025 年 1 月第 1 版　2025 年 9 月第 2 次印刷

787mm×1092mm　1/16　16 印张(插页:2)　339 千字
定价:88.00 元

# 总　序

ESG，即环境(Environmental)、社会(Social)和公司治理(Governance)，代表了一种以企业环境、社会、治理绩效为关注重点的投资理念和企业评价标准。ESG 的提出具有革命性意义，它要求企业和资本不仅关注传统盈利性，更需关注环境、社会责任和治理体系。ESG 的里程碑意义在于它通过资本市场的定价功能，描绘了企业在与社会长期友好共存的基础上追求价值的轨迹。

关于 ESG 理念的革命性意义，从经济学说史的角度，它解决了个体道德和宏观向善之间的关系，使得微观个体在"看不见的手"引导下也能够实现宏观的善。因此，市场经济的伦理基础与传统中实际整体社会的伦理基础发生了革命性的变化。这种变革引发了"斯密之问"，即市场经济是否需要一个传统意义上的道德基础。马克斯•韦伯在《新教伦理与资本主义精神》中企图解决这一冲突，认为现代市场经济，尤其是资本主义市场经济，它很重要的伦理基础来源于新教。但它依然存在着未解之谜：如何协调整体社会目标与个体经济目标之间的冲突。

ESG 之所以具有如此深刻的影响，关键在于价值体系的重塑。与传统的企业社会责任不同，ESG 将企业的可持续发展与其价值实现有机结合起来，不再是简单呼吁企业履行社会责任，而是充分发挥了企业的价值驱动，从而实现了企业和社会的"双赢"。资本市场在此过程中发挥了核心作用，将 ESG 引入资产定价模型，综合评估企业的长期价值，既对可持续发展的企业给予了合理回报，更引导了其他企业积极践行可持续发展理念。资本市场的"用脚投票"展现长期主义，使资本向善与宏观资源配置最优相一致，彻底解决了伦理、社会与经济价值之间的根本冲突。

然而，推进 ESG 理论需要解决多个问题。在协调长期主义方面，需要从经济学基础原理构建一致的 ESG 理论体系，但目前进展仍不理想。经济的全球化与各种制度、伦理、文化的全球化发生剧烈的碰撞，由此产生了不同市场、不同文化、不同发展阶段，对于 ESG 的标准产生了各自不同的理解。但事实上，资本是最具有全球主义的要素，是所有要素里面流通性最大的一种要素，它所谋求的全球性与文化的区域性、与环境的公共属性之间产生了剧烈的冲突。这种冲突就导致 ESG 在南美、欧洲、亚太产生的一系列差异。与传统经济标准、经济制度中的冲突相比，这种问题还要更深层次一些。

在 2024 年上半年，以中国特色为底蕴构建 ESG 的中国标准取得了长足进步，财政部和三大证券交易所都发布了各自的可持续披露标准,引起了全球各国的重点关注,在政策和实践快速发展和迭代的同时,ESG 的理论研究还相对较为缓慢。我们需要坚持高质量的学术研究,才能从最基本的一些规律中引申出应对和解决全球冲突最为坚实的理论基础。所以,在目前全球 ESG 大行其道之时,研究 ESG 毫无疑问是要推进 ESG 理论的进步,推进我们原来所讲的资本向善与宏观资源配置之间的弥合。当然,从政治经济学的角度讲,我们也确实需要使我们这个市场、我们这样一个文化共同体所倡导的制度体系能够得到世界的承认。

在考虑到 ESG 理念的重要性、实践中的问题以及人才培养需求的基础上,为了更好地推动 ESG 相关领域的学术和政策研究,同时培养更多的 ESG 人才,2022 年 11 月上海财经大学和富国基金联合发起成立了"上海财经大学富国 ESG 研究院"。这是一个跨学科的研究平台,通过汇聚各方研究力量,共同推动 ESG 相关领域的理论研究、规则制定和实践应用,为全球绿色、低碳、可持续发展贡献力量,积极服务于中国的"双碳"战略。我们的目标是成为 ESG 领域"产、学、研"合作的重要基地,通过一流的学科建设和学术研究,产出顶尖成果,促进实践转化,支持一流人才的培养和社会服务。在短短的一年多时间里,研究院在科学研究、人才培养和平台建设等方面都取得了突破进展,开设 ESG 系列课程和新设了 ESG 培养方向,组织了系列课题研究攻关,举办了一系列的学术会议、论坛和讲座,在国内外产生了广泛的影响。

这套"上海财经大学富国 ESG 丛书"则是研究院推出的另一项重要的学术产品,其中的著作主要是由研究院的课题报告和系列讲座内容转化而来。通过这一系列丛书,我们期望为中国 ESG 理论体系的构建做出应有的贡献。在 ESG 发展的道路上,我们迫切需要理论界和实务界的合作。让我们携起手来,共同建设 ESG 研究和人才培养平台,为实现可持续发展目标贡献我们的力量。

刘元春<br>
2024 年 7 月 15 日

# 内容提要

ESG(Environmental, Social and Governance)已成为中国经济社会治理的重要构成部分。现有研究主要从 ESG 投资、ESG 信息披露与评级、ESG 与战略三个层面展开相应分析。然而,在中国这个大背景下,ESG 治理构成一种广义治理,即通过规范公司与利益相关者的正式及非正式制度,引导资本向善,从而实现社会价值的创造。因此,分析市场主体作为社会公民所能扮演的社会治理角色,探讨 ESG 怎样成为共同富裕和基层治理高质量发展的重要助推力量,从而实现多元共建共享的良好局面,具有深刻的理论与现实意义。

为此,本书借助理论回顾、实地调研、统计数据收集等多种途径,对中国企业 ESG 实践融入社会治理的可能性和实际效果进行了细致探讨,并就未来的研究方向进行了梳理。特别地,通过系统回顾以往的 ESG 研究视角和社会治理概念本身的内涵,强调了企业 ESG 可以被看作能够创造混合价值(经济、社会和环境)的重要制度和实践,并通过将 E、S、G 维度与社会治理的公共物品供给、公共生活场域、公共意志表达等构成维度相结合的策略,形成一个系统的分析框架,以探讨企业如何能够兼顾更广泛的社会利益。研究的核心在于,把握其他社会主体与企业间的互动,确保形成系统的环保监督体系、劳工管理体系、社会道德和社会准则监管体系,从而更加有效地推动 ESG 发挥相应的社会治理功能。

我们希望,无论是 ESG 实践领域的研究者还是相关公共政策的制定者,乃至企业实务部门的工作者,都可以在本书中获得一些基本的启示,从而更好地推动企业 ESG 发挥相应的社会治理功能。

# 目 录

引言 / 001

## 第一部分　ESG 实践的社会治理意蕴

**第一章　企业 ESG 与社会治理：现实表现、发展与扩散 / 021**
　第一节　企业 ESG 社会治理实践的现实表现与发展 / 021
　第二节　中国情境下企业 ESG 社会治理的微观实践 / 025
　第三节　企业 ESG 社会治理实践的扩散动力机制 / 028
　第四节　研究结论 / 030

**第二章　企业 ESG 社会治理的实践状况分析 / 035**
　第一节　问题的提出 / 035
　第二节　研究设计 / 036
　第三节　实证分析 / 038
　第四节　政策建议 / 042

**第三章　企业 ESG 社会治理的实践内容分析 / 044**
　第一节　问题的提出 / 044
　第二节　研究设计 / 045
　第三节　实证分析 / 049
　第四节　结论与启示 / 055

## 第二部分 ESG 实践与公共意志表达

### 第四章 ESG 标准的社会治理匹配度及其本土化 / 061
  第一节 确定 SMA 目标和具体数据内容 / 061
  第二节 数据收集与预处理 / 063
  第三节 LDA 模型实证分析 / 065
  第四节 情感分析 / 067
  第五节 ESG 评级的本土化要素研究 / 075

### 第五章 企业 ESG 融入社会治理的微观实践 / 080
  第一节 问题的提出 / 080
  第二节 文献回顾 / 081
  第三节 理论基础 / 084
  第四节 研究方法、框架与背景 / 086
  第五节 案例分析：企业 ESG 实践的助力模式 / 088
  第六节 量化研究：公益创投党建与社会组织自治 / 095
  第七节 结论与启示 / 099

## 第三部分 ESG 实践与公共物品提供

### 第六章 政治关联对企业 ESG 社会治理的影响机制 / 107
  第一节 问题的提出 / 107
  第二节 理论分析与假设 / 109
  第三节 数据及模型 / 112
  第四节 实证结果 / 114
  第五节 内外部治理的改善作用 / 124
  第六节 结论与启示 / 125

### 第七章 企业 ESG 融入社会治理的政策工具选择研究 / 129
  第一节 问题的提出 / 129

第二节　文献回顾 / 130

第三节　ESG 与政府合作的演化博弈分析 / 133

第四节　数值仿真 / 139

第五节　结论与启示 / 141

## 第四部分　ESG 实践与公共生活建构

第八章　ESG 背景下碳普惠的社会治理模式研究 / 147

第一节　问题的提出 / 147

第二节　碳普惠相关理论 / 148

第三节　政府主导型碳普惠的分类探讨 / 149

第四节　政府主导型碳普惠模式的比较分析 / 151

第五节　进一步探讨 / 155

第六节　碳普惠模式优化建议 / 157

第九章　新型农村集体经济促进乡村共同富裕 / 159

第一节　集体经济作为 ESG 的特殊案例 / 159

第二节　文献回顾 / 160

第三节　研究设计 / 161

第四节　范畴提炼与模型建构 / 162

第五节　新型农村集体经济促进乡村共同富裕的内在机制 / 166

第六节　总结与讨论 / 172

## 第五部分　新议题与新趋势

第十章　数字治理转型与企业 ESG 宏观态势 / 177

第一节　问题的提出 / 177

第二节　文献回顾与研究假设 / 178

第三节　研究设计 / 179

第四节　实证分析 / 182

第五节　结论与启示 / 185

第十一章　政府监管与企业数字责任 / 188
　　第一节　问题的提出 / 188
　　第二节　文献评述 / 189
　　第三节　演化博弈分析框架 / 191
　　第四节　实证设计 / 197
　　第五节　结论与启示 / 204

第十二章　结论与展望 / 207

附录1　各行业代表性企业 ESG 报告涉及"社会治理"相关的细节 / 212

附录2　学术是另一种社会创业——《创业型社会：中国创新五讲》评述 / 239

# 引　言

　　自2017年前后被引入中国后,ESG(Environmental,Social and Governance)概念迅速取代企业社会责任(Corporate Social Responsibility,CSR),成为投资机构判断企业非财务指标的关键性标准。由于ESG概念涵盖了环境保护(E)、社会责任(S)和公司治理(G)多个维度,使得其可以对企业进行更加全面、系统的评估,从而更好地开展责任性投资(邱慈观,2021;邱牧远、殷红,2019)。一般认为,ESG与传统CSR的最大区别在于,其更加注重治理方面的制度安排,同时,投资界则多将其视为影响力投资(impact investing)的同义词(或进一步的延续)(Mobius et al.,2019)。目前,与ESG相关的商业模式已成为投资机构的重要选项。截至2023年11月,中国国内已有124家机构签署了联合国于2004年发布的责任投资原则(Principles for Responsible Investment,PRI),而在资本市场上则运营了805只ESG公募基金产品,累计资产管理规模达到5 256.25亿元;此外,已经有1 829家上市公司发布了独立的ESG报告(见图0—1)。ESG概念的流行和执行还在很大程度上塑造了企业的社会角色——当企业依据ESG原则运营时,可能对一国社会的治理状况和社会构成产生实质性塑造和影响(希勒,2012)。特别地,在中国情境下,ESG及其引致的治理实践,在实质上构成了一种广义治理,即通过规范公司与利益相关者的正式及非正式制度,引导资本向善,从而实现社会价值的创造(刘元春,2021)。

　　因而,分析市场主体作为社会公民所能扮演的社会治理角色,探讨ESG怎样成为共同富裕与社会治理高质量发展的重要助推力量,并据此帮助实现多元共建共享的良好局面,具有深刻的理论与现实意义。进一步地,这一理念还被引入地方治理之中有所实践。例如,2021年加拿大多伦多市发布了《多伦多环境、社会和绩效(ESG)报告》,以期通过这一理念来实现对众多利益相关者的公共服务承诺。上述理念也为国内实务界所重视,例如,2022年清华大学课题组发布了《中国地方政府ESG评级指标体系研究报告》,强调了地方政府借助ESG实现可持续、绿色发展的潜在价值,以及实现高质量社会治理的可能性。[①]

　　然而,鲜有深入探讨"ESG与社会治理"这一问题的细致研究。例如,课题组在中国知

---

① 参见 https://mp.weixin.qq.com/s/WUCOo_c9mHooJz02R10vbg。

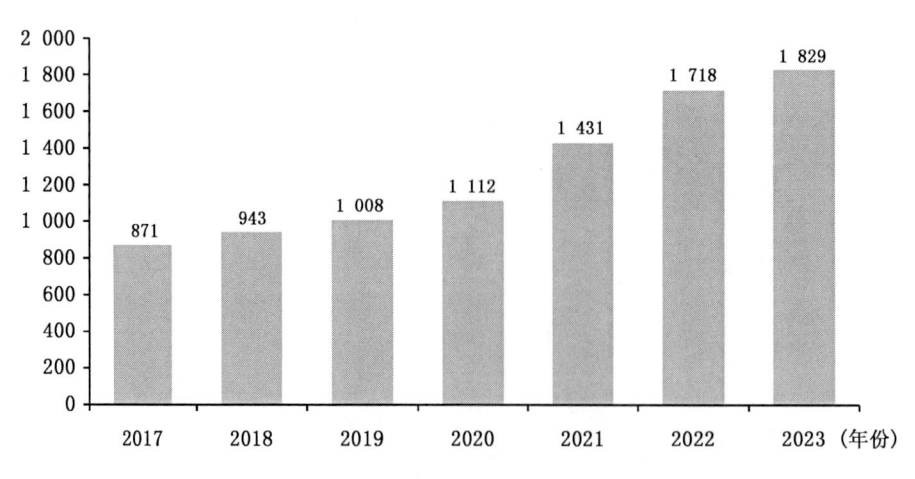

**图 0-1　近年来 A 股企业披露的涉及 ESG 的报告数量**

网上通过"ESG"主题进行精确查找,发现有 4 589 篇文献探讨了 ESG 及与之相关的主题,其中大部分内容涉及 ESG 的概念和理论、企业 ESG 表现、ESG 评价、信息披露等话题(见图 0-2)。特别地,研究文献数量从 2019 年的 119 篇猛增到 2022 年 1 352 篇,这些文献从不同的维度探讨了 ESG 的作用和潜在影响。

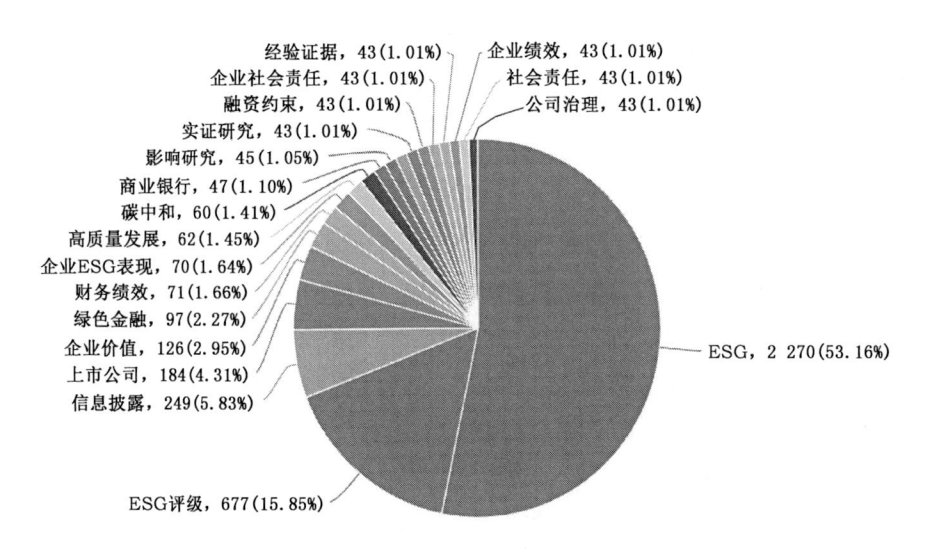

**图 0-2　ESG 相关研究的主题分布**

当我们在中国知网同时以"ESG"和"社会治理"两个关键词进行精确搜索时,发现仅有 40 篇文献涉及相关的内容,其中只有 1 篇论文非常简单地讨论了社会治理(见图 0-3)。可见,当前国内对于 ESG 的探讨仍然大部分聚焦于资本市场和 ESG 评价等与企业运营相关的内容,并没有对 ESG 可以实现的社会价值进行深入剖析和思考,这就使得 ESG 概念提出时最重要的初衷——让企业成为更加负责任的社会公民角色——成为"空中楼阁"。因此,本书尝试结合企业的 ESG 表现去分析和思考其潜在的社会治理功能,并最终发现企业助力高质量发展和共同富裕的可能路径。

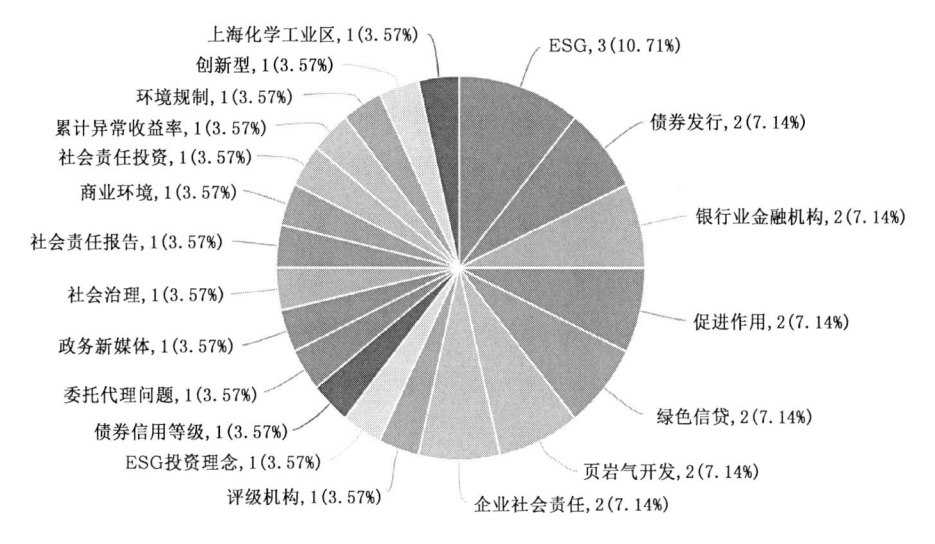

图 0—3　已有文献中关于"ESG 与社会治理"主题的内容分布

## 一、企业 ESG 融入社会治理的可能性

党的二十大报告中提出,"健全共建共治共享的社会治理制度,提升社会治理效能";同时,"完善网格化管理、精细化服务、信息化支撑的基层治理平台,健全城乡社区治理体系,及时把矛盾纠纷化解在基层、化解在萌芽状态"。这表明加快社会治理现代化、强化治理创新模式的探索已经构成新时代的重要课题。近年来,随着工业化和城市化进程的加快,城乡一体化日趋明显,基层治理的范围已经突破了原有农村体制和系统,治理转型已不能采取单项推进、零敲碎打的方式,而是要立足于基层创新与顶层设计相结合,从而逐步实现综合配套、整体推进。习近平总书记强调:"要着力推进社会治理系统化、科学化、智能化、法治化,深化对社会运行规律和治理规律的认识,善于运用先进的理念、科学的态度、专业的方法、精细的标准提升社会治理效能。"可见,只有通过开展翔实的社会科学研究,切实提高基层治理的社会化、法治化、智能化、专业化和多元化水平,才能真正实现国家治理体系现代化。

因此,从学理层面出发,探究企业 ESG 实践如何通过夯实、强化基层治理体系平台的方式创造公共价值,是本书的重要目标。特别地,应当从制度和实践出发,分析企业是如何通过 ESG 相关的作用机制,参与到建设网格化管理、精细化服务、信息化支撑等基层治理平台的建设过程中,进而发挥推动社区服务精准化、发动群众参与共建共治、激发社会主体活力等作用。

"治理"这一概念兴起于 20 世纪末,其含义较为宽泛。治理理论并不认为政府是唯一的公共管理主体(Stoker,1998)。具体而言,"元治理"概念的出现使得政府与社会、企业协同进行公共事务治理的理念得以确立(Jessop,2003)。全球治理委员会以为,治理是各种公共/私人机构与个人管理其共同事务的诸多方式的总和;治理是使相互冲突的或不同的利益得以调和并且采取联合行动的持续的过程。治理与统治相对都是政府进行社会管理的模式,但是两者最主要的区别在于过程。在这个过程中,治理是一个上下互动、共同产生影响的管理过程,而统治的权力运行方向总是自上而下的。与治理相对应的是善治,善治实际上是国家权力向社会的回归,善治的过程就是一个还政于民的过程。"'善治'表示国家与社会或者政府与公民之间的良好合作,从全社会范围看,善治离不开政府,但更离不开公民。"(王诗宗,2008,2010)全球化时代的中国,面临着社会事务日益复杂化和社会生活日益多样化的新形势,"社会治理"应成为未来社会体制建构的基本方向。本书认为,社会治理作为一种新的公共管理模式,打破了政府对公共管理的垄断,使政府不再是公共服务的唯一提供者,大大促进了公共服务的创新。

21世纪以来,面对日益复杂化的公共问题,治理成为公共管理领域最重要的理论潮流。复杂公共问题通常具有鲜明的跨界性(cross-boundary),促使多元主体必须携手应对。治理理论强调,公共管理者从内部取向转向外部取向,关注主体间关系,并跳出狭隘的以效率为取向的公共价值观,关注民主问责制、程序合法性和实质性结果(汪锦军,2015)。治理理论强调,政府与社会、公民等多元利益主体地位应保持平等化,互动不再停留于强势方的吸纳或主宰,而是发展为各方平等双向互动。以此而论,治理是一种主体多元化、决策多边化、关系平等化的独特治理范式。从政府角度来看,政府治理的内涵是政府与其他非政府组织之间共同管理社会公共事务,它们之间是一种互动的网状的模式。换言之,在新兴的公共管理或社会治理等研究范畴中,治理主体外延到了非政府的行动者,并出现了多元化和异质化的趋势。于是,政府与非政府行动者之间的关系便自然成了理解和研究公共管理的基本线索及理论重心。因此,社会治理的概念本质上是一种网络状的公共治理范式,是适应社会发展的一种治理方式(郁建兴、王诗宗,2010;徐林、宋程成等,2017)。具体而言,网络状治理需要政府和社会进行双向调整。在这种模式下,政府的角色定位从管理人民和规划转变到协调资源上。国内学者认为,网络治理就是除了按照传统的自上而下的层级结构建立纵向的权力线外,还必须依靠各种合作伙伴建立横向的行动线,这是信息时代政府提高整体意义的治理绩效和增强责任性的基础(鄞益奋,2007)。换言之,网络治理模式的标志就是依赖公私伙伴关系,通过平衡各种非政府组织以及种类繁多、创新的商业关系来提高公共价值的哲学理念。在提倡"三治融合"的重要背景下,网络治理这一概念在现代社区治理中呈现特别重要的功能。

社会治理的本质是网络治理。在国内传统的公共行政学研究中,一般着眼于对政府的管理行为进行研究,其管理主体是单一的政府体系,主体间关系相对简单;而在新兴的公共管理和治理等研究范畴中,其主体外延到了非政府的行动者,管理主体出现了多元化和异质化的趋势。可见,在社区情境下,政府与非政府行动者之间的关系便自然成为理解和研究社会治理的基本线索和理论重心(郁建兴、王诗宗,2017)。合作能否达成,取决于参与者在各自的认知、利益与战略方向上能否达成一致(Austin et al.,2006)。从这个角度来看,企业借助 ESG 战略与政府、社会组织,以合作的方式参与到社会治理之中的核心在于:企业对社会治理不同维度以及价值体系的高度认同。已有研究发现,企业领导者的价值观与道德取向、企业高管对慈善活动的参与以及员工参与社区治理技能的专业化程度等方面,均对企业参与社会治理的效果有显著影响(Buchholtz,1999;Mescon,1987)。

网络治理在学术界存在两种研究方向:一是网络状的公共管理;二是以企业间的制度安排为核心的参与者之间的关系安排。前者认为,当代社会变革呈现网络状趋势,网络状的公共治理模式是适应社会发展的一种治理方式,即通过由公共部门、私人部门和非营利组织组成的网络联盟来提供公共服务。在这种模式下,政府的角色定位从管理人民和规划转变到协调资源上来(鄞益奋,2007)。

网络治理有不同的形式,主要取决于公私部门合作的范围、宽度、复杂程度和参与程度等(郭春甫,2009)。网络治理包括以下几种类型:(1)服务外包。政府通过合同管理形成了一个网络,对承包商和转包商服务与关系的管理产生了水平及垂直的联系,替代了传统一对一的关系。这类网络在很多公共部门内流行。(2)供应链。供应链的形成是为了向政府提供复杂产品。(3)应急服务。特定社区经常创作一个新的网络来应对非常情况,例如紧急情况下一个由医院、医生、公共卫生和法律机构组成的网络,通常用来应对传染病的流行(诸大建、李中政,2007)。在网络组织模式中,已经不存在某种绝对性的支配力量,各种组织站在同一条水平线上。在网络中,各方的理性与利益、策略可能是互相冲突的。因此,网络治理倡导的是合作治理、互动治理的治理思路,这种治理思路的实现有赖于信任机制和协调机制的培育及落实(博克斯,2005)。

社会治理中强调横向网络的重要性,意味着强调政府、市场以及社会之间的相互依赖和互动,强调三者之间的伙伴关系以及其潜在的作用价值。在这一治理思路转变的情况下,公益创投的治理意涵就被学者们提出并践行。借助公益创投等新兴社会经济,政府能够大量地扩展其服务供给,获得更高的执行效率,并且提升社区基层组织的运行有效性,为政府与社会组织的互益合作创造了良好的条件。进一步地,借助公益创投培育和支持社区社会组织,建立起良好的非正式关系网络,有利于帮助社会组织构建其合法性、汲取其他外部资源以及提升管理能力与社会话语权(Frumkin,2003;Moody,2008)。

企业借助 ESG 融入社会治理的核心在于,其能否真正做到"推进基层精细治理、激活社会治理主体",即使得自身的 ESG 实践能够推进社会治理精细化,在不同社会治理情境下有效促进"党委领导、政府负责、社会协同、公众参与"的多元主体协调体系,理顺企业主体与党组织、基层行政部门、社会组织与公众的各自定位。为此,我们对于现有的 ESG 报告进行了细致梳理与分析。通过归纳总结"福布斯 2022 中国 ESG50"中企业 ESG 报告里含有的

相关文字内容(参见附录),可以发现,目前我国企业 ESG 融入社会治理可能的方向有:

一是联合社会组织参与社区治理创新。企业参与社区治理是指企业为支持社区发展与治理体系而投入人力、物力等资源,以提高社区居民生活质量和社区自我发展能力的系列社区建设活动(张桂蓉,2015)。企业可以通过一系列的资助手段,直接或者间接参与到这一进程中,通过社会组织承接政府的社会服务项目、参与公共政策的制定与实施、保障弱势群体的合法权益、充当社会矛盾化解的工具。基于对参与社会治理的价值认同,企业与社会组织形成了资源互补型合作关系(张桂蓉,2018)。社会组织成为动员者,以受信任的第三方扮演沟通协调者的角色,形成了明确的互惠规则以保证相互为利的信任,并且建构了基于生态保育的共识以凝聚认同感,成为新型信任机制的构建基础,值得进一步研究(罗家德、李智超,2012;柳娟等,2017)。

二是借助技术治理创新协助社会治理。不少有条件的企业可以借助自身的技术优势参与相关的社会建设。例如,智慧社区是"互联网+"在基层社区中的具体应用,互联网将基层社区治理体系重新解构,市场、社会治理主体力量兴起,智慧社区的建设可促进多元治理主体间交流协作,形成多元共治的治理格局(宋煜、王正伟,2015)。这一创新的核心在于构建以"互联网+"信息技术为核心、以社会公众的现实需求为导向、信息数据资源互联共享的整体性治理模式(张佳慧,2017)。特别地,作为信息中转站与处理平台,数字平台企业也逐渐从社会治理的边缘性角色转变为重要参与者,成为数字治理生态中的重要行动主体,通过收集、整理与分析公共交通、教育、卫生等方面的数据,为政府采取有效管理方式奠定基础(孟天广,2022)。在数字政府建设的过程中,政府与企业的合作领域逐渐扩展,如数字政府建设、城市大脑、数据治理、重大疫情防控以及支付宝+公共服务都有企业的参与和支持,是推动数字治理体系和治理能力现代化的重要推动者(黎江平、姚怡帆、叶中华,2022)。从政企合作的原则和机制来看,维护公共利益是政府与企业合作的首要原则,平等互利的合作伙伴关系则是二者能够形成可持续合作的有力保障,在此基础之上,信息互通机制、风险共担机制以及利益共享机制构成了政企合作的基础框架(王张华,2023)。

三是整合与构建基层的社会治理体系。企业自身可以作为重要的文化传承主体和多种社会价值的创造者介入其中。例如,企业可以借助跨部门党建形式来深化自身 ESG 实践,即在党建实践的基础上建立起完备的企业内外部治理体系,与所在社区形成良好的互动,在文化等层面形成一定的合力,继而深入基层治理生态与文化的创造和传承,探究党建引领下中华优秀传统文化价值的创造性转化与创新性发展,从而实现将传统文化与新兴价值创造共享形式紧密结合,促进多元主体规范有序、共生共建共享,推动新兴治理生态与治理文化的形成。同时,企业也可以通过与社区、社会组织之间形成良好的活动实践来实现自己在环境保护等领域的总体性产业链的重构,从而从系统上改变自身面临的经济价值、环境价值和社会价值创造过程中的内在矛盾,并最终促成完善的社会治理系统(张毅、张勇杰,2015)。在这一社会治理体系的建构中,企业应当将自身的经营行为与长期发展有机结合,以形成可持续发展的义利兼容道路。

尽管如此,现有文献对于企业 ESG 与社会治理间关系的探讨仍然较少,对于其内在机理的把握和理论基础的建构工作仍显不足。本书将在系统梳理已有研究的基础上,在理论建构、经验总结、未来领域等方面探讨企业结合 ESG 实践来实现社会治理功能发挥的可能性和必要性。

**二、ESG 研究的多元视角及其治理意涵**

目前,关于 ESG 的研究已经非常丰富,但结论并不完全一致,造成上述局面的关键在于研究者的侧重点或分析视角的不同。围绕着分析的焦点单位和研究变量的差异,已有文献可以大致概述为金融视角、战略视角和治理视角三个方面,下面将结合核心议题、理论模型、经验发现等维度,对已有文献进行系统阐述。

**(一)金融视角**

金融视角的研究对象主要是各类金融投资机构,以及上述主体如何通过 ESG 投资的组合形式来获得必要的投资收益。因此,金融视角的关注点在于公司外部的金融市场和投资方,以及投资方的风险收益偏好对于 ESG 投资的影响等内容。一般而言,ESG 金融视角的研究,其核心议题是 ESG 投资的回报状况及其成因分析,这集中表现为对财务绩效影响机制的探讨以及对非财务收益的产生机制的讨论。截至 2020 年,全球范围内的 ESG 相关可持续性投资已经高达 25.20 万亿美元,高涨的投资潮也刺激了与 ESG 主题基金绩效相关的文献不断增加。

首先,主流文献的基本结论是 ESG 基金的投资组合方案以及投资市场的属性,是影响 ESG 相关投资回报的关键因素。根据全球可持续投资联盟(GSIA)的分类,ESG 基金总体上可以采取包括负面/排斥性筛选标准(即排除不符合的企业)、整合 ESG 标准(财务分析中纳入 ESG 因素)、公司及股东产业策略等在内的 7 种投资组合筛选机制;而 ESG 投资市场则可以分为成熟市场和新兴市场两类。不同筛选标准与市场的组合,导致 ESG 投资呈现完全不一致甚至是相反的财务回报结果。(1)ESG 投资能否获得回报,取决于投资标准的设置。例如,Ahmed 等(2021)提出,当将社会、环境、治理的细化指标明确纳入财富衡量中时,ESG 投资者的总体效用将增加,在这一新的价值衡量范式下,ESG 投资没有牺牲财务回报,还可能创造新的财务价值。类似的情况也出现在负面/排除性筛选的 ESG 投资方面,Hoepner 等(2018)的研究发现,基金实行的负面/排他性筛选有可能确保资产所有者在不影响财务回报的情况下满足受益人的道德目标。可见,在负面筛选下,ESG 可持续性基金与传统基金间收益率的差异不大。还有学者指出,由于 ESG 投资者会根据现金流时机进行决策,因而 ESG 是一种中性的投资工具,ESG 标准本身并不带来更多的收益(Muñoz,2016)。(2)ESG 投资与最终财务回报之间的关系受到市场环境、经济周期等因素的深刻影响(Girerd-Potin et al.,2014;王海军等,2023)。例如,Cunha 等(2020)通过收集和分析 2013—

2018年发达国家和新兴市场股市的可持续投资绩效,发现全球范围内遵循发达国家标准的ESG可持续投资回报整体上偏低。然而,Bilbao-Terol等(2017)则依据Vigeo Eiris的ESG数据库,对法国SRI共同基金的投资回报进行了分析,结果显示,ESG标签与基金市场价值之间存在显著正相关关系。类似地,也有学者发现,在危机时期积极倡导利益相关者权益、关注ESG的基金表现显著优于传统基金,而在非危机时期则正好相反(Nofsinger et al.,2014)。

其次,不少研究从信号机制、合法性机制等理论角度出发,认为金融机构开展ESG投资的关键是为了获取特定的非财务绩效回报(Starks,2009)。总体而言,基本表现为两类潜在回报:(1)提高风险控制能力。有文献认为,部分投资者将ESG绩效解读为未来股票表现和风险缓解的信号,所以将ESG因素纳入投资组合或者投资高ESG评级企业,可以视为一种对冲自然灾害冲击或环境法规等意外变化的手段(Cornell et al.,2021)。例如,Broadstock等(2020)使用沪深300指数数据进行了实证研究,发现在疫情防控期间,高ESG投资组合的表现通常优于低ESG投资组合,即基于ESG的投资组合可以有效降低金融风险,从而证实了ESG因素在市场动荡期间的价值。(2)实现道德资本创造。全球碳排放量激增、气候变暖、自然灾害频发等情况使得社会公众对生态环境、社会问题的关注度越来越高,并且开始逐步意识到大型金融机构的投资和融资决策对经济主体行为的关键影响(Hoepner et al.,2018)。为此,有学者指出,基于ESG的投资组合既满足了客户的产品需求,也符合公众对金融投资机构的期待(Kollias et al.,2016),从而有可能在总体上提高金融投资机构的声誉。

**(二)战略视角**

战略视角的研究对象主要是各类制定和披露ESG报告的公司,这一视角往往将ESG报告视为非市场战略的一种形态(蔡曙涛,2013),并且探讨公司可以通过哪些形式的ESG内容发布来实现企业的融资,或者提高自身在股票市场中的估值,从而实现自身财务和非财务价值的最大化,以确保长期的竞争优势。有研究者甚至认为,ESG/SRI(社会责任投资)等方面的战略构成了最重要的企业战略增长点(Bauer et al.,2014)。目前,关于ESG战略实施的讨论主要围绕着这一非市场战略能否在真正意义上帮助企业获得长期竞争优势、实现社会价值创造等主题来展开(Gillan et al.,2021)。

首先,不少ESG战略研究探讨了在公司运营中纳入ESG要素的(短期)直接财务回报。一项元分析结果表明,大部分企业ESG战略的实施有可能带来一定的财务回报(Friede,2015)。一般认为,ESG要素是重要的合法性增强机制,企业可以利用这些机制改善外部评估者对其的看法,所以满足ESG期望和改善ESG绩效有助于企业获得合法性,从而降低资本获得和运营成本(Grewal et al.,2019)。从委托代理的角度来看,采用ESG战略的企业也将面临较低的资本约束:一方面是因为利益相关者可以通过ESG强调的治理机制来实现更有效的参与和降低代理成本,另一方面则是由于ESG披露实践确保了透明度、减少了信息不对称(Cheng et al.,2014)。当然,随着强制性披露制度的出现,很多时候学者们会质疑ESG战略的实质性作用,认为其本质上是一种"漂绿"(greenwashing)行为(张慧、黄群慧,2022;Cerciello et al.,forthcoming)。同时,ESG战略的有效性往往取决于企业所处的市场环境。Garcia(2020)发现ESG战略的有效性存在着国家异质性,在发达国家市场中,企业ESG战略与财务绩效间存在显著的正向关系;而这一情况并未出现在新兴国家市场中,例如,在印度市场中,高ESG企业与低ESG企业的股市表现之间没有明显差异(Bodhanwala and Bodhanwala,2003)。这是由于,新兴市场背景下企业更有可能优先考虑资本积累,而非关注ESG战略带来的潜在利益。

其次,已有文献分析了ESG战略作为一种获取市场高溢价的迂回战略的意义和方式。有学者从合法性机制出发,强调了ESG实践不应作为减轻负面影响的手段,而应作为避免争议的方式(Nirino et al.,2021)。当企业忽视特定责任时,金融市场对ESG三个维度中的每一个维度都要求更高的风险溢价(Girerd-Potin et al.,2014),从而带来更高的企业成本(Crifo et al.,2015)。有研究认为,ESG绩效较低的公司,其市场价值损失将会是ESG绩效较高公司的2倍,所以,高ESG绩效可以被视为一种防御措施,以防止被低价收购或资产受损而导致的贱卖(Fauser et al.,2021)。同时,部分ESG战略实践已经被证明对企业有积极影响(Tampakoudis and Anagnostopoulou,2020):一是发行绿色债券,在公司发行绿色债券后,机构所有权特别是来自国内机构的所有权会增加,股票的流动性会明显改善;二是收购高ESG绩效的公司,这一策略被认为有助于提高收购方的市场价值。

最后,最新的文献逐步强调ESG战略的作用范围,特别是短期财务绩效外的影响。目前,大部分的分析只考虑了ESG实践的短期财务效果,未能对其长期的影响开展分析。为此,一项基于DID方法的经验分析表明,采用负责任的社会和环境实践的企业在15年内具有较低的财务波动性、较高的销售增长以及较高的生存机会;而ESG实践的有无并不会影响企业间的短期利润,这表明ESG战略的核心并非追求短期利润,而是确保企业的可持续发展和长期优势(Ortiz-de-Mandojana and Bansal,2016)。另一项研究也显示,投资于环境保护的公司由于初始成本高而放弃了短期利润,但是增加了长期公司价值(Kong et al.,2024)。类似地,也有研究强调,跨国交叉上市企业往往可以通过ESG战略所带来的合法性,克服进入新的市场时产生的外来者劣势(Del Bosco et al.,2016)。最近还有研究从债务成本角度探讨了ESG战略能否对企业债务产生积极影响。基于欧洲的经验分析显示,ESG战略并不能显著改善企业的债务成本(Gigante and Manglaviti,2022);也有研究表明,对大部分中国的A股企业而言,ESG披露事实上并不能改进企业股票的流动性(Chen et al.,2023)。

**(三)治理视角**

ESG治理视角的研究主体是公司内外部的利益相关者,以及上述治理主体是如何影响ESG建设与发展的,其核心主题包含了如何借助问责与激励手段来确保企业的管理层能够做出实质性的 ESG 工作,从而真正意义上为社会创造价值。ESG 治理强调企业不仅要满足股东利益,还要平衡其他利益相关者(如员工、客户、供应商、社区等)的利益和诉求,即通过 ESG 战略的建设,确保与各方建立良好的关系,并最终使得企业能够获得更多资源、信任和支持,从而提升其可持续发展能力(Mobius et al.,2019)。

第一,ESG 治理引起重视的原因既有理念因素的驱动,也有利益计算层面的考虑。一方面,保护环境、社会公平等领域的行动主义(activism)给企业带来了越来越大的压力,要求企业从事绿色行为、改善工作环境并且创造社会价值(Lee et al.,2023);另一方面,利益相关者对公司文化、多样性、工作与生活的平衡、管理层领导力和薪酬的满意度,也会影响评级机构对于公司 ESG 绩效的评估,进而影响到企业的实质利益(席龙胜、赵辉,2022)。然而,当考虑到 ESG 的不同维度时,机构所有者的影响可能是负面的。Aluchna 等(2022)基于利益相关者显著性视角,提出 ESG 社会层面的披露并不符合机构所有者关于主要利益的前景预期,并且通过实证检验发现机构所有权与社会绩效披露之间存在负相关关系。

第二,合法性机制和权力机制,构成已有研究思考和分析企业如何在治理结构中基于利益相关者需求来开展 ESG 工作的主要理论依据。ESG 披露被认为是回应外部利益相关者期望的主要方式,也是合法性获取的有力工具(Baldini et al.,2018)。这是因为,企业可以通过 ESG 披露表现出对社会、环境的积极意识,并根据利益相关者的期望做出可接受的行为,从而管理各个非投资利益相关者之间的利益冲突。同时,企业会根据利益相关者的属性来选择不同的 ESG 方案,对企业而言,有影响力的利益相关者是那些拥有或控制资源的人,这些资源往往对企业的成功至关重要(王波等,2022;周方召等,2020;Clementino et al.,2021)。可见,企业 ESG 披露方式选择和具体披露内容取决于企业对利益相关者的资源依赖程度,以及企业整体目标与利益相关者之间的目标兼容度(Gillan et al.,2021)。

第三,基于 ESG 的治理研究,也开始逐步意识到员工等内部成员进入治理体系的潜在作用。例如,Falco 等(2021)将企业利益相关者分类为合同利益相关者和社区利益相关者,通过实证研究检验了不同类别的利益相关者的治理角色是如何影响创新型中小企业中采用生态创新的决定的。结果表明,合同利益相关者对企业创新的影响比社区利益相关者要大。最新文献也开始讨论非执行员工持股计划(ESOP)在治理层面的潜在影响,研究发现:非执行员工持股可以对管理层施加一定的压力,从而减少企业碳排放,这不仅有利于员工的身体和心理健康,而且会增加他们获取企业长期财富的剩余利益(Kong et al.,2024)。

第四,政府等外部监管机构在完善企业 ESG 治理方面的作用和角色,仍然需要做进一步确认和检验。对于新兴市场而言,监管机构可能还扮演着统一公众 ESG 认知的重要角色。例如,针对新浪微博的数据分析表明,中国公众对于 ESG 的观感趋于负面情绪,而上述情况产生的原因可能是漂绿效应、对 ESG 的认识不足、ESG 评级的不一致性和评级方法的不透明等(Liu et al.,2023)。而在另一项研究中,学者们对采取监管或不监管 ESG 信息的两类市场进行了系统比较,结果发现,政府如果提高对企业 ESG 行为的透明度要求,就能够有效地提高企业ESG的实际作用;因而如果监管机构支持采用ESG的严格披露策略,可能使整个社会受益(Cicchiello et al.,forthcoming)。

**(四)评述:ESG发挥作用的社会机制**

综上可知,已有研究主要包括:(1)ESG投资活动会对生态环境、社会问题以及企业价值创造产生影响,ESG有可能减少投资活动对环境的负面作用并促进社会问题的解决;(2)ESG披露是企业向利益相关者传递企业信息的沟通渠道,也是投资者确定投资方向和投资战略、评级机构对企业进行ESG评分的参考依据;(3)大部分的ESG治理研究侧重于狭义公司治理分析,即关注股东会、董事会和管理层与ESG间的关系;(4)声誉机制(监督模型)、信号机制(信号理论)、合法性机制(新制度理论)和权力机制(资源依赖理论)构成了分析ESG产生、扩散和影响的最重要理论视角,其中,声誉和信号机制多为金融、战略领域所引用,而合法性和权力机制多为战略与治理视角研究所引用。

可见,无论是从理念角度还是从事务层面上说,ESG已经成为经济社会治理的重要构成部分。而在中国背景下,ESG治理实质上应被看成一种广义的社会治理。其中,发展内驱力、金融市场结构差异以及实质性因素的差异,构成了中外ESG发展轨迹和关注重点的结构性不同(郭沛源,2019)。因此,从本质上看,中国式ESG标准体系的构建是中国式现代化进程的必然要求,也是中国特色社会主义市场经济的基本内涵;当然,这也是实现经济社会高质量发展的重要环节,更是构建"共同富裕"社会的题中之意。

但是,当前对于ESG理念的运用正逐步从针对企业这一市场主体上升至区域(城市)主体层面,这或许有助于ESG理念为公众所熟悉和运用,但也导致了概念的泛化和测量指标的重组。例如,针对城市或者区域的ESG框架,虽然保留了ESG的基本理念,但是如果细致考察其构成指标,就会发现由于数据可得性等潜在问题的存在,使得大部分指标是对于传统可持续发展相关的经济、社会数据的重新处理,这就使得大部分区域ESG数据对于重要社会问题的预测性和分析性都无法突破以往其他分析概念的"窠臼",有着"旧瓶装新酒"的嫌疑。有鉴于此,本书仍然采取以企业为分析主体的ESG理念,并且尝试基于传统的社会治理视角来将企业主体的"社会公民"角色纳入其中,从而重新确立企业的公益慈善与广义社会治理之间的联系和互动。

进一步地,我们对于企业ESG在社会治理中的潜在作用,大致可以结合图0—4来探讨企业ESG在总体的跨部门协同中可以扮演的角色。换言之,由于企业ESG活动涉及经济、社会、环境等多个维度,企业的相关实践不仅涉及其自身的行为,还会在更加广阔的范围内对不同社会主体的行为产生影响,因此,对于ESG实践而言,尽管其行为主体(焦点组织)是企业,但是本质上相关活动的结果是社会目标、经济目标和环境目标的均衡,并且基于此创造出相应的混合价值。

根据Austin等(2006)的理论,ESG实践往往是在政府、企业、非营利部门或跨部门协同中创造经济、社会和环境价值的创新性活动,故而ESG实践必然受到更多利益相关者的

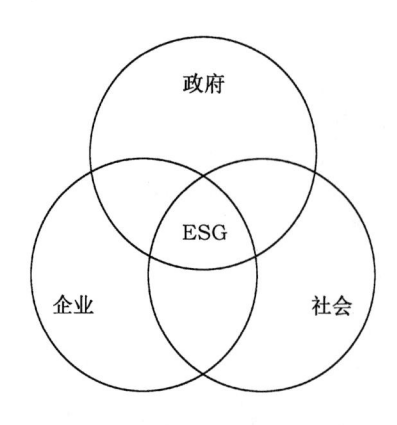

**图 0-4　ESG 在跨部门协同中的作用**

影响,其绩效评估也会更加复杂多变。其中,政府对于 ESG 实践的影响,可能是直接的,也有可能是间接的。一方面,政府可以通过直接发布各类政策法规来规范企业的 ESG 行为;另一方面,政府在社会和经济方面颁布的各类政策目标,也会对企业行为有所影响。例如,有的地区要求上市公司对于自己的 ESG 实务进行完整披露;又如,政府在低碳方面的战略目标会影响企业在 ESG 领域的投资行为和偏好。同时,企业与社区、社会组织间本身也存在着很多的合作与交流。尽管传统的企业 CSR 活动偏重从企业战略价值创造的角度来获取必要的资源以获得发展,但这也为企业在参与社会活动、履行社会公民的身份方面奠定了基础。随着 ESG 时代的到来,企业不仅可以继续保持与上述主体的合作,而且拥有了更多的合作方向和更广阔的合作范围。最后,企业、政府和社会三方在 ESG 这一领域内达成了罕见的协同合作契机。具体而言,在某些特定的领域,如碳排放、养老等领域内,三方主体不仅可以参与到具体的事务之中,还可以通过合理的治理机制设计来完成混合价值的创造与分配,从而将传统意义上的公共事务治理转化为基于企业 ESG 活动的跨部门协同机制,这不仅意味着打破传统的部门边界,更意味着一种新型的社会治理模式的产生。当然,这一模式的真正价值仍然有待进一步的理论论证与经验检验。

### 三、ESG 实践的社会治理分析框架

关于社会治理概念的争议不断,学者们对于社会治理的基本内涵、参与主体和影响因素等均未能获得较为一致的结论。出于概念化和操作化的考虑,本书采纳了 Baiocchi 等(2011)关于基层治理定义的三个维度来分析和把握社会治理,即公共生活场域、公共意志表达和公共物品供给。因此,从广义角度来看,我们可以将社会治理质量的提升理解为涉及上述三个方面的治理机制的建立或者改善。进一步地,结合 ESG 概念中的环境、社会和治理三个维度的基本含义和实践,我们大致上可以形成如表 0-1 所示的关于 ESG 社会治理功能的分析框架。

表 0—1　　　　　　　　ESG 实践促进社会治理的分析框架

| ESG 维度 | 可能实践 | 作用机制 | 社会治理效果 |
| --- | --- | --- | --- |
| 环境保护 | 践行碳信用(碳中和)<br>内化负外部性(减少污染)<br>发行绿色债券 | 合法性机制<br>信号机制<br>声誉机制 | 公共物品<br>供给达成 |
| 社会影响 | 参与社区服务<br>减少社会剥削<br>改善供应链条件 | 合法性机制<br>声誉机制 | 公共生活<br>场域改善 |
| 治理架构 | 设置社区代表独立董事<br>强化性别平等机制<br>非管理层员工持股计划 | 权力机制<br>合法性机制 | 公共意志<br>表达实现 |

资料来源:作者自制。

具体而言,在企业 ESG 与社会治理的情境下:首先,公共生活场域是指企业所涉及的社会生活和环境范畴。企业运营直接或间接地影响着其周边社区和环境,涵盖了污染排放、资源消耗、员工福利、社区发展等多个方面。积极的企业 ESG 实践意味着企业改善公共生活场域,通过减少环境污染、提高员工福利、支持社区发展等举措促进社会的健康和可持续发展。其次,公共意志表达表现为企业对社会公众声音的关注和回应。企业通过开展实质性 ESG 行为、参与公共事务、与利益相关者对话等方式,倾听公众的意见和诉求,从而调整企业的经营策略和 ESG 责任实践。也就是说,企业的 ESG 实践应当符合公众的期待,反映社会的共同理念和价值观。最后,公共物品供给是指企业为社会公众提供的环境友好型产品或服务。这些产品或服务具有非竞争性和非排他性的特点,为社会公众带来实际的利益和价值。例如,企业可以通过推动清洁能源的使用、提供环保产品、支持公益活动等方式来提供公共物品,促进环境保护和社会福祉的提升。ESG 社会治理功能框架的应用立足于社会治理的三个核心维度(公共生活、公共产品与公共意志),开展推进企业参与社会治理的体系设计研究。通过发现和考察在社会治理中借助 ESG 标准规范企业的典型案例研究,探究政府、公众如何与企业主体进行协同共创,帮助企业完善和实现环境建设、社会责任、社会与企业治理等工作指标。

可见,企业如果能基于 ESG 实践在公共意志表达、公共场域改善和公共产品提供等维度有所贡献,意味着企业转型为一个重要的社会治理行动者,从而发挥其他行为主体所不能发挥的功能与作用。围绕着上述议题,本书将尝试从 ESG 实践的社会治理意蕴、ESG 实践与公共意志表达、ESG 实践与公共物品提供、ESG 实践与公共生活建构以及 ESG 社会治理的新趋势与新议题共 5 个部分来展开讨论,从微观实践和宏观趋势角度去探讨企业 ESG 实践的社会治理功能及其可能的发展约束。具体而言,首先,本书将对企业 ESG 和社会治理的现实表现、发展与扩散进行分析,并在此基础上,选取具有代表性的企业,对其 ESG 社会治理的实践状况与内容进行分析,以期探索不同性质的企业 ESG 社会治理的关注重点,以及企业在参与社会治理过程中是否存在象征性 ESG 行为倾向。其次,在此基础上,本书将对企业 ESG 关注重点与当前主流社会治理价值观之间的匹配程度进行深入探讨,并从企业 ESG 融入社会治理的具体案例中,找到企业 ESG 如何通过融入政府、社区、社会组织等多元社会主体协同治理框架的方式,更好地履行企业实质性 ESG 责任,推动国家治理体系与治理能力现代化的发展。在"从 ESG 到社会治理"的研究命题中,内在蕴含着"企业应该如何处理与政府之间的关系"这一研究问题。对此,本书将从政治关联对企业 ESG 的影响机制以及 ESG 融入社会治理的政策工具两个维度,探讨企业 ESG 社会治理与政商关系之间的内在联系。进一步地,ESG 如何能够与中国式现代化的主题,如共同富裕、乡村振兴、高质量发展等结合起来,构成了新兴的研究议题;为此,本书将结合碳普惠、农村新型集体经济、数字治理转型与企业数字责任等热点话题,对企业 ESG 社会治理的新趋势与新议题进行分析。

## 参考文献

[1]蔡曙涛. 企业的非市场环境与非市场战略:企业组织竞争的视角[M]. 北京:北京大学出版社,2013.

[2]郭沛源. 中外 ESG 投资的结构化差异[EB/OL]. 财新网,https://opinion.caixin.com/2019-08-28/101455979.html.

[3]郭春甫. 公共部门治理新形态——网络治理理论评介[J]. 宁夏大学学报(人文社会科学版),2009,31(4):104—108.

[4]刘元春. 刘元春谈 ESG:资本要用善的目标在社会、市场上行走[EB/OL]. 新浪财经,https://finance.sina.com.cn/hy/hyjz/2021-09-26/doc-iktzscyx6405290.shtml.

[5]理查德·C. 博克斯. 公民治理:引领 21 世纪的美国社区[M]. 孙柏瑛等译,北京:中国人民大学出版社,2005.

[6]罗伯特·希勒. 金融与好的社会[M]. 束宇译,北京:中信出版社,2012.

[7]罗家德,李智超. 乡村社区自组织治理的信任机制初探——以一个村民经济合作组织为例[J]. 管理世界,2012,(10):83—93+106.

[8]柳娟,田志龙,程鹏璠,等. 中国情境下企业深度社区参与的社区动员、合作模式与绩效研究[J]. 管理学报,2017,14(6):884—896.

[9]聂辉华,林佳妮,崔梦莹. ESG:企业促进共同富裕的可行之道[J]. 学习与探索,2022,328(11):107—116.

[10]邱慈观. 新世纪的 ESG 金融[M]. 上海:上海交通大学出版社,2021.

[11]邱牧远,殷红. 生态文明建设背景下企业 ESG 表现与融资成本[J]. 数量经济技术经济研究,2019,36(3):108—123.

[12]戴维斯. 市场主导:金融如何改造社会[M]. 杨建玫、娄钰译,杭州:浙江大学出版社,2022.

[13]哈佛商业评论(中文版),贝恩咨询. 放眼长远,激发价值:中国企业 ESG 战略与实践白皮书[R]. 2021.

[14]宋煜,王正伟."互联网+"与基层治理秩序再造[J].社会治理,2015(3):134-141.

[15]宋煜.社区治理视角下的智慧社区的理论与实践研究[J].电子政务,2015(6):83-90.

[16]孟天广.数字治理生态:数字政府的理论迭代与模型演化[J].政治学研究,2022(5):13-26+151-152.

[17]黎江平,姚怡帆,叶中华.TOE框架下的省级政务大数据发展水平影响因素与发展路径——基于fsQCA实证研究[J].情报杂志,2022,41(1):200-207.

[18]王张华.政府与平台型企业合作模式及其风险管控研究论纲——基于数字治理的视角[J].湘潭大学学报(哲学社会科学版),2023,47(4):61-69.

[19]王诗宗.治理理论的内在矛盾及其出路[J].哲学研究,2008(2):83-89.

[20]王诗宗.治理理论与公共行政学范式进步[J].中国社会科学,2010(4):87-100+222.

[21]王波,杨茂佳.ESG表现对企业价值的影响机制研究——来自我国A股上市公司的经验证据[J].软科学,2022,36(6):78-84.

[22]王海军,王淞正,张琛,等.数字化转型提高了企业ESG责任表现吗?——基于MSCI指数的经验研究[J].外国经济与管理,2023,45(6):19-35.

[23]汪锦军.合作治理的构建:政府与社会良性互动的生成机制[J].政治学研究,2015(4):98-105.

[24]席龙胜,赵辉.企业ESG表现影响盈余持续性的作用机理和数据检验[J].管理评论,2022,34(9):313-326.

[25]徐林,宋程成,王诗宗.农村基层治理中的多重社会网络[J].中国社会科学,2017(1):25-45.

[26]郁建兴,王诗宗.治理理论的中国适用性[J].哲学研究,2010(11):114-120.

[27]鄞益奋.网络治理:公共管理的新框架[J].公共管理学报,2007(1):89-96.

[28]郁建兴,王诗宗.当代中国治理研究的新议程[J].新华文摘,2017(9):10-12.

[29]诸大建,李中政.网络治理视角下的公共服务整合初探[J].中国行政管理,2007(8):34-36.

[30]周方召,潘婉颖,付辉.上市公司ESG责任表现与机构投资者持股偏好——来自中国A股上市公司的经验证据[J].科学决策,2020(11):15-41.

[31]张慧,黄群慧.ESG责任投资研究热点与前沿的文献计量分析[J].科学学与科学技术管理,2022,43(12):57-75.

[32]张桂蓉.企业社区参与:外在压力抑或内在需求?[J].国外理论动态,2015(10):127-134.

[33]张桂蓉.社区治理中企业与非营利组织的合作机制研究[J].行政论坛,2018,25(1):129-136.

[34]张佳慧.整体性治理视下"互联网+政务服务"模式创新的实践探索与深化路径——以浙江省嘉兴市为例[J].电子政务,2017(10):20-27.

[35]张毅,张勇杰.社会组织与企业协作的动力机制[J].中国行政管理,2015(10):69-73.

[36]Ahmed M. F., Gao Y., Satchell S. Modeling demand for ESG[J]. The European Journal of Finance,2021,27(16):1669-1683.

[37]Aluchna M., Roszkowska-Menked M., Kaminski B., et al. Do institutional investors encourage firm to social disclosure? The stakeholder salience perspective[J]. Journal of Business Research,2022(142):674-682.

[38]Austin J., Stevenson H., and Wei-Skillern J. Social and commercial entrepreneurship: same, differ-

ent, or both?[J]. Entrepreneurship Theory and Practice,2006,30(1).

[39]Baiocchi G. P. Heller and Silva M. K. Bootstrapping Democracy: Transforming Local Governance and Civil Society in Brazil[M]. Stanford University Press,2011.

[40]Baldini M.,Maso L. D.,Liberatore G.,et al. Role of Country-and Firm-Level Determinants in Environmental,Social,and Governance Disclosure[J]. Journal of Business Ethics,2018,150(1):79-98.

[41]Bauer F.,Matzler K. Antecedents of M&A success:The role of strategic complementarity,cultural fit,and degree and speed of integration[J]. Strategic Management Journal,2014,35(2):269-291.

[42]Bilbao-Terol A., Álvarez-Otero S., Bilbao-Terol C. et al. Hedonic evaluation of the SRI label of mutual funds using matching methodology[J]. International Review of Financial Analysis,2017(52):213-227.

[43]Bodhanwala S.,Bodhanwala R. Environmental, social and governance performance: influence on market value in the COVID-19 crisis[J]. Management Decision,2023,61(8):2442-2466.

[44]Broadstock D. C.,Matousek R.,Meyer M. Does corporate social responsibility impact firms' innovation capacity? The indirect link between environmental & social governance implementation and innovation performance[J]. Journal of Business Research,2020(119):99-110.

[45]Brower J.,Rowe K. Where the eyes go, the body follows? Understanding the impact of strategic orientation on corporate social performance[J]. Journal of Business Research,2017(79):134-142.

[46]Cerciello M.,Busato F.,Taddeo S. The effect of sustainable business practices on profitability[J]. Accounting for Strategic Disclosure,Corporate Social Responsibility and Environmental Management,forthcoming.

[47]Cicchiello A. F.,Marrazza F.,Perdichizzi S. Non-financial disclosure regulation and environmental,social,and governance (ESG) performance:The case of EU and US firms[J]. Corporate Social Responsibility and Environmental Management,forthcoming.

[48]Clementino E.,Perkins R. How do companies respond to environmental, social and governance (ESG) ratings? Evidence from Italy[J]. Journal of Business Ethics,2021,171(2):379-397.

[49]Chen M.,Yang D.,Zhang W. How does ESG disclosure improve stock liquidity for enterprises: Empirical evidence from China[J]. Environmental Impact Assessment Review,2023(98):106926.

[50]Cheng B.,Ioannou I.,Serafeim G. Corporate social responsibility and access to finance:CSR and access to finance[J]. Strategic Management Journal,2014,35(1):1-23.

[51]Cornell B.,Shapiro A. C. Corporate stakeholders, corporate valuation and ESG[J]. European Financial Management,2021,27(2):196-207.

[52]Crifo P.,Forget V. D.,Teyssier S. The price of environmental, social and governance practice disclosure:An experiment with professional private equity investors[J]. Journal of Corporate Finance,2015(30):168-194.

[53]Cunha F.,Oliveira E. M.,Orsato R. J. Can sustainable investments outperform traditional benchmarks? Evidence from global stock market[J]. Business Strategy and the Environment,2020,29(2):682-697.

[54]Del Bosco B., Misani N. The effect of cross-listing on the environmental, social, and governance performance of firms[J]. Journal of World Business,2016,51(6):977-990.

[55]Fauser V., Utz S. Risk Mitigation of Corporate Social Performance in US Class Action Lawsuits [J]. Financial Analysts Journal,2021,77(2):43-65.

[56]Falco S., Scandurra G., Thomas A. How stakeholders affect the pursuit of the environmental, social, and governance. Evidence from innovative small and medium enterprises[J]. Corporate Social Responsibility and Environmental Management,2021,28(5):1528-1539.

[57]Friede G., Busch T. and Bassen A. ESG and financial performance:aggregated evidence from more than 2000 empirical studies[J]. Journal of Sustainable Finance and Investment,2015,5(4):210-233.

[58]Frumkin P. Inside venture philanthropy[J]. Society,2003,40(4):7-15.

[59]Garcia A. S., Orsato R. J. Testing the institutional difference hypothesis:A study about environmental,social,governance,and financial performance[J]. Business Strategy and the Environment,2020,29(8):3261-3272.

[60]Girerd-Potin I., Garces S., Louvet P. Which dimensions of social responsibility concern financial investors?[J]. Journal of Business Ethics,2014,121(4):559-576.

[61]Gigante G., Manglaviti D. The ESG effect on the cost of debt financing:A sharp RD analysis[J]. International Review of Financial Analysis,2022(84):102382.

[62]Gillan S., Koch A. and Starks L. Firms and social responsibility:A review of ESG and CSR research in corporate finance[J]. Journal of Corporate Finance,2021(66):101889.

[63]Grewal J., Riedl E. J., Serafeim G. Market reaction to mandatory nonfinancial disclosure[J]. Management Science,2019,65(7):3061-3084.

[64]Hoepner G. F., Schopohl L. On the price of morals in markets:an empirical study of the swedish ap-funds and the Norwegian government pension fund[J]. Journal of Business Ethics,2018,151(3):665-692.

[65]Jessop Bob. Governance and Metagovernance:On Reflexivity, Requisite Variety, and Requisite Irony. In:Governance,as Social and Political Communication[M]. Manchester University Press,2003.

[66]Kollias C., Papadamous S. Environmentally responsible and conventional market indices' reaction to natural and anthropogenic adversity:A comparative analysis[J]. Journal of Business Ethics,2016,138(3):493-505.

[67]Kong D., Liu J., Wang Y., et al. Employee stock ownership plans and corporate environmental engagement[J]. Journal of Business Ethics,2024.

[68]Lee M. T., Raschke R. L. Stakeholder legitimacy in firm greening and financial performance:What about greenwashing temptations?[J]. Journal of Business Research,2023(155):113393.

[69]Liu M., Luo X., Lu W. Z. Public perceptions of environmental, social, and governance (ESG) based on social media data:Evidence from China[J]. Journal of Cleaner Production,2023:135840.

[70]Moody M. "Building a culture":The construction and evolution of venture philanthropy as a new organizational field[J]. Nonprofit and Voluntary Sector Quarterly,2008,37(2):324-352.

[71] Mobius M., Hardenberg C., Konieczny G. Invest for good: Increasing your personal well-being[M]. London: Bloomsbury Publishing Plc., 2019.

[72] Muñoz F. Cash flow timing skills of socially responsible mutual fund investors[J]. International Review of Financial Analysis, 2016(48): 110-124.

[73] Nirino N., Santoro G., Miglietta N., et al. Corporate controversies and company's financial performance: Exploring the moderating role of ESG practices[J]. Technological Forecasting and Social Change, 2021(162): 120341.

[74] Nofsinger J., Varma A. Socially responsible funds and market crises[J]. Journal of Banking and Finance, 2014(48): 180-193.

[75] Ortiz-de-Mandojana N., Bansal P. The long-term benefits of organizational resilience through sustainable business practices[J]. Strategic Management Journal, 2016, 37(8): 1615-1631.

[76] Starks L. EFA keynote speech: "Corporate governance and corporate social responsibility: What do investors care about? What should investors care about?"[J]. Financial Review, 2009(44): 461-468.

[77] Stoker G. Governance as theory: Five propositions[J]. International Social Science Journal, 1998, 50(155): 17-28.

[78] Tampakoudis I., Anagnostopoulou E. The effect of mergers and acquisitions on environmental, social and governance performance and market value: Evidence from EU acquirers[J]. Business Strategy and the Environment, 2020, 29(5): 1865-1875.

[79] Velte P. Does ESG performance have an impact on financial performance? Evidence from Germany[J]. Journal of Global Responsibility, 2017, 8(2): 169-178.

# 第一部分

## ESG 实践的社会治理意蕴

# 第一章 企业 ESG 与社会治理:现实表现、发展与扩散

## 第一节 企业 ESG 社会治理实践的现实表现与发展

党的二十大报告指出,推动经济社会发展绿色化、低碳化是实现高质量发展的关键环节……完善支持绿色发展的财税、金融、投资、价格政策和标准体系,发展绿色低碳产业,健全资源环境要素市场化资源配置体系。在经济高质量发展的要求下,如何实现企业层面的可持续发展成为社会各界所关注的重要议题。ESG 理念最早在 2004 年 6 月由联合国全球契约组织(United Nations Global Compact)提出,强调企业在经济活动的过程中应同时考虑自身在环境、社会、公司治理三个方面的表现。具体而言,环境表现强调企业运用可持续、环保管理技术和方法持续改善污染防护与资源利用等方面的效率及效果;社会表现强调企业在经济活动过程中,应加强对利益相关者关系的管理,并最大限度地为多元利益相关方创造价值;公司治理表现则从企业内部治理和外部治理两个方面进行衡量,主要通过一系列制度安排的方式,在协调好企业与利益相关者之间关系的基础上维护多方利益(李维安等,2019)。

作为一种可持续发展理念,ESG 为企业和投资者提供了一个能够整合环境、社会与公司治理三个维度的综合框架,在树立企业经济效益和社会效益相统一价值观的同时,也为企业的可持续发展提供了一个重要抓手。尤其是在风险社会下,ESG 概念迅速取代企业社会责任(CSR),成为投资机构判断企业非财务指标的关键性标准,使得其可以对企业进行更加全面、系统的评估,从而更好地开展责任性投资(邱慈观,2021)。一般认为,ESG 与传统 CSR 的最大区别在于,其更加注重治理方面的制度安排,同时,投资界则多将其视为影响力投资(impact investing)的同义词(或进一步的延续)(Mobius et al.,2019)。例如,采用负责任的社会和环境实践的企业在 15 年内具有较低的财务波动性、较高的销售增长以及较高的生存机会;而 ESG 实践的有无并不会影响企业间的短期利润,这表明 ESG 战略的核心并不是追求短期利润,而是确保企业的可持续发展和长期优势(Ortiz-de-Mandojana and Bansal,2016)。另一项研究也显示,投资于环境保护的公司由于初始成本高而放弃了短期利润,但

是增加了长期公司价值(Kong et al.,2024)。近年来,随着ESG理念在全球政府和市场主体中得到广泛推广,根据ESG理念转向实践的不同侧重点衍生出了差异化的实践表现。对此,本部分将从ESG投资、ESG信息披露、ESG评级以及ESG企业联盟对企业ESG实践行为的表现与发展进行系统阐述。

### 一、ESG投资

ESG投资打破了传统投资理念,将企业和投资者对环境、社会和公司治理因素的考虑纳入财务分析投资流程,突破了长期以来金融投资活动在可接受的时间与风险范围内,追求投资效益最大化的出发点,成为当今经济社会主流的投资理念。2022年4月,中国证监会发布的《关于加快推进公募基金行业高质量发展的意见》中指出,"总结ESG投资规律,大力发展绿色金融,积极践行责任投资理念,改善投资活动环境绩效,服务绿色经济发展",从国家层面进一步推动了ESG投资的发展。在此背景下,以ESG基金为代表的ESG投资产品表现出强劲的增长态势。ESG基金是将环境、社会与公司治理等非财务指标纳入投资决策过程的投资产品。近年来,ESG基金规模迅速增长,由财新智库、中国ESG 30人论坛组织撰写的《2023中国ESG发展白皮书》指出,截至2023年10月,中国市场已发布270只ESG公募基金,累计资产管理规模超过2 600亿元。但是,我国当前ESG投资产品的开发成熟度仍与国际市场存在较大差距,尤其是我国当前大多数ESG基金仅仅是涉及部分ESG理念的"擦边球"(包括泛ESG基金或仅仅涉及环境、社会、公司治理某一方面的基金),而非实质上真正融入ESG理念的基金(王凯,2022)。

当然,ESG投资能否带来超额收益才是社会各界所关注的问题。ESG投资能够帮助企业识别全球绿色经济发展趋势下的投资机遇,获得更高的长期收益率,并在投资过程中规避ESG实践落后公司的尾部风险,有效地降低了基金投资风险(Welch and Yoon,2023)。相较于较低ESG评级的投资组合,ESG评级较高的投资组合具有更为优异的表现、多样化效率以及更低的运作风险(Lee et al.,2020)。具体而言,在ESG方面表现良好的投资组合能够降低金融风险以及气候变化所带来的损失与负面影响(Boradstock et al.,2020;Krueger et al.,2020)。基于ESG的投资组合既满足了客户的产品需求,也符合公众对金融投资机构的期待,从而有可能在总体上提高金融投资机构的声誉(Kollias and Papadamous,2016)。

### 二、ESG信息披露

随着ESG理念得到社会各界的广泛认可,越来越多的企业参考全球报告倡议组织(GRI)的可持续发展报告标准,以ESG报告的形式,向企业的利益相关者展示企业在环境、社会与公司治理方面的具体实践和成效。2023年11月,由中国上市公司协会发布的《中国上市公司ESG发展报告(2023年)》指出,已有1 800家A股上市公司独立发布ESG相关报告,ESG 信息披露率超过 35%。2024 年 1 月,在《中共中央 国务院关于全面推进美丽中国建设的意见》中指出,深化环境信息依法披露制度改革,探索开展环境、社会和公司治理评价。总体而言,企业 ESG 信息披露中应包含以下三个方面:环境披露包括材料可循环性、绿色能源、生物多样性、环保合规程度等信息;社会披露包括员工多样性、晋升机会、劳资关系、消费者健康等信息;公司治理披露包括利益冲突管理、腐败、贿赂等具体信息。目前,关于 ESG 战略实施的讨论主要围绕这一非市场战略能否真正意义上帮助企业获得长期竞争优势、实现社会价值创造等主题来展开(Gillan et al.,2021)。社会各界通常将 ESG 报告视为非市场战略的一种形态,并且探讨公司可以通过哪些形式的 ESG 内容发布来实现企业的融资,或者提高自身在股票市场中的估值,从而实现自身财务和非财务价值的最大化,以确保长期竞争优势。有研究者甚至认为,ESG/SRI(社会责任投资)等方面的战略构成了最重要的企业战略增长点(Bauer et al.,2014)。

企业 ESG 信息披露机制会对其自身产生广泛的经济后果。首先,从企业价值的角度来看,ESG 信息披露不仅能够提高企业透明度、有效缓解信息不对称与委托代理问题所产生的负面效应,还可以树立企业负责任的社会形象、提高企业声誉,进而促进企业绩效增长(Fatemi et al.,2015)。换言之,ESG 信息披露作为企业的印象管理工具,能够有效维护企业在利益相关者中的合法性与声誉,帮助利益相关者对企业价值和经营成效做出更为积极的判断(Xie et al.,2019)。其次,从资本成本来看,ESG 信息披露能够有效降低企业包括债务资本、权益资本以及融资约束等方面的成本(李志斌等,2022),提升企业的股息支付能力。具体而言,规范、高质量的 ESG 信息披露机制能够帮助企业在债权人或权益人中建立良好的企业形象,从而有效降低企业所面临的债务资本成本。当企业忽视特定责任时,金融市场对 ESG 三个维度中每一个维度都要求更高的风险溢价(Girerd-Potin et al.,2014),从而带来更高的企业成本(Crifo et al.,2015)。有研究认为,ESG 绩效较低的公司,其市场价值损失将会是 ESG 绩效较高公司的 2 倍,所以,高 ESG 绩效可以被视为一种防御措施,以防止被低价收购或资产受损而导致的贱卖(Fauser et al.,2021)。最后,对于企业风险管控而言,开展 ESG 信息披露的企业通常制度体系较为完备、违约风险较低。例如,ESG 信息披露能够缓解信息不对称,通过建立客户忠诚度、降低治理失败的合规成本等方式,更好地发挥企业内外部监管作用,扼制各类企业违规风险。需要注意的是,ESG 信息披露的有效性往往取决于企业所处的市场环境。Garcia(2020)发现,企业 ESG 行为的有效性存在着国家异质性,在发达国家市场中,企业 ESG 表现与财务绩效间存在显著的正向关系;而这一情况并未出现在新兴国家市场中,例如,在印度市场中,高 ESG 企业与低 ESG 企业的股市表现之间没有明显差异。原因在于,新兴市场背景下企业更可能优先考虑资本积累,而非关注 ESG 战略带来的潜在利益。特别地,随着强制性披露制度的出现,很多时候学者们会质疑 ESG 信息披露的实质性作用,认为其本质是一种"漂绿"行为(张慧、黄群慧,2022);也就是说,是借着 ESG 理念提高企业声誉,而并未对环境治理付出实质性行动。

### 三、ESG 评级

ESG 评级是对企业 ESG 战略的实践表现进行评价,是评估企业可持续发展水平的重要量化体系。随着 ESG 理念受到市场与投资者的追捧,越来越多的第三方评级机构开发出了多样化的 ESG 评级体系。其中,具有较大影响力的包括明晟(MSCI)、彭博(Bloomberg)以及标准普尔公司等。例如,明晟公司每年基于全球 5 500 多家上市公司编制 100 多只 ESG 评级指数以满足不同责任投资人的需要。除了针对特定企业的 ESG 评级之外,明晟公司还开发了针对特定国家和特定行业的评级产品,为地区和行业的可持续发展提供评价依据。当前 ESG 评级方式并没有形成统一的标准与框架,总体来看,以综合打分为主。首先,评估机构收集企业年度 ESG 报告和由其他第三方机构提供的基础数据与信息。其次,针对各项评估内容调研当前行业某一个或几个企业的"最佳实践",评估"被评企业"在各方面与"最佳实践"之间的差距并进行打分。最后,各项分值赋予权重,计算综合分值,并将各企业综合分值汇总,形成 ESG 评级排名。此外,也有机构或学者以现有的测量框架为基础,并加入 ESG 方面的特色指标对企业的 ESG 表现进行评价。

ESG 评级能够通过优化企业外部信息环境的方式,降低企业与相关利益者之间的信息不对称,进而有效发挥市场激励机制与企业外部监督机制(胡洁等,2023)。具体而言,一方面,ESG 评级能够增强市场的信息透明度、优化资源配置、吸引投资人投资 ESG 评级较高的企业,进而获取更高的超额回报(周方召等,2020);另一方面,ESG 评级降低了利益相关者对企业的监督成本,当企业的生产经营活动产生较大的环境污染或负面社会影响时,ESG 评级能够及时反映企业的内部风险,并将信息传递给利益相关者,激发利益相关者的监督与约束机制作用。但是,需要注意的是,ESG 评级行为本身也可能带有负面影响,例如,ESG 评级可能促使企业产生"漂绿"行为,即为了获得更高的 ESG 评级,企业会在 ESG 报告中夸大在环境保护、资源利用和社会效益方面的投入与产出(黄世忠,2022)。良好的企业 ESG 评级对财务绩效(Friede,2015)、盈余持续性、企业股票收益率以及企业投资效率均产生正向影响。

### 四、ESG 企业联盟

随着全社会对 ESG 发展理念的广泛认可,ESG 已经成为企业经济活动中不可或缺的部分。2022 年 12 月,在国务院、国资委社会责任局的指导下,由中国企业改革与发展研究会牵头,各中央企业及控股上市公司、研发机构、高等院校所组成的"中央企业 ESG 联盟"正式成立。中央企业 ESG 联盟重点工作如图 1-1 所示,主要围绕企业 ESG 体系建设需求,以促进资源共享和互利共赢为措施,充分发挥引领带动作用,联合中央企业、地方国有企业及控股上市公司、研究机构、高校院所等主体形成合力,以期打造中国特色 ESG 建设高标准开放共享平台,探索建立健全中国企业 ESG 建设路径,积极推进具有中国特色的 ESG 信息披露、绩效评级和投资指引建设,推动中国特色 ESG 生态圈建设,提升中国在全球 ESG 领域的影响力。

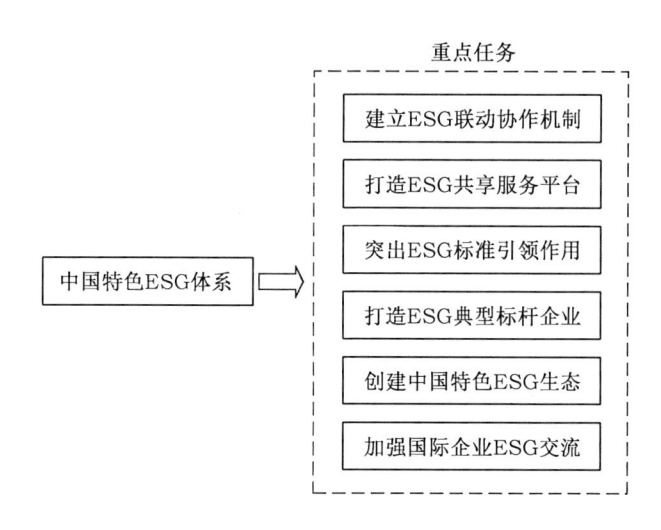

**图 1-1　中央企业 ESG 联盟重点工作任务**

资料来源:作者自制。

ESG 投资同样受到了金融监管部门、创投风投机构以及投资者的高度重视。2023 年 11 月,由青岛市金融局、青岛金家岭金融聚集区管委会牵头,邀请国内头部创投风投机构组建的中国创投风投 ESG 联盟正式成立。目前,中国创投风投 ESG 联盟已经签约中保投、北京首钢基金、南方德茂等 20 家重点创投风投机构。联盟宗旨是在国家相关部门和有关方面的指导支持下,全面推动资本市场机构倡导和践行 ESG 投资理念,探索打造中国创投风投机构 ESG 标准体系和评价体系,积极引导创投机构布局环境友好型和社会友好型绿色产业,逐步实现 ESG 的中国化和时代化,助推中国经济实现高质量可持续发展。

## 第二节　中国情境下企业 ESG 社会治理的微观实践

ESG 已经成为企业发展过程中不可或缺的一部分,具有重要的战略意义与现实意义。中国企业的 ESG 实践案例丰富多样,部分企业优秀的 ESG 表现充分展现了各行业在 ESG 投资、信息披露、管理等方面的经验。据此,本部分将分别从互联网行业、金融行业与能源行业选取在 ESG 实践中具有持续推进、影响力大、引领力强、成效突出的代表性企业,为中国情境下企业的 ESG 实践提供一定的参考与借鉴。

### 一、互联网行业:腾讯集团

腾讯集团成立于 1998 年 11 月。作为一家互联网公司,腾讯集团致力于通过技术丰富互联网用户的生活,助力企业数字化升级。在互联网行业,腾讯集团的ESG实践具有一定的代表性。自2016年以来,腾讯集团已连续7年发布环境、社会与治理专项报告,并成立了ESG工作专项工作组,从业务经营、用户、业务伙伴、社区及产业、环境五个方面负责落实企业的ESG战略,并积极管理已识别的问题和风险,将可持续社会价值创造融入日常运营与产品研发之中。目前,腾讯已形成了全面而完善的ESG管治架构,明确了"董事会—企业管治委员会—ESG工作组"一整套系统的管理职责。其中,企业管治委员会通过问询、定期审阅和听取ESG工作组工作报告、审批ESG工作组提交的ESG年度报告等形式,对公司ESG工作进行监督。2021年,腾讯将"推动可持续社会价值创新"纳入公司核心战略,成为企业发展的底座,并提出"CBS三位一体"概念,从用户(C)发展到产业(B)再到社会(S),最终指向是为社会创造价值,强调商业价值与社会价值是相互融合、共生发展的关系。2022年,腾讯进一步完善ESG管治架构,在ESG工作组下设立了五个专项委员会,以促进内部协作实践,聚焦关键议题的管理。2022—2023年,腾讯集团先后入选福布斯中国发布的"中国ESG50"榜单以及十大"中国ESG榜样"企业。截至2024年1月,腾讯集团在标准普尔全球企业可持续发展评估(S&P Global ESG Scores)中的得分为49分,各项指标均大幅领先同行业平均得分。

具体而言,腾讯集团在落实ESG战略方面,进行了如下实践:在环境方面,腾讯集团致力于降低公司运营对环境的依赖与影响,并尝试通过产品和技术创新的方式,积极产出正面的环境绩效。例如,腾讯集团在公司内部制定《环境保护管理制度》,要求管理者与员工将绿色发展理念融入产品、服务开发以及运营的全过程之中,并明确了气候变化及碳中和、能源及水资源使用、废弃物管理、生物多样性保护以及绿色采购五大环境议题。在社会方面,腾讯集团主要从员工成长、保障用户数字权利、普惠科技成果以及创造可持续社会价值等路径创造社会效益。特别地,在员工成长上,腾讯集团以多元、平等与互融为原则,打造职场环境,以开放和包容的态度凝聚多元化人才,营造出企业与员工共同成长的环境;以创新科技保护用户数据隐私、守护网络数据安全以及推进负责任的人工智能建设等方面的可持续发展;注重推动数实融合,助力不同行业的数字化转型与发展,帮助其他企业提高经营效率与竞争力;持续聚焦于重大社会和民生议题,在基础科研、乡村振兴、公益数字化等关键领域,依托自身技术优势,不断深化多元合作,致力于共创更大的社会价值。在公司治理方面,腾讯集团秉承"防范为先"的管理理念,通过不断完善管治架构、落实制度、优化流程、细化指引等方式,在反舞弊、反洗钱、反腐败和反垄断方面持续增强风险防范与管理能力。

## 二、金融行业:中国平安

中国平安保险(集团)股份有限公司(以下简称"中国平安")成立于1998年,并迅速成长为我国三大综合金融集团之一,主要为客户提供全面的金融生活服务。目前,中国平安总资产突破11万亿元,是全球资产规模最大的保险集团,蝉联全球保险企业第一。2023年6

月,由国务院国资委、全国工商联、中国社科院经济研究所、中国企业改革与发展研究会等部门联合发布的《年度ESG行动报告》,公布了"中国ESG上市公司先锋100"榜单。中国平安凭借在ESG领域的优秀表现,成功入选该榜单,ESG指数名列榜单第七、金融业第一,被誉为"上市公司ESG发展的卓越者"。同年11月,国际权威指数机构明晟(MSCI)公布最新年度ESG评级结果。中国平安连续第二年获得A级评级,保持"综合保险及经纪"(Multi-Line Insurance & Brokerage)类别亚太区第一位。为保障ESG战略的有效落实,企业将ESG核心理念和标准全面融入企业管理,结合业务实践,构建科学、专业的可持续发展管理体系以及清晰、透明的ESG治理结构。具体而言,中国平安的ESG管治架构分为四个层次:一是战略层,董事会和其下设的战略与投资决策委员会全面监督ESG事宜;二是管理层,集团执行委员会下设可持续发展委员会,负责ESG核心议题实践管理等;三是执行层,集团ESG办公室协同集团各职能中心作为执行小组;四是实践层,以集团职能单元和成员公司组成的矩阵式主体为落实主力。

环境责任、社会责任与经济责任是中国平安落实ESG战略过程的核心价值所在。企业通过履行环境责任、社会责任与经济责任的方式,打造"负责任的银行",不断深化负责任银行的业务体系,有效推动了各类效益、价值的有机统一与结合,切实促进经济与社会的可持续发展。在环境责任方面,中国平安致力于打造可持续、低碳、环保的绿色银行,以倡导"无纸化办公"和"智慧办公"为切入点,通过建设绿色数据中心、构建绿色金融产品体系以及打造绿色建筑等方式,将节能减排嵌入公司运营的全环节、全过程。在社会效益方面,中国平安尤其注重建设可持续的运营和社区,充分发挥自身综合金融业务能力,在服务实体经济发展、促进乡村振兴、推进"三村工程"以及开展教育公益、社区服务等方面投入大量资源与服务,持续提升金融服务的广度与深度,积极回报社会。在履行经济责任方面,企业注重形成可持续的公司治理模式,由集团董事会审计与风险管理委员会统筹管理企业内商业道德和反贪腐工作,尤其关注商业道德对公司自身、股东、客户、员工、合作伙伴以及社区与环境等利益相关方所带来的影响。为防控商业道德风险,中国平安内部建立了高度独立、垂直管理的稽核监察管理体系,并将公司治理、销售管理、资金运用管理、投资融资管理、反洗钱管理、财务管理、资产管理等业务与事项纳入公司内控评价范围。

### 三、能源行业:国家能源集团

国家能源集团有限责任公司是由中国国电集团公司和神化集团有限责任公司重组而成,并于2017年11月正式挂牌成立,主要从事煤炭、发电设施、新能源等电力业务相关的投资、建设、经营与管理,是全球最大的光伏发电企业、新能源发电企业以及清洁能源发电企业。自挂牌以来,国家能源集团不断健全"决策—管理—执行"三级ESG管治架构,形成既体现一体化产业特色又接轨国际的ESG指标管理体系,不断推动集团ESG治理体系规范化、特色化。2022年,企业ESG战略实践得到了监管部门、评级机构以及利益相关方的高度肯定和广泛认可,成为首批入选中央企业 ESG 联盟的 11 家单位之一。2023 年 5 月,国家能源集团成功入选《财富》中国 ESG 影响力榜单。同年 12 月,国家能源集团被评选为十大"中国 ESG 榜样"企业。

国家能源集团的 ESG 实践主要围绕经营、生态与社会三个方面展开。

1. 经营方面

一是以党建为引领,推动 ESG 理念全面融入企业内部。国家能源集团高度重视党建工作,通过持续修订完善党建工作责任制、开展基层党建创新行动以及加强党建统领型总部建设的方式,深入贯彻中央八项规定及其实施细则精神。二是以问题为导向,不断增强企业活力。国家能源集团遵循《关于中央企业在完善公司治理中加强党的领导的意见》文件精神,深入贯彻"管一级、看一级"的管理理念,从战略管理、财务管理、营销管理、工程管理、制度管理、安全管理、合规管理等方面出发,建立完备的管理体系,持续提升管理能力。

2. 生态方面

国家能源集团以全产业链绿色转型、创新绿色低碳技术、完善环境管理体系、开展节能减排大行动以及创新开展生态治理模式为着力点,发展中国式现代化高质量、可持续企业 ESG 发展道路。特别地,为贯彻"双碳"目标,国家能源集团构建了以新能源为主体的新型电力系统,基地式、场站式、分布式开发相结合,多元化、快速化、规模化、效益化、科学化发展可再生能源,建成了涵盖清洁高效煤电、气电、风能、太阳能、生物质能、潮汐能、地热能、氢能在内的能源产业体系。

3. 社会方面

国家能源集团坚持"国家能源、责任动力"的社会责任理念,聚焦于经济社会发展,将民生福祉与企业运营有机结合。一是切实保障员工发展。企业在保障员工合法权益的基础上,积极探索现代企业制度下民主管理的有效路径,有效保障员工参与企业决策、管理和监督活动。二是推进区域协调发展。国家能源集团积极参与乡村振兴活动,充分发挥集团资源和技术优势,全力推动定点帮扶和对口支援欠发达地区,巩固拓展脱贫攻坚成果同乡村振兴有效衔接,助力受援县乡村发展、乡村治理、乡村建设取得显著成效。

## 第三节 企业 ESG 社会治理实践的扩散动力机制

当前研究主要从合法性机制、信号机制和声誉机制出发,认为金融机构开展 ESG 投资的关键是为了获取特定的非财务绩效回报(Starks,2009)。对此,本书将从上述视角对企业 ESG 扩散的动力机制进行阐述。

### 一、合法性机制

Scott(1995)将合法性分为规制合法性、规范合法性和认知合法性。从企业合法性的角度来看,规制合法性指的是企业需要遵守政府部门制定的强制性规章制度、法律、政策等;规范合法性强调了企业的道德责任和社会责任;认知合法性则来源于公众,关注的是企业被公众认识、理解与接受的程度。合法性理论认为,企业为保证其正常经营的合法性,其经营理念应该主动遵循社会所认可的发展观、文化信仰和制度规范体系等,并积极履行社会责任,创造社会价值(黄珺等,2023)。合法性机制为企业提供了在社会中取得认可和支持的路径,而采取ESG行为则是企业在这一过程中的一种重要策略。通过采取ESG战略,企业不仅能够符合相关制度要求,还能够满足社会期望、降低风险、提升声誉,进而取得合法性。具体而言,保护环境、社会公平等领域的行动主义(activism)给企业带来了越来越大的压力,迫使企业从事绿色行为、改善工作环境并且创造社会价值(Lee et al.,2023)。ESG披露被认为是回应外部利益相关者期望的主要方式,也是合法性获取的有力工具(Baldini et al.,2018)。这是因为,企业可以通过ESG披露表现出对社会、环境的积极意识,并根据利益相关者的期望回应可接受的行为,从而管理各个非投资利益相关者之间的利益冲突。同时,企业会根据利益相关者的属性来选择不同的ESG方案,对企业而言,有影响力的利益相关者是那些拥有或控制资源的人,这些资源往往对企业的成功至关重要(王波等,2022;周方召等,2020)。可见,企业ESG披露方式选择和具体披露内容,取决于企业对利益相关者的资源依赖程度,以及企业整体目标与利益相关者间的目标兼容度(Gillan et al.,2021)。特别地,当同行业企业ESG信息披露水平较高时,焦点企业为避免滞后,会对ESG战略更加关注;也就是说,当行业整体ESG信息披露的水平处于高位时,规范合法性和认知合法性也会同步提高,这使得企业的ESG表现不再是"择优线",而是"生命线"。

## 二、信号机制

企业的生存与发展离不开各方利益相关者的投入与参与,企业追求的是整体利益最大化,而不是股东利益最大化。企业在社会责任或环境保护方面的负面影响将损害利益相关者乃至全社会的利益,降低利益相关者对企业的信心。企业ESG表现对利益相关者的影响可以解释为信号传递的过程。信号传递理论认为,信号传递需要在不同主体之间实现信号的发送与接收。当企业承担环境与社会责任时,能够有效地向利益相关者传达出企业值得信赖的信号,降低企业与利益相关者之间的交易成本,提升利益相关者参与企业价值创造的效率(Freeman et al.,1990)。可见,企业良好的ESG实践行为起到了积极的信号传递作用:一是表明企业具有较强的社会责任感,重视社会效益,迎合了负责任投资者的投资偏好;二是传达了企业具有较强的可持续发展能力以及较为充裕的、稳定的未来现金流,能够帮助投资者获取预期收益的信号;三是显示企业内部治理机制较为完善,能够有效保护投资者的利益。总体而言,良好的ESG表现说明企业能够高质量地履行与利益相关者之间的契约,帮助企业获取利益相关者的信赖与支持,从而获得支撑企业高质量、持续发展的资源与环境。例如,部分投资者将ESG绩效解读为未来股票表现和风险缓解的信号,所以将

ESG因素纳入投资组合或者投资高ESG评级企业,可以视为一种对冲自然灾害冲击或环境法规等意外变化的手段(Cornell et al., 2021)。

### 三、声誉机制

企业声誉主要来自社会各界对企业经济表现、社会责任与内部治理水平的感知。利益相关者通过观察企业的战略选择、行为以及成效,并对企业的战略特征和能力进行推论,进而形成了企业声誉(Tang et al., 2012)。也有学者认为,企业声誉的实质是利益相关者对企业积累的态度的具体体现,企业形象、服务质量、顾客满意度以及顾客忠诚度等方面均与企业声誉之间有着正向关系(Caruana et al., 2010)。换言之,企业声誉是利益相关者根据自身利益预期被满足的情况从而对企业所做出的评价。如果企业的表现可以满足甚至超过利益相关者的预期,则企业获得较好的声誉;否则,企业获得的声誉较差(Haleblian et al., 2017)。全球碳排放量激增、气候变暖、自然灾害频发等情况使得社会公众对生态环境、社会问题的关注度越来越高,并且开始逐步意识到大型金融机构的投资和融资决策对经济主体行为的关键影响(Hoepner et al., 2018)。企业制定、落实ESG战略能够为企业赢得社会认可和支持,在提高企业声誉的同时,创造了有利于自身发展的制度环境。进一步地,企业声誉向投资者传递了企业的可持续发展承诺,吸引更多资金流向ESG友好型企业,在资本市场形成了正向反馈。与此同时,良好的企业声誉在消费者心目中构建了可信赖的品牌形象,提高了客户忠诚度,并在市场上获得更大的份额。员工更愿意加入具有较好声誉的企业,形成内部的积极推动力。同时,供应链伙伴更倾向于与那些在ESG方面表现良好的企业合作,维护企业在整个供应链中的声誉。总体而言,企业积极的ESG行为为企业赢得了声誉,并进一步推动了ESG理念的扩散,形成了一个良性的反馈循环,促使更多企业参与到ESG可持续发展的进程之中。

## 第四节 研究结论

新型生产力以创新为主导,摆脱了传统的经济增长方式和生产力发展,以ESG的企业实践是其中的重要发展方向。2024年1月,习近平总书记在二十届中央政治局第十一次集体学习讲话中指出:"绿色发展是高质量发展的底色,新质生产力本身就是绿色生产力。"新质生产力是创新起主导作用,摆脱传统经济增长方式、生产力发展路径,具备高科技、高效能、高质量等特征,符合新发展理念的先进生产力形态。其催生源于技术的革命性突破、生产要素的创新配置以及产业的深度转型和升级。其基本内涵在于劳动者、劳动资料、劳动对象及其优化组合的提升,核心标志在于全要素生产率的显著提升,其特点是创新、质量优异,本质为先进生产力。企业ESG实践与新质生产力密切相关。企业通过积极推进环保、社会责任和有效治理,不仅能够提高创新能力、降低成本,还能够有效管理风险并增强品牌价值,进而推动新质生产力不断提升,实现可持续发展和长期竞争优势。

由此可见,ESG 发展理念的现实价值已得到全社会的广泛认可。在本章中,笔者对 ESG 发展理念到企业 ESG 社会治理实践形态的发展进行了梳理与回顾(如图 1—2 所示)。

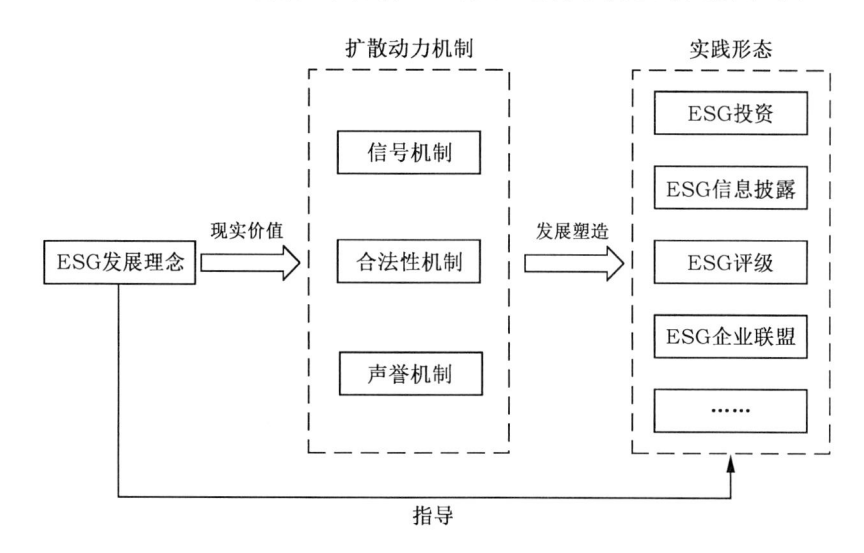

图 1—2 从 ESG 发展理念到社会治理实践

首先,ESG 发展理念的现实价值帮助企业 ESG 通过信号机制、合法性机制与声誉机制实现了广泛扩散。具体而言,第一,企业的 ESG 社会治理实践向利益相关者传递了积极的信号,表明其具有社会责任感和可持续发展能力,从而降低了企业与利益相关者之间的交易成本,提高了利益相关者参与企业价值创造的效率。这种信号传递激发了更多企业参与 ESG 社会治理实践,形成了一个积极的行业氛围。第二,企业的 ESG 社会治理实践有助于企业维护其合法性,帮助企业符合政府规章制度和社会道德期待,赢得了社会认可和支持。进一步地,合法性机制能够帮助政府建立有利于 ESG 理念传播的制度环境。在这种背景下,有越来越多的企业开始将 ESG 社会治理实践纳入企业的战略规划和运营管理之中。第三,良好的企业 ESG 社会治理实践还能提升企业的声誉,吸引更多投资流向 ESG 友好型企业,形成一个良性的正向反馈循环。投资者、消费者和其他利益相关者更愿意与声誉良好的企业合作,从而进一步推动 ESG 发展理念的传播与发展。

其次,ESG 扩散动力机制促使企业在现实情境中,将 ESG 理念发展塑造为 ESG 投资、ESG 信息披露、ESG 评级以及 ESG 企业联盟等具体 ESG 社会治理形态。这一过程是 ESG 理念从概念到实践的关键转变,为企业可持续发展提供了更加切实可行的框架与策略。具体而言,ESG 投资作为一种投资方式,强调考虑环境、社会和公司治理等因素,有助于投资者更全面地评估企业的价值和风险,促进了资金向 ESG 友好型企业的流动。ESG 信息披露则成为企业向外界传递其企业 ESG 社会治理实践和实质性的重要途径,有助于建立透明度和信任,引导企业更加积极地履行社会责任。ESG 评级作为一种评估企业 ESG 绩效的手段,为投资者提供了更加客观的参考,推动了 ESG 理念在投资决策中的应用。ESG 企业联盟的形成和发展,使得企业能够在共同的 ESG 发展理念和目标下展开沟通与合作,分享资源和经验,共同推动 ESG 社会治理实践的深入发展。可见,ESG 扩散动力机制对于将 ESG 理念转化为具体的社会治理形态发挥着至关重要的作用,进一步推动了 ESG 社会治理实践在企业层面的融入和发展,乃至推动了全球可持续发展的进程。

## 参考文献

[1]胡洁,于宪荣,韩一鸣.ESG 评级能否促进企业绿色转型?——基于多时点双重差分法的验证[J]. 数量经济技术经济研究,2023,40(7):90—111.

[2]黄珺,汪玉荷,韩菲菲,等.ESG 信息披露:内涵辨析、评价方法与作用机制[J]. 外国经济与管理,2023,45(6):3—18.

[3]黄世忠.ESG 报告的"漂绿"与反"漂绿"[J].财会月刊,2022(1):3—11.

[4]李维安,郝臣,崔光耀,等.公司治理研究 40 年:脉络与展望[J].外国经济与管理,2019(12):161—185.

[5]邱慈观.新世纪的 ESG 金融[M].上海:上海交通大学出版社,2021.

[6]李志斌,邵雨萌,李宗泽,等.ESG 信息披露、媒体监督与企业融资约束[J].科学决策,2022(7):1—26.

[7]王波,杨茂佳.ESG 表现对企业价值的影响机制研究——来自我国 A 股上市公司的经验证据[J]. 软科学,2022,36(6):78—84.

[8]王凯,李婷婷.ESG 基金发展现状、问题与展望[J].财会月刊,2022(6):147—154.

[9]张慧,黄群慧.ESG 责任投资研究热点与前沿的文献计量分析[J].科学学与科学技术管理,2022,43(12):57—75.

[10]中国工商银行绿色金融课题组,张红力,周月秋等.ESG 绿色评级及绿色指数研究[J].金融论坛,2017,22(9):3—14.

[11]周方召,潘婉颖,付辉.上市公司 ESG 责任表现与机构投资者持股偏好——来自中国 A 股上市公司的经验证据[J].科学决策,2020(11):15—41.

[12]Baldini M.,Maso D. L.,Liberatore G.,et al. Role of country-and firm-level determinants in environmental,social,and governance disclosure[J]. Journal of Business Ethics,2018,150(1):79—98.

[13]Bauer F.,Matzler K. Antecedents of mamp;A success:The role of strategic complementarity,cultural fit,and degree and speed of integration[J]. Strategic Management Journal,2014,35(2):269—291.

[14]Broadstock C. D.,Chan K.,Cheng T. L.,et al. The role of ESG performance during times of financial crisis:Evidence from COVID-19 in China[J]. Finance Research Letters,2020(38):101716.

[15]Caruana A.,Ewing M. T. How corporate reputation,quality,and value influence online loyalty[J]. Journal of Business Research,2010,63(9—10):1103—1110.

[16]Cornell B.,Shapiro A. C. Corporate stakeholders,corporate valuation and ESG[J]. European Financial Management,2021,27(2):196—207.

[17]Bradford C. ,C. A. S. Corporate stakeholders,corporate valuation and ESG[J]. European Financial Management,2020,27(2):196－207.

[18]Crifo P. ,Forget D. V. ,Teyssier S. The price of environmental,social and governance practice disclosure:An experiment with professional private equity investors[J]. Journal of Corporate Finance,2015(30):168－194.

[19]Tommaso D. C. ,Thornton J. Do ESG scores effect bank risk taking and value? Evidence from European banks[J]. Corporate Social Responsibility and Environmental Management,2020,27(5):2286－2298.

[20]Daoud O. N. E. Impact of environmental,social and governance disclosure on dividend policy:What is the role of corporate governance? Evidence from an emerging market[J]. Corporate Social Responsibility and Environmental Management,2022,29(5):1396－1413.

[21]Fatemi A. ,Fooladi I. ,Tehranian H. Valuation effects of corporate social responsibility[J]. Journal of Banking & Finance,2015(59):182－192.

[22]Fauser V. ,Utz S. Risk mitigation of corporate social performance in US class action lawsuits[J]. Financial Analysts Journal,2021,77(2):43－65.

[23]Freeman R. E. ,Evan W. Corporate governance:A stakeholder interpretation[J]. Journal of Behavioral Economics,1990,19(4):337－359.

[24]Friede G. ,Busch T. ,Bassen A. ESG and financial performance:Aggregated evidence from more than 2000 empirical studies[J]. Journal of Sustainable Finance Investment,2015,5(4):210－233.

[25]Garcia S. A. ,Orsato J. R. Testing the institutional difference hypothesis:A study about environmental,social,governance,and financial performance[J]. Business Strategy and the Environment,2020,29(8):3261－3272.

[26]Gillan S. ,Koch A. ,Starks L. Firms and social responsibility:A review of ESG and CSR research in corporate finance[J]. Journal of Corporate Finance,2021(66):101889.

[27]Girerd-Potin I. ,Garces S. ,Louvet P. Which dimensions of social responsibility concern financial investors? [J]. Journal of Business Ethics,2014,121(4):559－576.

[28]Haleblian J. ,Pfarrer M. D. ,Kiley J. T. High-reputation firms and their differential acquisition behaviors[J]. Strategic Management Journal,2017,38(11):2237－2254.

[29]Hoepner G. F. ,Schopohl L. On the price of morals in markets:An empirical study of the swedish AP-funds and the Norwegian government pension fund[J]. Journal of Business Ethics,2018,151(3):665－692.

[30]Kollias C. ,Papadamous S. Environmentally responsible and conventional market indices' reaction to natural and anthropogenic adversity:A comparative analysis[J]. Journal of Business Ethics,2016,138(3):493－505.

[31]Kong D. ,Liu J. ,Wang Y. ,et al. Employee stock ownership plans and corporate environmental engagement[J]. Journal of Business Ethics,2024.

[32]Krueger P. ,Saytner Z. ,Starks L. T. The importance of climate risks for institutional investors

[J]. The Review of Financial Studies,2020,33(3):1067—1111.

[33]Lee D. D. ,Fan H. J. ,Wong H. S. V. No more excuses! Performance of ESG - integrated portfolios in Australia[J]. Accounting and Finance,2020(61):2407—2450.

[34]Lee M. T. ,Raschke R. L. Stakeholder legitimacy in firm greening and financial performance:What about greenwashing temptations? [J]. Journal of Business Research,2023(155):113393.

[35]Mobius M. ,Hardenberg C. ,Konieczny G. Invest for Good:Increasing Your Personal Well-being.[M]. London:Bloomsbury Publishing Plc. ,2019.

[36]Ortiz - de - Mandojana N. ,Bansal P. The long term benefits of organizational resilience through sustainable business practices[J]. Strategic Management Journal,2016,37(8):1615—1631.

[37]Scott,W. R. ,Institutions and Organizations:Ideas,Interests,and Identities[M]. Sage Publications,1995.

[38]Starks L. T. EFA Keynote Speech:"Corporate Governance and Corporate Social Responsibility:What Do Investors Care about? What Should Investors Care about?"[J]. Financial Review,2009(44):461—468.

[39]Tang K. Y. ,Lai K. H. ,Cheng T. Environmental governance of enterprises and their economic upshot through corporate reputation and customer satisfaction[J]. Business Strategy and the Environment,2012,21(6):401—411.

[40] Welch K. , Yoon A. Do high-ability managers choose ESG projects that create shareholder value? Evidence from employee opinions[J]. Review of Accounting Studies,2023(28):2448—2475.

[41]Xie J. ,Nozawa W. ,Yagi M. , et al. Do environmental, social, and governance activities improve corporate financial performance? [J]. Business Strategy and the Environment,2019,28(2):286—300.

# 第二章　企业 ESG 社会治理的实践状况分析

## 第一节　问题的提出

企业的 ESG 信息披露报告是其 ESG 理念的重要载体，也是体现企业 ESG 战略的重要表现形式。目前，全球范围内已有 50 余家证券交易所对上市公司的 ESG 信息披露提供了指引与框架。例如，伦敦证券交易所早在 2017 年便开始制定 ESG 报告指南，规范 ESG 报告的八大要点，即策略相关性、投资者重要性、投资等级数据、全球框架、报告格式、监管与投资者沟通、绿色收入报告和债券融资。近年来，伦敦证券交易所也在不断尝试 ESG 数据的标准化，旨在降低公司层面的数据差异。2019 年，美国纳斯达克发布《ESG 报告指南 2.0》，将监管范围扩展至在交易所上市的所有企业，并从内容、指标与方式就 E、S、G 三个方面分别提出了标准。自 2017 年以来，我国 ESG 信息披露制度建设不断深化。2018 年，中国证监会发布《上市公司治理准则》，其中第 95 条、96 条对 ESG 信息披露奠定了初步框架。2021 年 5 月，中国证监会发布的《公开发行证券的公司信息披露内容与格式准则第 2 号——年度报告的内容与格式》《公开发行证券的公司信息披露内容与格式准则第 3 号——半年度报告的内容与格式》，要求重点排污企业对于污染物排放信息实行强制披露，其他企业则仅需对污染物排放信息进行解释的标准。2023 年 7 月，国资委办公厅颁布《央企控股上市公司 ESG 专项报告参考指标体系》《央企控股上市公司 ESG 专项报告参考模板》作为我国首套完整的 ESG 信息披露参考指标，为央企编制 ESG 报告提供了信息披露的规范性标准与框架。为更好地发挥资本市场枢纽功能，引导各类要素向绿色可持续领域聚集，促进双碳目标实现和经济、社会、环境的可持续发展，2024 年 2 月，在中国证监会的指导下，上交所、深交所与北交所联合发布《上市公司自律监管指引——可持续发展报告（试行）（意见征求稿）》，提出要建立可持续发展信息披露框架，强调了碳排放相关披露要求，并设置了公司治理专项披露，以期提升规范运作水平。由此可见，我国企业的 ESG 信息披露制度总体上呈现以自愿披露为主、强制性披露为辅的模式。例如，沪、深交易所都要求，境内外同时上市的公司应当披露《可持续发展报告》，并鼓励其他上市公司自愿披露。而北交所则考虑到其具有创新型中小企业的发展阶段特点,未对企业做强制性的披露规定,但鼓励企业"量力而行"。

对不同的企业来说,可能并非所有企业执行的所有ESG战略都同等重要,不同行业、不同性质的企业可能在ESG战略和ESG信息披露的规划与执行上存在差异性。例如,能源行业更关注污染防治、节能减排、能源管理等议题;医药行业更关注药品或产品的安全性、临床试验合规性、药品可及性等议题;信息技术行业关注的重点在于数据安全性、用户隐私保护及跨境数据传输的合规性等。也就是说,为建立自身声誉、获取合法性,企业可能对自身ESG战略执行的优势方面或与自己主营业务相关的方面进行重点宣传,强调自身对ESG的重要贡献。但是,对于政府而言,这也体现出我国企业ESG信息披露标准缺失、内容不充分以及信息时效性较低的局限性(赵雨豪,2023)。从利益相关者角度来看,企业ESG信息披露的"选择性强调"也可能导致利益相关者对企业ESG信息披露内容的误判,在降低企业ESG信息披露质量的同时,可能对企业的声誉和财务造成损失(彭雨晨,2023)。

基于此,企业ESG战略的侧重点是否与企业性质存在关联?不同性质的企业对ESG战略的关注点及关注强度如何?为回答上述问题,本书将借助Python分析软件,以企业ESG报告为数据源,通过文本挖掘分析技术,探析国有企业、民营企业、"三资企业"不同类型企业对ESG战略的关注重点,以便监管部门和公众从中获取ESG投资的启示。

## 第二节 研究设计

### 一、研究方法

文本分析法是一种利用特定的文本识别和语句处理方法,通过深入研究文本内容以获得洞察和信息的方法(邓雪琳,2015)。其中,词频统计分析是其重要应用之一。通过自然语言处理技术,研究人员可以快速识别文本中的高频词汇,揭示文本的主题和关键焦点。词语在传递文本信息过程中扮演着关键角色,其频次反映了文本的核心内容或意图(刘奕杉等,2017)。因此,通过计算文本中特定词汇的出现次数,结合不同的加权方法进行词频数据分析,成为文本分析中重要的研究方向。文本分析法不仅可用于深入研究单一文本,还适用于大规模文本数据的比较研究。通过对多个文本进行词频统计比较,研究人员能够发现不同文本之间的共性和差异,揭示出不同群体、文化或时期的语言使用模式(刁伟涛等,2022)。

ESG理念越来越受到企业重视,许多企业开始实行ESG战略,并以年度为单位,及时发布ESG报告,对企业当年在环境、社会、公司治理方面的实施情况进行披露。可见,ESG报告是判断企业ESG的年度实践状况的重要渠道。对此,本书将运用文本分析法对企业ESG报告展开分析,进而探索企业ESG的实践状况。首先,通过搜索企业官方网站的方式,手动搜集、下载了共94家企业的ESG报告。其次,由于企业ESG报告中涉及企业宣传、董事长致辞、制定标准等无关信息,并且有可能在图片中包含企业ESG实践的关键语句,机器阅读难以识别,因此,为减少无关信息干扰、提高信息的准确性,笔者通过人工识别与机器识别相结合的方式,对ESG报告内容进行阅读与整理,共整理出18 939条企业ESG相关语句。再次,运用对企业ESG相关语句进行数据预处理,最终获得17 683条企业ESG相关语句,其中包括国有企业6 142条语句、民营企业5 979条语句以及"三资企业"5 562条语句,共计约98.8万字。最后,将数据预处理后的相关语句作为本书运用文本分析法的基础语句,对其展开词频统计分析,计算TF-IDF值,并依次绘制可视化分析与网络关系分析。

## 二、数据来源

福布斯集团(Forbes)成立于1917年,其发布的刊物《福布斯》杂志是美国最早的大型商业杂志,也是全球著名的财经出版物之一,在全球范围内产生了极大的影响力。福布斯中国集团是福布斯全球媒体控股集团旗下公司之一,该公司长期关注中国可持续发展问题,相继发布了ESG50榜单、年度ESG案例、ESG专题、大湾区ESG企业家30等评选内容。为寻找中国企业在ESG层面的最佳实践,从中剖析中国ESG发展现状与未来趋势,自2022年起,福布斯中国连续两年遵循联合国ESG框架与原则,从当年福布斯评选的全球企业2 000强中,选取了在ESG实践层面先行一步的50家中国企业,发布"福布斯中国ESG50"榜单,上榜的企业覆盖工业、金融、能源等多个行业,涵盖国有企业、民营企业、外资企业、中外合资企业等不同企业类型,具有一定的代表性。因此,本书参考2022年、2023年"福布斯中国ESG50"榜单,在剔除光大银行、TCL科技、海螺水泥、中国宏桥、京东集团、中国长江电力6家重复上榜企业后,共选取94家企业,并下载2022年ESG信息披露报告,其中,国有企业34家,民营企业38家,中外合资企业[①]/中外合作企业/外资企业(以下统称为"三资企业")22家,部分选取企业如表2—1所示。

表2—1　　　2022年、2023年"福布斯中国ESG50"企业分类部分展示($N=94$)[②]

| 序号 | 企业类型 | 企业名称 |
| --- | --- | --- |
| 1 | 国有企业 | 中国石化 |
| 2 |  | 中国光大银行 |
| 3 |  | 中国石油 |
| 1 | 民营企业 | 美的集团 |
| 2 |  | 京东集团 |
| 3 |  | 长城汽车 |

---

① 中外合资企业是指外国合营者的投资比例一般不低于25%。
② 受版面限制,每种企业类型仅展示3家企业。

续表

| 序号 | 企业类型 | 企业名称 |
|---|---|---|
| 1 | "三资企业" | 海尔集团公司 |
| 2 | | 西门子(中国) |
| 3 | | 上汽集团 |

### 三、数据预处理

由于原始数据存在许多影响挖掘质量的噪声,如重复文本、无关文本、过短文本等,为提高效率与准确性,故对数据展开清洗、中文分词、去除停用词、词性标注等预处理。在文本分词阶段,我们使用了 Python 中常见的自然语言处理包 jieba 进行文本预处理。为了更全面地保留短语,如"员工福利""乡村振兴",最终我们选择了基于 paddle 方法的文本分词算法。为了提升数据挖掘效果,我们结合企业实施 ESG 的实际行为,建立了自定义词典以改善分词效果。同时,基于哈尔滨工业大学停用词表、四川大学机器智能实验室停用词库和百度停用词表等常见停用词词典,我们构建了符合本书研究需求的停用词典。

## 第三节　实证分析

本节依次对国有企业、民营企业和"三资企业"的 ESG 报告内容进行高频词分析,并按照 ESG 不同维度对高频词进行划分。进一步地,在划分高频词 ESG 维度的基础上,本书分别对不同企业类型的 ESG 报告内容高频词表进行分析,并从总体上展开比较。最后,如图 2-1 至图 2-3 所示,本书选取出现次数在前 100 名的词语,绘制出不同类型企业 ESG 报告内容的词云图。具体分析结果如下。

如表 2-2 所示,从国有企业 ESG 报告内容的高频词表与词云图来看,在环境方面,国有企业的 ESG 报告主要在"可持续性""绿色运营""能源(管理)""环境保护"以及"降碳减排"等方面制订了详尽计划与目标,并披露了该年度相关内容,从而回应利益相关者对这类问题的关注。在社会方面,受政府监管与公众舆论压力的影响,国有企业必须承担好政治责任、经济责任和社会责任。对此,在社会维度上,国有企业关注的议题依托于国家的战略重心,并体现出明显的时代性,主要集中在"社区(建设)""(贫困)帮扶""乡村振兴"以及"技术创新"等方面。在治理上,"风险(控制)""合规(管理)""责任(体系建设)"是国有企业在实现自身发展的基础上着重关注的治理议题。可以看出,国有企业在企业内部治理方面强调"以进促稳",追求平稳健康的可持续发展。

图 2-1　国有企业 ESG 报告内容词云图

表 2-2　　　　　　　　　国有企业 ESG 报告内容高频词表[①]

| 序号 | ESG 维度 | 国有企业 ESG 报告高频词 | TF-IDF 值[②] |
| --- | --- | --- | --- |
| 1 | 环境 | 可持续 | 0.104 |
| 2 | 环境 | 绿色 | 0.100 |
| 3 | 环境 | 能源 | 0.061 |
| 4 | 环境 | 环保 | 0.059 |
| 5 | 环境 | 降碳减排 | 0.057 |
| 1 | 社会 | 社区 | 0.087 |
| 2 | 社会 | 帮扶 | 0.068 |
| 3 | 社会 | 乡村振兴 | 0.051 |
| 4 | 社会 | 技术创新 | 0.076 |
| 1 | 治理 | 发展 | 0.136 |
| 2 | 治理 | 风险 | 0.107 |
| 3 | 治理 | 员工 | 0.125 |
| 4 | 治理 | 合规 | 0.086 |
| 5 | 治理 | 责任 | 0.084 |
| 6 | 治理 | 供应商 | 0.076 |
| 7 | 治理 | 业务 | 0.075 |
| 8 | 治理 | 运营 | 0.073 |
| 9 | 治理 | 生产 | 0.071 |
| 10 | 治理 | 人才 | 0.071 |
| 11 | 治理 | 培训 | 0.062 |

---

① 为避免不同企业类型之间 ESG 报告内容高频词存在较多重复性以及常用词（如环境、社会、治理等词语）无法准确体现不同企业类型对 ESG 战略的关注重点，笔者在综合考虑词频统计分布与代表性的基础上，分别选取了最具有代表性的 20 个词语作为高频词展示。

② TF-IDF（term frequency-inverse document frequency）是一种用于信息检索与数据挖掘的加权技术，TF-IDF 值越高，说明该特征词对于该文本的重要性越强。TF-IDF 值取值规则为保留三位小数。

如表 2—3 所示，从民营企业 ESG 报告内容的高频词表与词云图来看，受自身发展水平限制，从高频词主题来看，民营企业对环境与社会议题关注度不高，仅覆盖了"可持续性""绿色（运营）""能源"以及通过"技术创新"的方式，创造社会效益。在治理方面，民营企业的公司内部治理以"发展"为核心，主要围绕"员工""供应商""客户"三个主体展开，通过开展"员工培训"、提升"产品"或"服务""质量"，以及不断完善"运营体系"的方式，切实提升公司内部治理水平。

图 2—2　民营企业 ESG 报告内容词云图

表 2—3　　　　　　　　　民营企业 ESG 报告内容高频词表

| 序号 | ESG 维度 | 民营企业 ESG 报告高频词 | TF-IDF 值 |
| --- | --- | --- | --- |
| 1 | 环境 | 可持续 | 0.127 |
| 2 | 环境 | 绿色 | 0.121 |
| 3 | 环境 | 能源管理 | 0.065 |
| 1 | 社会 | 技术创新 | 0.073 |
| 1 | 治理 | 员工 | 0.141 |
| 2 | 治理 | 供应商 | 0.136 |
| 3 | 治理 | 发展 | 0.132 |
| 4 | 治理 | 产品 | 0.113 |
| 5 | 治理 | 风险 | 0.103 |
| 6 | 治理 | 培训 | 0.098 |
| 7 | 治理 | 服务 | 0.081 |
| 8 | 治理 | 质量 | 0.073 |
| 9 | 治理 | 安全 | 0.073 |
| 10 | 治理 | 客户 | 0.071 |
| 11 | 治理 | 合规 | 0.069 |
| 12 | 治理 | 运营 | 0.068 |
| 13 | 治理 | 业务 | 0.064 |
| 14 | 治理 | 全球 | 0.061 |
| 15 | 治理 | 创新 | 0.059 |
| 16 | 治理 | 供应链 | 0.052 |

如表 2-4 所示,从"三资企业"ESG 报告内容的高频词表与词云图来看,在环境方面,"三资企业"的 ESG 报告内容仅从"可持续性"与"绿色(运营)"两个方面进行披露。对此,我们认为,这可能是由于我国目前的 ESG 信息披露制度对环境维度的披露要求与标准等相关制度尚不完善(安芮坤、王凤,2021)。在社会方面,"三资企业"主要关注"公益(慈善)""技术创新"与"乡村振兴"等议题,强调以实际行动,切实践行社会责任,回馈社会。在治理方面,"三资企业"更为关注通过提升"服务(质量)""风险(控制)"以及不断完善公司运营"保障体系"的方式,提升"员工""供应商""客户"对企业的认同度,以期实现企业的进一步发展与扩大。

图 2-3 "三资企业"ESG 报告内容词云图

表 2-4 "三资企业"ESG 报告内容高频词表

| 序号 | ESG 维度 | "三资企业"ESG 报告高频词 | TF-IDF 值 |
|---|---|---|---|
| 1 | 环境 | 可持续 | 0.109 |
| 2 | | 绿色 | 0.102 |
| 1 | 社会 | 公益 | 0.091 |
| 2 | | 技术创新 | 0.086 |
| 3 | | 乡村振兴 | 0.083 |
| 4 | | 小微企业 | 0.052 |
| 1 | 治理 | 员工 | 0.149 |
| 2 | | 发展 | 0.131 |
| 3 | | 服务 | 0.102 |
| 4 | | 供应商 | 0.099 |
| 5 | | 产品 | 0.093 |
| 6 | | 平台 | 0.091 |
| 7 | | 风险 | 0.089 |
| 8 | | 安全 | 0.087 |
| 9 | | 保障体系 | 0.079 |
| 10 | | 董事会 | 0.077 |
| 11 | | 业务 | 0.074 |
| 12 | | 客户 | 0.061 |
| 13 | | 合作 | 0.059 |
| 14 | | 质量 | 0.051 |

总体来看,在共性方面,尽管不同企业类型在 ESG 报告侧重维度的具体细节上存在差异,但"员工""发展""可持续""绿色"的 TF-IDF 值都分别在其报告文本中大于 0.1。这说明以人为本、企业发展、可持续性以及企业的绿色运营是不同企业类型共同关注的 ESG 战略重点领域。从差异性来看,首先,相较于民营企业与"三资企业",国有企业的 ESG 报告在环境、社会与治理三个维度的信息披露内容相对均衡,且更为注重环境与社会方面的信息披露。这可能是因为,国有企业往往是国家战略产业的重要组成部分,其声誉和形象直接关系到党和政府的经济安全与国家形象。因此,相较于其他企业类型,国有企业面临着更高的政府监管压力和公众期望。这使得国有企业在 ESG 报告中通过侧重对环境与社会方面的信息进行披露的方式,在满足政府监管要求的同时,积极地展示自身的社会责任担当,以获得政府与公众的认可和支持,确保企业的可持续发展。其次,相较于国有企业,"三资企业"和民营企业面临的市场竞争更为激烈,且自身的所有权和管理结构更为分散与灵活,这促使"三资企业"和民营企业需要不断强化企业内部治理机制,提升管理、运营水平,以保持竞争优势。因此,"三资企业"与民营企业侧重于对治理维度的信息披露,有助于其提高风险控制能力,增强利益相关方对企业内部治理与运作的信心,进而获取更多利益。特别地,"三资企业"相较于民营企业,在社会方面的信息披露内容更为广泛与详尽,原因可能是,一方面,"三资企业"发展水平较高,有能力在国家政策的指导下,发挥自身业务优势,建立良好的社会声誉与可持续发展;另一方面,"三资企业"通常涉及跨国运营,这使得该类型企业更加注重社会责任的履行,以建立良好的企业形象和增强在当地的社会认可度。

## 第四节 政策建议

企业实质性 ESG 实践有助于塑造良好的企业公民形象。企业作为社会的一员,承担着重要的社会责任。通过积极展开实质性 ESG 行为,企业可以树立良好的企业公民形象,在赢得社会尊重和信任的同时,也能够进一步为社会的发展和进步做出积极贡献。从企业自身角度来看,实质性的 ESG 实践不仅有助于企业长期可持续发展和长期价值创造,同时能强化企业的品牌声誉与信誉度,吸引人才并提高员工忠诚度,降低经营风险并提高投资回报率。在当今市场环境中,消费者和投资者对企业的 ESG 表现越来越关注,因此,企业需要通过真实的 ESG 承诺和行动来赢得信任和支持,以实现其长期战略目标。

### 一、提高企业 ESG 实践与主营业务的关联性

提高企业 ESG 实践与主营业务的关联性,有助于加强企业 ESG 实践的实质性,进而推动企业社会效益的可持续发展。首先,政府应要求企业在信息披露报告中提供详细的 ESG 整合报告。报告内容应详细阐述 ESG 理念如何被纳入企业的核心业务战略和实际运营流程,并说明企业如何通过主营业务践行"商业向善",创造社会效益。其次,政府可以通过提

供奖励或激励措施来鼓励企业将 ESG 原则融入其主营业务。例如,采取税收优惠、政府补贴、信用评级提升等方式,以激励企业积极采取符合实质性 ESG 标准的经营行为。最后,政府可以通过举办培训课程、开展研讨会等形式,向企业提供 ESG 实践与主营业务关联的指导和支持。例如,建立专门的咨询机构或平台,为企业提供咨询服务,帮助企业管理层制定和实施符合 ESG 理念的主营业务策略与措施,提升企业对实质性 ESG 行为和象征性 ESG 行为的区分与理解。

## 二、加强企业 ESG 报告的语言规范化体系建设

为了树立真实可信的企业形象,相关监管部门应尽快出台企业 ESG 报告的标准体系,在规范企业 ESG 报告语言体系的基础上,不断提高企业信息披露报告的准确性与可信度。具体而言,首先,规范企业信息披露报告的表述形式。政府应要求企业在信息披露报告中提供具体、可量化的数据支持,避免使用过于笼统、模糊的定性描述,帮助利益相关者从量化的角度更好地了解企业的实际情况。其次,加强对企业 ESG 报告的审查工作。政府应设立专门的 ESG 报告审查机构,负责对企业信息披露的内容进行审核。在确保相关内容符合法律规范的同时,要求企业的 ESG 报告必须基于客观事实,避免使用不准确或误导性的言辞对产品、服务以及企业形象进行夸大或歪曲,确保企业信息披露报告的真实可信。最后,政府应加强对企业信息披露的监管与惩戒机制。对于 ESG 报告中存在虚假报告、不实行为或选择性披露的企业,应当给予罚款、通告曝光等严厉的处罚措施,以对其他企业起到警示作用。特别地,社会监督和公众参与也是减少企业象征性 ESG 行为的重要手段,一方面,政府应加强对公众的 ESG 理念教育,提高其对企业社会责任的认知水平,促进公众积极参与对企业的理性监督和评价;另一方面,政府可以建立更加开放的 ESG 信息平台,让企业的利益相关者能够便捷、快速地查询企业的 ESG 信息以及国内外的 ESG 标准体系与评价指标。政府还应提供举报企业象征性 ESG 行为的渠道,鼓励社会公众和媒体等多元主体积极参与监督。

## 参考文献

[1]安芮坤,王凤.环境信息披露制度的国际经验及启示[J].宏观经济管理,2021(3):83—90.

[2]邓雪琳.改革开放以来中国政府职能转变的测量——基于国务院政府工作报告(1978—2015)的文本分析[J].中国行政管理,2015(8):30—36.

[3]刁伟涛,孙晓萱,沈亮."本"中窥"债"略见一斑——基于预算报告的我国地方债务治理概览[J].中央财经大学学报,2022(3):3—14+26.

[4]刘奕杉,王玉琳,李明鑫.词频分析法中高频词阈值界定方法适用性的实证分析[J].数字图书馆论坛,2017(9):42—49.

[5]彭雨晨.ESG 信息披露制度优化:欧盟经验与中国镜鉴[J].证券市场导报,2023(11):43—55.

[6]赵雨豪.我国上市公司 ESG 信息披露的制度缺陷及完善路径[J].社会科学家,2023(11):87—94.

# 第三章 企业 ESG 社会治理的实践内容分析

## 第一节 问题的提出

实质性信息披露最初起源于财务会计,指的是与投资者决策相关的信息。在全球 ESG 实践中,全球报告倡议组织可持续发展报告统一标准将体现报告组织重大经济、环境和社会的议题或对利益相关方的评估和决策有实质影响的议题称为实质性议题(评估),并将其作为 ESG 报告中的重要组成部分。从企业战略角度来看,实质性分析是为了让企业能够厘清 ESG 议题与自身经营绩效的关系,并按优先次序合理分配有限资源。从社会价值的角度来看,虽然企业 ESG 报告的议题贯穿于企业各项事务之中,涉及气候变化、能源管理、职工健康以及董事会多元化等多个领域,但是,由于并非企业所有的 ESG 实践议题都能够帮助企业践行"商业向善"的经营理念以及对社会的可持续发展产生实质性影响,这使得我们能够从企业 ESG 实践是否真正发挥了社会价值以及发挥效果如何的角度,将企业 ESG 的实践内容区分为实质性 ESG 和象征性 ESG。从长远来看,企业实质性 ESG 责任履行不仅能够有效提升企业的可持续发展能力和商业价值,还能为企业的风险管理提供新的有效途径(谭劲松等,2022)。具体而言,学者将企业实质性 ESG 责任履行视为企业抵御风险的"工具箱",在抑制公司信息风险与经营风险的同时,降低了企业股价崩盘的风险,是稳定资本市场的重要途径(晓芳等,2021;席龙胜、王岩,2022)。反观部分企业的象征性 ESG 责任履行,通常表现为企业将发布信息披露报告作为一种形式化工作,由于信息不对称的存在,报告中可能存在披露信息不准确、不完整的情况,并一定有实质性的信息披露,这可以被视为企业在 ESG 信息披露中的掩饰行为(Marquis and Qian,2014)。随着企业象征性 ESG 行为的增多,ESG 不仅无法达到风险管理的目的,还可能进一步加剧企业财务、信息与经营风险(江轩宇、许年行,2015)。企业象征性 ESG 行为会将企业的 ESG 战略变成企业掩饰其谋取私利的工具,严重削弱了企业自身的公信力,对企业经营产生了严重的负面影响(王宇熹,2024)。那么,对于企业 ESG 战略来说,哪些 ESG 内容是具有实质性意义的"商业向善",而哪些仅仅是为了保护市场优势并合法化企业原有制度的象征性 ESG?对此,本书将在界定实质性ESG与象征性ESG的区分标准基础上,通过评价企业ESG报告的方式,对企业ESG实践内容展开分析。进一步地,为了提高研究结论的实效性,识别企业实质性ESG与象征性ESG的关键特征,本书将运用案例研究法,选取典型的企业象征性ESG行为案例,并对其进行分析与比较。

## 第二节　研究设计

### 一、研究方法

#### (一)内容分析法

内容分析法强调通过制定一系列标准或指标的方式,以编码或赋值的方式,将大量碎片、定性化的文字转变为易于分析的量化数据,进而对所研究对象进行分类、计数与解释,归纳、推理出具有价值的研究结论(刘伟,2014)。相较于问卷调查法,内容分析法具有一定的客观性,通过制定明确的分析标准或赋值指标,能够较少受到被访者主观意识的干扰,因此在一定程度上提高了研究结论的可靠性。特别地,内容分析法具有多样性,被应用于分析不同类型的媒体内容,如书籍、新闻报道、文本书等,使得研究者能够从不同的角度来分析和理解特定话题或现象,尤其适用于分析难以直接观测的复杂社会问题。本书将组建专家团队,借助内容分析法,以上文94家企业的ESG报告为样本,基于信息沟通、企业定位与营销策略对文本内容进行赋值,以期从"企业象征性ESG行为程度"的角度对这94家企业的ESG实践内容进行分析与评价。

#### (二)多案例比较分析法

多案例比较分析法秉承理论抽样与复制逻辑的原则,通过比较多个案例来深入理解特定现象或问题。具体而言,理论抽样要求研究者根据研究问题和理论框架来选择最能代表理论变量的案例,以确保研究结果的有效性和可靠性;复制逻辑则强调通过多个案例的比较来验证理论假设的一致性和普遍性,增强研究的信服力(刘风等,2019)。虽然单案例有利于问题的深入挖掘,增强理论说服力,但由于识别企业象征性ESG行为过程中涉及因素繁杂,单案例中各个要素之间的复杂关系可能得不到清晰完整的展示,因此本书采用多案例比较分析法。此外,由于社会各界尚未对"象征性ESG"给予明确界定,也未形成统一的标准和共识,因而需要对理论概念与现实问题之间的契合度进行系统和深入的研究,所以适用于探索性多案例比较分析的研究方法。

### 二、数据来源

ESG信息披露报告是指企业以文本方式,向外界公开披露有关其经济、环境和社会方面的信息。一方面,这些信息可以帮助投资者、股东、供应商、客户等相关方更好地了解企业的经营状况、履行社会责任的程度和未来可持续发展计划；另一方面，ESG 信息披露可以促使企业更加注重环境保护，加强社会责任，改进公司治理结构，提高企业的竞争力和可持续性。因此，作为企业的一项重要举措，ESG 信息披露已成为现代企业可持续发展的重要参考标准。对此，本书参考 2022 年、2023 年"福布斯中国 ESG50"榜单，在剔除光大银行、TCL 科技、海螺水泥、中国宏桥、京东集团和中国长江电力 6 家重复上榜企业后，共选取 94 家企业的 ESG 信息披露报告作为开展内容分析法的研究样本。

在基于企业 ESG 实践案例的内容分析中，为了更好地契合研究问题，本书在筛选案例时采用以下标准：(1)案例应具有一定的代表性与适配性，尽可能覆盖不同行业与企业性质；(2)企业案例之间既有共性因素，也有差异性因素，尤其强调企业案例之间的象征性 ESG 行为的类型与程度具有明显差异，为案例间的复制和拓展提供支撑，也能在一定程度上提升研究的外部效度。基于上述原则，本书选取了中国石油、蒙牛乳业、腾讯集团、吉利汽车作为研究对象，基本情况如表 3—1 所示。

表 3—1　　　　　　　　　　　　　拟选取的典型案例

| 案例编号 | 企业名称 | 所属领域 | 企业性质 |
| --- | --- | --- | --- |
| 1 | 中国石油 | 能源 | 国有企业 |
| 2 | 蒙牛乳业 | 食品 | "三资企业" |
| 3 | 腾讯集团 | 互联网 | "三资企业" |
| 4 | 吉利汽车 | 制造业 | 民营企业 |

### 三、象征性 ESG 概念界定与衡量

#### (一)象征性 ESG 概念界定

企业社会责任缺失(corporate social irresponsibility)指的是企业未按照社会预期承担社会责任的企业行为，并且对社会造成了一定程度的损失与危害(Lange and Washburn, 2012；Jansinenko et al.，2020)。企业社会责任的缺失可能会对企业与利益相关者之间的关系造成破坏，甚至损害了企业的财务绩效与声誉(Christensen et al.，2015)。对企业社会责任缺失的判断与衡量往往依赖于企业利益相关者的感知与解释，因此具有较强的主观性。以往关于企业社会责任缺失归因研究发现，较低的企业经营管理水平以及企业领导者个人道德水平都可能成为企业社会责任缺失的驱动因素(Sunw and Govind, 2022；Zona et al.，2013)。

企业社会责任缺失是导致企业象征性 ESG 行为的原因之一。当企业缺乏社会责任意识或未能履行社会责任承诺时，其在 ESG 实践方面的行为往往会偏向于象征性，即仅仅是为了满足外部期望或塑造良好形象而进行的"表面功夫"。基于此，本书认为企业象征性 ESG 指的是企业并非真正关注 ESG 问题，未能通过实质性行动来创造社会效益，而是出于

维护自身市场竞争优势或合法化企业原有制度的考量所采取的ESG实践。具体而言,企业象征性ESG与企业实质性ESG可以在同一组织中共存,而当利益相关者感知到企业在ESG方面存在违法、虚假、夸大或不道德等问题时,企业象征性ESG就已经显露出来了(Lange and Washburn,2012)。

### (二)象征性ESG概念衡量

企业要想在实践ESG战略中创造社会效益,实现真正的"商业向善",需要花费大量的资金与精力,同时面临着极大的不确定性。部分企业为了维护市场竞争优势,并合法化企业原有制度,可能在ESG信息披露报告中"做文章""夹带私货",有意回避问题或夸大事实,在获得合法性的同时,避免承担参与ESG实践所带来的经营风险与成本。基于此,本书首先在综合考虑相关文献以及参考专家意见的基础上,从信息沟通、企业定位与营销策略视角制定了企业象征性ESG得分编码体系,如表3-2所示。其次,本书邀请了三位从事商业ESG研究的专家,根据企业象征性ESG得分编码体系,对94家企业的ESG信息披露报告进行评分,并取三位专家评分的平均值分别作为每个视角的最终结果。① 最后,本书将企业三个衡量视角下的评分相加,以此作为衡量企业象征性ESG行为的替代变量,总评分越高,说明企业的象征性ESG行为程度越深。

表3-2　　　　　　　　　　企业象征性ESG得分编码体系

| 衡量视角 | 测量维度 | 具体说明 | 赋值 |
| --- | --- | --- | --- |
| 选择性披露 | 定性描述 | 表述较为笼统,无法验证,易于模仿,无迹可寻。例如,公司高度重视环境治理工作,每年投入大量资金,从源头上减少污染物的产生及排放。 | 3分 |
| | 定量描述 | 表述中具有明显披露项目名称、具体措施与量化数据。例如,公司对环保设备升级改造……原有设备的粉尘排放浓度由 50mg/m³ 降低到 10 mg/m³。 | 2分 |
| | 混合对比描述 | 表述中不仅同时具有定性描述与定量描述,而且具有企业实施ESG行为的前后对比描述。 | 1分 |
| 企业定位 | 与主营业务缺少关联 | 企业ESG战略与其主营业务没有任何直接关联,在这种情况下,企业的ESG实践可能只是为了应对外部压力或塑造形象,而非出于商业战略考量。 | 3分 |
| | 与主营业务部分相关 | 企业ESG战略在一定程度上与其主营业务相关,但存在一些不直接关联的ESG活动。虽然企业可能在一些方面与主营业务相关,但也可能在其他方面进行一些与主营业务无关的ESG实践。 | 2分 |
| | 与主营业务密切相关 | 企业ESG战略与其主营业务高度契合,直接支持和促进企业的核心业务目标。这意味着企业在实施ESG实践时,会将其纳入其核心战略和业务运营中,以实现商业目标和利益。 | 1分 |

---

① 平均值保留一位小数。

续表

| 衡量视角 | 测量维度 | 具体说明 | 赋值 |
| --- | --- | --- | --- |
| 修辞策略 | 过多美化 | 存在大量绝对词("绝对""完全""必定"等)、极端词("最佳""零添加""纯天然""顶级"等)、情感词("幸福""快乐""满足"等)以及宏大的口号标语("创造更好的明天""坚持可持续发展"等)等表述内容。 | 3分 |
| | 适度美化 | 客观陈述的同时,存在部分含糊不清、张冠李戴、归类模糊的表述内容。 | 2分 |
| | 客观表述 | 以陈述句为主,保持客观,且在表述时并非一味地放大正面影响。 | 1分 |

1. 选择性披露视角

选择性披露关注的是企业在信息披露报告中仅使用模糊的语言报告ESG战略设计等"软信息",以寻求或维持自身的合法性,而刻意避及或不充分披露ESG具体实践效果的"硬信息"(李哲、王文翰等,2021)。对此,本书尝试从定性描述、定量描述与混合对比描述三个维度对企业象征性ESG行为进行测量,具体标准如表3-2所示。

2. 企业定位视角

盈利是企业管理的根本目的,企业的自身定位与核心业务通常是其最主要的利润来源。在该视角下,我们认为象征性ESG是与企业自身定位和主营业务缺少直接关系,仅仅发生在供应链层面的ESG实践(Pizzetti et al.,2021)。如果企业的ESG实践只是为了应对外部压力或者获取表面的合法性,而没有真正融入企业的战略和业务,那么就可能是象征性的ESG行为。具体而言,首先,企业的ESG实践如果与其主营业务没有直接关联,往往会导致ESG实践与企业的业务运营不协调,缺乏整合性,成为一种"外挂式"企业社会责任实践方式。这种不一致性可能意味着企业的ESG实践只是表面上的一种姿态,而非真正融入企业的战略和文化中(Lee,2008)。其次,当企业的ESG实践与其主营业务无关时,这些实践往往缺乏长期的可持续性。由于缺乏商业动机和整合性,企业可能在外部压力减小或舆论关注减弱后放弃这些ESG实践,而不是将其视为长期的战略目标。通过考察企业的ESG战略与其业务的关系,可以更好地理解企业ESG实践的真实意图和影响。这种分析方法有助于识别出那些仅仅是为了满足外部期望或塑造形象而进行的象征性ESG行为,从而为投资者和利益相关者提供更准确的信息。

3. 修辞策略视角

修辞术是论辩术的对应产物,强调一种具有劝服性(persuasion)意义的生产实践,成为企业信息披露报告的重要写作技巧。特别地,情感诉求作为一种特殊修辞方式,通过了解受众的心理状态来诉诸他们的感情,用言辞去打动受众,通过打动受众的情感来产生说服的效果。这种"动之以情"的说服方式正是企业象征性ESG行为的"秘密武器"。例如,企业会在ESG报告写作过程中,通过刻意凸显忧患话语生产与灾难性文本叙述的方式,吸引受众关注、引起受众恐慌情绪,在这种情绪渲染下,企业的环境形象在受众脑海中得到光辉泛化。在修辞策略视角下,我们关注企业是否能够对自身 ESG 实践的真实情况进行客观、真实的描述,即关注企业在信息披露的过程中是否有"多言寡行"或"言过其实"的现象。对此,本书尝试从修辞的角度测度企业的象征性 ESG 行为。具体而言,部分企业可能在信息披露的过程中通过使用措辞上的技巧、言辞上的粉饰来掩盖其象征性 ESG 行为(孙蕾等,2016)。在这种"话术"的暗示作用下,企业的利益相关者容易受到潜意识的影响,不自觉地提升对企业 ESG 战略实践的认同和好感,使得象征性 ESG 行为隐藏于企业信息披露文本内容的修辞之中,是一种企业价值秩序的"惯例"行为(Feix,2017)。

## 第三节 实证分析

### 一、基于企业 ESG 信息披露报告的内容分析

笔者从选择性披露、企业定位和修辞策略视角对企业象征性 ESG 行为进行评分,并制作了企业象征性 ESG 行为评分汇总表,如表 3—3 所示。本书分别列出了前 5 名和后 5 名企业在各个衡量视角下的具体评分以及该企业象征性 ESG 行为评分的总和。

表 3—3　　　　　企业象征性 ESG 行为评分汇总表($N=94$)[①]

| 序号 | 企业名称 | 企业性质 | 行业领域 | 选择性披露评分 | 企业定位评分 | 修辞策略评分 | 象征性 ESG 行为评分总和 |
| --- | --- | --- | --- | --- | --- | --- | --- |
| 1 | 吉利汽车 | 民营企业 | 制造业 | 2.3 | 2.7 | 2.7 | 7.7 |
| 2 | 中国建材 | 国有企业 | 建筑业 | 2.7 | 2 | 3 | 7.7 |
| 3 | 民生银行 | 民营企业 | 金融业 | 2.7 | 2.7 | 2 | 7.4 |
| 4 | 中国铁建 | 国有企业 | 建筑业 | 2.7 | 2.3 | 2.3 | 7.3 |
| 5 | 中国神华 | 国有企业 | 能源业 | 2.3 | 2.3 | 2.7 | 7.3 |
| …… | | | | | | | |
| 90 | 隆能绿基 | 民营企业 | 能源业 | 2.3 | 1 | 1.3 | 4.6 |
| 91 | 小米集团 | 民营企业 | 制造业 | 1 | 2 | 1.3 | 4.3 |
| 92 | 光大银行 | 国有企业 | 金融业 | 1.3 | 1 | 2 | 4.3 |
| 93 | 中国平安 | "三资企业" | 金融业 | 1 | 1.7 | 1.3 | 4 |
| 94 | 上汽集团 | "三资企业" | 制造业 | 1.3 | 1.3 | 1 | 3.6 |
| 平均分[②] | | | | 1.8 | 2.4 | 2.4 | 5.9 |

---

① 受版面限制,本书仅展示象征性 ESG 行为评分表前 5 名和后 5 名企业的具体评分。
② 平均分指的是参与评分的所有企业在某一视角及象征性 ESG 行为评分加总的平均分,保留一位小数。

首先,从行业领域来看,在企业象征性 ESG 行为评分汇总表的前 30 名中,建筑业与能源业共占 17 家企业,其象征性 ESG 行为评分均高于 94 家企业象征性 ESG 行为评分的平均分(5.9 分)。值得注意的是,在这 17 家企业中,包括中国铁建、中国神华、中国电建等 11 家市值超过 500 亿元的央企,均存在较高象征性 ESG 行为风险。对此,我们认为,建筑业与能源业对生态环境的影响较大,因此不仅面临更高的监管与合规压力,而且更容易受到社会舆论的关注。因此,相关企业为了减少 ESG 战略的投入成本,维护利益相关者的信任,可能采取象征性 ESG 行为来回应不同利益相关者的诉求。

其次,从行业性质来看,如表 3—4 所示,国有企业的象征性 ESG 行为平均分高于民营企业与"三资企业",并超过所有企业平均分 0.5 分,这说明相较于其他企业性质,国有企业可能存在较高的象征性 ESG 行为风险。对此,我们认为可能的原因有如下两点:第一,国有企业往往与政府之间关系密切,这使得企业的经营决策往往受到政治考量的影响(高炜、黄冬娅,2018)。在这种情况下,国有企业可能将 ESG 实践作为落实政府相关政策的工具,而非完全出于社会责任,致力于"商业向善",导致其 ESG 实践存在象征性倾向。第二,相较于私营企业与"三资企业",国有企业更多地受政策约束而非市场需求的影响,因此面临的市场竞争压力相对较低。这导致国有企业缺少市场激励机制去不断改善 ESG 实践,存在社会责任意识薄弱、社会责任管理滞后、社会责任实践失衡等问题,而更倾向于采取象征性 ESG 行为,达到政府要求即可(党秀云,2021)。相反,"三资企业"的象征性 ESG 行为平均分低于所有企业平均分 0.2 分,说明相较于国有企业与民营企业,"三资企业"的象征性 ESG 行为风险相对较低。国际市场要求由跨国企业在 ESG 实践方面承担更多责任,为了维持自身在全球市场的合法性与可持续性,"三资企业"履行 ESG 责任的动机可能源于自身内部的战略资源弹性,而非政治考量(刘海建,2013)。具体而言,在国际市场竞争越来越激烈的情况下,跨国企业可能倾向于通过实质性 ESG 实践来符合严格的国际 ESG 规范与监管标准,提高自身在国际市场的组织声誉和品牌形象。

表 3—4　　　　　　　按企业性质分类的象征性 ESG 行为评分表

| 企业性质 | 选择性披露平均分 | 企业定位平均分 | 修辞策略平均分 | 象征性 ESG 平均分 |
| --- | --- | --- | --- | --- |
| 国有企业 | 1.6 | 2.5 | 2.7 | 6.4 |
| 民营企业 | 1.9 | 1.7 | 1.7 | 6.1 |
| "三资企业" | 1.7 | 2.4 | 1.5 | 5.7 |
| 所有企业 | 1.8 | 2.3 | 2.4 | 5.9 |

> 2021 年,我们首次设定了温室气体减排目标,即相较于 2020 年,自有办公区人均温室气体排放于 2026 年下降 4.5%。截至报告期末,相较于基准年,自有办公区人均温室气体排放下降 21.12%。(资料来源:《小米集团 2022 年度环境、社会及管治报告》,第 8 页。)

最后,从象征性 ESG 行为的具体视角评分来看,如表 3—4 所示,在选择性披露视角下,三类企业的平均分均低于 2.0 分,这表明,这些企业都认识到了组织透明性对于维护组织声誉和组织合法性的重要性。因此,更倾向于通过提供定量数据或将定性、定量描述相结合的方式在信息披露报告中传达企业的 ESG 表现。这种做法旨在向利益相关者传递信息,即企业的 ESG 行为更多的是实质性的,而非仅仅为了维护企业自身合法性以及外部期望而采取的象征性措施。在修辞策略视角下,国有企业在修辞策略视角下的平均分都高于所有企业在该视角的平均分。这说明国有企业在 ESG 信息披露中经常使用绝对词、极端词、情感词、模糊性表达以及宏大的口号标语,可能存在较高的象征性 ESG 行为风险。具体而言,作为国有资产的管理者,国有企业是执行党的政治任务的经济组织,肩负着经济责任、政治责任和社会责任。这使得国有企业不仅需要积极贯彻落实党的方针政策,还应承担好宣传、维护党的方针政策,营造良好行业氛围的重要责任,以引导企业内部员工和行业内其他企业更好地理解、支持党的政策,推动社会经济高质量发展。为了更好地宣传党的方针政策,国有企业在进行信息披露时可能倾向于结合党和政府的相关政策文件,从较为宏观、情感化的角度表述企业的 ESG 实践,导致其修辞策略视角下的评分较高。

> 本公司以习近平新时代中国特色社会主义思想为指导,全面学习贯彻党的二十大精神,坚持以习近平总书记"四个革命、一个合作"能源安全新战略为根本遵循,精准把握国家加快能源转型的目标要求,系统推进实施中国能建碳达峰、碳中和"1253"原则,即坚持"一个引领"(以国家碳达峰、碳中和战略目标为引领),把握"两大关键"(构建新型能源体系和新型电力系统),走好"五化路径"(能源供给低碳化、能源消费电气化、新型能源技术产业化、低碳发展机制化、碳中和责任协同化),着力处理好"三者辩证关系"(以煤炭为主的化石能源清洁低碳化、以风光为主的可再生能源集约化、以主要用户为主的提效节能系统化),全力服务我国能源结构向绿色低碳转型,始终成为能源革命的先行者。(资料来源:《中国能源建设股份有限公司 2022 年度环境、社会及管治报告》,第 13 页。)

## 二、基于企业 ESG 实践案例的内容分析

近年来,社会各界逐渐关注企业的"商业向善"发展,呼吁企业在谋求利润的同时解决社会问题,创造社会效益(黄世忠,2021)。由此,ESG 成为企业履行社会责任、赢取利益相关者信任以及提升组织声誉的重要工具。为进一步推广企业"商业向善"倡议,对于在可持续发展与社会责任领域做出突出贡献的企业,社会给予相应的奖项和良好评价,这也帮助企业赢得了消费者的信赖与推崇。然而,部分"优秀企业"在运作过程中却经常出现让社会各界难以接受的违法、违规行为,这不仅与企业自身标榜的实质性 ESG 实践相悖,也违背了

以可持续发展、创造社会效益的 ESG 核心价值,以至于这种"说一套、做一套"的行为不仅提高了企业象征性 ESG 行为风险,也让利益相关者对企业产生了"虚伪"感知。对此,本书尝试从中国石油、蒙牛乳业、腾讯集团以及吉利汽车的实践案例中,展示企业典型的象征性 ESG 行为。

**(一)环境维度下企业典型象征性 ESG 行为:以中国石油为例**

中国石油天然气集团有限公司(以下简称"中国石油")创立于 1999 年,是集国内外油气勘探开发和新能源、新材料等业务于一体的综合性国际能源公司,在全球 32 个国家开展油气投资业务。2023 年,中国石油入选"中国 ESG 上市公司先锋 100"榜单,其中,中国石油的"大港油田:探索绿色转型之路、开启可持续发展新征程"案例成功入选由中国企业改革与发展研究会、半月谈杂志社所主办的"中国企业 ESG 优秀案例集"。在企业 ESG 信息披露方面,中国石油强调企业将坚持清洁开发的环保理念,持续开展环境控制和检测项目,严格遵守当地环境保护政策,积极建设绿色企业,努力实现能源与环境的和谐共生。企业强调自身在 ESG 实践方面始终追求"零事故、零污染、零伤害"原则,将健康、安全与环境工作作为公司发展业务的首要前提。2022 年,在环保治理方面投入 38.9 亿元,节约新增建设用地 1 280 公顷,退出建设用地 30 公顷,一般固体废物合规处置率达到 100%。但是,近年来,中国石油在经营实践过程中环境风险频发,发生了多起行政处罚、司法诉讼事件,甚至出现了"屡犯屡错"、多次实施相同类型环境违法行为的情况。这种"言行不一"的现象,我们认为是企业为了维护自身形象与合法性,而非真正履行社会责任的象征性 ESG 行为。

榆林市位于陕西省最北部,总面积 42 920.2 平方千米。截至 2023 年 4 月,榆林市下辖 2 个市辖区、9 个县,代管 1 个县级市,常住人口约为 362 万人。榆林因煤而兴、因煤而富,是陕甘宁油气田的主要储区。据资料显示,榆林石油的预测储量达到 10 亿吨,探明储量为 3 亿吨,涵盖面积达 2 300 平方千米,主要分布在定边、靖边、横山和子洲四县。这些石油资源的储量占据了全省总量的 43.4%,主要由中国石油、中国石化、延长石油等企业负责开发。根据榆林市生态环境局公布的罚单,中国石油因违反生态保护相关条例,成为"榜上常客",累计罚款金额高达百万元。例如,2022 年 11 月,中国石油长庆油田第六采油厂因燃气加热炉排放废气氮氧化物折算排放浓度为 74mg/m³,超标排放 0.48 倍,违反《大气污染防治法》,被榆林市生态局罚款 15 万元。同年 10 月,该采油厂就因水污染防治设施违规,被榆林市生态局罚款 25 万元。2023 年 10 月,中国石油长庆油田第九采油厂在项目建设中因未能及时组织实施污染防治措施(建设导油槽、油污回收池、雨水收集池等),违反了我国《建设项目环境保护管理条例》,被榆林市生态局罚款 30 万元。同月,中国石油长庆油田第三采油厂因固体废物台账不规范,将岩屑和生活垃圾混合记录在一本台账中,被榆林市生态局罚款 6 万元。从上述案例可以看出,中国石油在榆林市的经营实践中频繁违反生态保护相关法规。尽管该企业在 ESG 报告中不断强调自身对环境保护和社会责任的关注,然而,企业的实际行动与其宣传的 ESG 实践不符,在罚款金额累计高达百万元的情况下,公司仍未能有效整改,表明其缺乏对 ESG 实践的重视,更可能是一种"象征性"的表态。作为一家大型国企,中国石油面临着来自市场竞争、利益者诉求、政府监管等多方面压力,在追求利润最大化的同时,企业可能存在管理层对 ESG 相关议题落实情况的不重视或对违规环境违规行为的纵容,导致其旗下分公司采取不当方式,以降低成本或规避环保责任,导致象征性 ESG 行为的发生。

**(二)社会维度下企业典型象征性 ESG 案例:以蒙牛乳业和腾讯集团为例**

内蒙古蒙牛乳业(集团)股份有限公司(以下简称"蒙牛乳业")始建于 1999 年,是我国农业产业化重点企业,并致力于将企业打造成为消费者至爱、国际化、更具责任感、文化基因强大和数智化的世界一流企业。近年来,蒙牛乳业核心业绩持续增长,2023 年上半年,蒙牛乳业达到 511.2 亿元,经营利润为 32.7 亿元,同比增长 29.9%,成功进入全球乳业七强。在 ESG 实践方面,2022 年,明晟(MSCI)将蒙牛乳业 ESG 评级由"BBB"提升至"A",成为中国食品行业最高 ESG 评级。2023 年,因蒙牛乳业在减少碳排放、减少污染与废物排放以及生物多样性保护等多个 ESG 议题实践中发挥创新且突出的作用,成功入选了由中国上市公司协会发布的《中国上市公司 ESG 最佳实践案例》。

但在蒙牛乳业的经营实践中,从企业在近年来发生多起行政处罚与社会舆论可以看出企业的 ESG 实践存在一定缺陷。以"倒奶门"事件为例,该事件对蒙牛乳业造成了严重的负面影响,引发了公众对企业社会责任履行状况的质疑。2021 年 4 月,蒙牛乳业旗下品牌"真果粒"赞助了一档选秀节目。在该节目中,粉丝为了给喜欢的选手"打榜投票",需要购买大量与节目联名合作的蒙牛乳业产品,以获取被放置在瓶盖内用于投票的二维码或包装箱内的"投票二维码"。但是,由于乳制品的保质期和存储成本等条件的限制,粉丝在获取了产品内部的"投票二维码"后,便将无法被消耗的牛奶成箱倾倒。值得注意的是,蒙牛乳业曾在 2020 年企业年报中披露:"真果粒"通过冠名赞助选秀节目成功上市推广,在销售受阻的疫情防控期间,"真果粒"通过产品高端化、借势顶级流量与年轻消费者积极沟通,实现"逆势增长"。在社会维度上,企业的 ESG 战略不仅仅是通过赞助活动来提升企业声誉与形象,更应该关注其业务活动对社会产生的实际影响。在本案例中,蒙牛乳业的营销方式虽然获得了大量的销售收入,但忽略了自身本该承担的社会责任,以诱导的方式造成消费者的过度购买和严重的食物浪费。因此,尽管蒙牛企业在 ESG 报告中不断强调其对 ESG 价值的重视,但实际上,蒙牛企业的行为更多的是一种象征性的社会责任表现,并不是真正关注社会效益的产生和社会问题的实际解决。

腾讯集团成立于 1998 年,是一家以互联网服务为基础的科技公司,致力于用创新的产品和服务提升世界各地人们的生活品质。该企业始终秉承科技向善的宗旨,为用户提供联系、出行、支付与娱乐等多项业务。2024 年 1 月,数据研究中心 QuestMobile 发布《2023 中国移动互联网年度报告》,其中腾讯以 12.21 亿用户量位居"中国互联网企业用户量"榜首。2023 年 12 月,腾讯集团入选由国务院国资委、全国工商联、中国社科院及中国企业改革与发展研究会评选的十大"中国ESG榜样"企业,成为唯一入选的互联网公司。2022年,腾讯集团用于创造可持续社会价值及共同富裕计划领域的支出高达58.36亿元。在社会责任方面,腾讯集团承诺将持续升级隐私保护能力、加强数字安全保障水平、切实保护未成年,并致力于为用户创造安全、健康、包容、友好的数据体验。特别地,腾讯集团强调将保持高度的企业责任意识,通过持续升级各类产品和服务中的未成年保护措施以及开展涉未成年不良信息治理等方式,切实保护未成年的互联网使用者。尽管腾讯集团在ESG报告中做出了社会责任的承诺,但近年来发生的多起行政处罚案件,显示企业存在较高的象征性ESG行为风险。

在ESG战略中,社会维度主要关注企业对员工、客户、政府等利益相关者所产生的影响,强调企业要积极维护消费者权益,不断提升消费者满意度。2023年7月,腾讯集团控股子公司"财付通支付科技有限公司"(以下简称"财付通")被中国人民银行罚款24.27亿元,并没收违法所得5.66亿元,合计约30亿元。经金融监管部门检查发现,财付通的违规行为包括违反机构管理规定、违反商户管理规定、未按规定保存客户身份资料和交易记录、违反金融消费者权益保护管理规定等11条。值得注意的是,早在2021年4月,我国金融监管部门就已经对腾讯等13家从事金融业务的网络平台开启了金融业务专项整改活动,并对企业的相关负责人进行监管约谈,提出了七个方面的整改要求,但收效甚微。同年9月,国家网信部门依法查处腾讯QQ危害未成年人身心健康违法案件。由于腾讯QQ平台"小世界"板块存在大量色情等违法信息,部分用户在评论区诱导未成年人不良交友、实施性引诱,招募未成年人进行游戏陪玩,严重侵害了未成年人的合法权益与身心健康。对此,网信办依法约谈腾讯公司相关负责人,并依据《未成年人保护法》,责令暂停腾讯"小世界"板块信息更新30天,并对腾讯集团实施行政处罚,没收违法所得并处以100万元罚款。上述腾讯集团的违规事件揭示其在ESG实践中存在的问题。尽管腾讯集团在ESG报告中对社会责任做出了恳切承诺。但是,在实际运作过程中,腾讯集团未能及时、有效地回应并解决金融业务中的违规问题以及线上不良内容。这表明,企业在社会责任履行方面存在严重缺失,未能有效监管旗下平台的相关业务,忽视了对用户权益的保护。这些违规行为表现出企业可能更倾向于维护"表面性"的ESG形象,而非实质性的ESG行为。

**(三)治理维度下企业典型象征性ESG行为:以吉利汽车为例**

吉利汽车集团成立于1997年,隶属于浙江吉利控股集团有限公司旗下。截至2023年6月,吉利汽车总资产达到1 642.79亿元,业务涵盖汽车及上下游产业链、智能出行服务、绿色运力、数字科技等多个方面。自创建以来,吉利汽车以"创造超越用户期待的智能出行体验,打造科技引领型全球汽车企业,成为最具竞争力和受人尊敬的中国汽车品牌"为企业发展使命,切实推动中国制造业发展。2022年,吉利汽车被福布斯中国评选为"福布斯中国可持续发展工业企业TOP50",并进入了由《财富》杂志评选的"中国ESG影响力榜"40强。2023年6月,吉利汽车在由国务院国资委、全国工商联、中国社科院及中国企业改革与发展研究会所评选的"中国ESG上市公司先锋100"榜单中排名第八,获得五星级评价,位列中国车企第一。同年12月,吉利汽车的ESG实践受到国际认可,第三方评级公司明晟(MSCI)将吉利汽车的ESG评级提升为"AA"。在吉利汽车的ESG信息披露报告中,吉利汽车强调自身高度重视对合作伙伴的合规管理以及商业道德建设,并将合规与商业道德、价值链责任、员工与社区等方面作为企业的重点战略领域。企业承诺,将以诚信合规的方式开展业务活动,不断推动自身合规管理的体系和实践不断趋于成熟,培育诚信合规的文化氛围,切实履行高标准的商业道德行为,以此回应合作伙伴和社会的信任与支持。

作为完善社会主义市场经济体制、推动高质量发展的内在要求,公平竞争是治理维度中关于企业商业道德的重要衡量标准。不正当竞争者的行为不仅违背了商业道德和市场交易原则,扰乱了市场秩序,还损害了其他经营者和消费者的合法权益。近年来,吉利汽车出现了多起不道德的商业行为,严重影响了利益相关者对企业的信任与支持。例如,2021年11月,吉利汽车因在与百度在线共同设立合营企业前,未依法向市场监管总局进行申报,违反了《中华人民共和国反垄断法》,最终被顶格处以50万元罚款。2022年8月,浙江吉利汽车因在微信公众号"吉利汽车"上发布推文《"混"战之王,试过的人都说好》,利用图表、视频、文字以及媒体人口述介绍等形式,用吉利汽车与日系"两田"系列汽车做对比,利用广告贬低其他生产经营者商品。该行为违反了《中华人民共和国广告法》(以下简称《广告法》),被杭州市高新区(滨江)市场监管总局处罚1万元。无独有偶,同月,吉利汽车在汽车品牌发布会中多次使用"国家级""最高级""最佳"等用语,夸大宣传自身汽车品牌。针对该类违反行为,根据《广告法》规定,宁波市市场监管总局责令吉利汽车停止发布广告,并处以企业60万元罚款。可见,尽管吉利汽车在ESG评级中表现优异,并在ESG报告中不断强调对合作伙伴的合规管理和自身对商业道德的重视,但实际行为与之相悖。上述案例表明,吉利汽车可能更注重形式上的合规管理,而非真正的商业道德实践,其所强调的合规管理和商业道德建设在实际操作中并未得到有效落实。因此,该企业的ESG行为更符合象征性而非实质性的特征。

## 第四节 结论与启示

### 一、研究结论

从企业象征性ESG行为的动因来看,新制度主义认为,任何组织的结构与行为都必然受制于组织所处的包括社会标准、社会认知等因素在内的制度环境之中,这些因素将通过制度、规范、条例等不同的压力形式,迫使组织采取具有合法性的组织行为与相应的组织结构(Meyer and Rowan,1977)。从上述案例可以看出,制度环境是导致企业象征性ESG行为的关键因素。如果企业缺乏必要程度的合法性,组织的存续将会面临风险。这种由组织价值体系与社会价值观之间的分歧所带来的生存压力被称为合法性压力;也就是说,企业为了获得合法性,必须顺应社会规则与价值标准的约束。具体而言,为了顺应社会发展的 ESG 理念并响应政府部门和利益相关者的诉求,企业必须自上而下地接受 ESG 的规范要求。然而,受合法性压力与合规风险的"被动式推动",使得合法性成为企业 ESG 实践的重要驱动力。这种受合法性引导的象征性 ESG 实践,虽然能够在一定程度上保护企业利益,但存在一定的隐患。例如,企业对 ESG 核心价值,即"商业向善""因义获利""可持续发展"等理念的认知与理解并不深刻,甚至企业所承担的 ESG 责任并非来自企业对这些理念的认同,而是源于政策要求与合法性压力。这导致企业的 ESG 战略未能与企业文化深度融合,而当社会公众对企业需要承担 ESG 责任的要求越来越高或社会环境发生变化时,企业面对出现的责任危机往往会固守己见,无法妥善处理所面临的"ESG 危机"。进一步地,当发现企业"言行不一",即 ESG 承诺与实践存在较大差距时,利益相关者会产生一种"言过其实"的心理感受,这将使得他们对企业的发展失去信心,进而可能导致企业陷入危机。

## 二、研究启示

抓好企业实质性 ESG 的制度体系建设是推动企业实质性 ESG 行为的关键所在。企业之所以存在象征性 ESG 行为,一定程度上是因为当前存在约束企业商业道德与 ESG 责任的制度供给不足。在这一点上,政府监管部门在考核企业的制度设计时应当采取更为严格的态度,加强对企业实施实质性 ESG 的考核,从而加强真正履行社会责任的考察权重,同时加强对"商业向善"类型的非经济指标的考量。政府应特别加强对企业实质性 ESG 行为的监督与指导。这可以通过政治引导、税收优惠等配套政策手段来实现。政府可以通过税收政策等方式,激励企业在实质性 ESG 方面的投入力度,引导企业从经济利益、社会责任和环境保护等多方面考虑问题,推动企业向 ESG 实践的更高水平迈进。政府在制定 ESG 相关政策时,应更加注重推进企业实质性的 ESG 发展,防止企业仅仅以形式符合 ESG 标准而忽视实质性改善。因此,政府应当以增强企业 ESG 的自我治理能力为目标,针对不同企业性质、规模与行业特点,制定差异化的 ESG 政策,并积极推进政府与企业之间的责任共建。

从内部制度安排角度来看,企业应该围绕着"对全社会以及所有利益相关者负有道德或伦理义务的 ESG 价值观",通过改造公司 ESG 治理结构、战略规划、企业文化和规章制度,建立起 ESG 承诺与表现"言行一致"的 ESG 实践规则,建立起一套完善的 ESG 管理机制,包括 ESG 指标的制定和监测机制,以及相应的激励和约束机制。这样的管理体系应当能够有效地促进 ESG 实践的全面落实,确保企业的 ESG 行为能够真正带来实质性的影响和改善。注重 ESG 文化的培育和弘扬,将 ESG 价值观融入企业的日常经营和文化中。这需要企业通过建立 ESG 价值观教育培训机制,加强员工对 ESG 理念的认知和培养,形成全员参与、全员负责的 ESG 文化氛围,从而推动企业 ESG 行为向更加实质化和深入化的方向发展。这样的标识机制不仅应当在企业内部得到广泛推广和遵循,更需要在企业文化中被传承和弘扬，使之成为具有稳定性、记忆性和可复制性的"习惯"，而不是仅仅作为企业应对政策要求与合法性压力的负面新闻时的一种象征性的ESG行为。企业应该注重长期发展，真正树立起以ESG为核心的企业价值观念，将实质性的ESG行为内化为企业的基本准则，从而为企业的可持续发展和社会效益的最大化做出贡献。通过建立ESG委员会或部门，负责制定和监督企业ESG战略的执行，并将ESG目标纳入企业的绩效考核体系，以确保ESG战略的有效实施。此外，企业还可以加强与利益相关方的沟通和合作，包括员工、投资者、客户、供应商、社区等，共同推动实质性ESG行为的落实。通过这些措施，企业可以在ESG领域发挥更为积极的作用，促进可持续发展，实现经济、社会和环境的共赢。

## 参考文献

[1] 安芮坤,王凤.环境信息披露制度的国际经验及启示[J].宏观经济管理,2021(3):83-90.

[2] 党秀云.国有企业社会责任合作治理的模式建构——结构功能主义的视角分析[J].中国行政管理,2021(8):78-83.

[3] 邓雪琳.改革开放以来中国政府职能转变的测量——基于国务院政府工作报告(1978—2015)的文本分析[J].中国行政管理,2015(8):30-36.

[4] 刁伟涛,孙晓萱,沈亮."本"中窥"债"略见一斑——基于预算报告的我国地方债务治理概览[J].中央财经大学学报,2022(3):3-14+26.

[5] 高炜,黄冬娅.关于中国国有企业"政治关联"的研究评述[J].上海行政学院学报,2018,19(3):103-111.

[6] 黄溶冰,陈伟,王凯慧.外部融资需求、印象管理与企业漂绿[J].经济社会体制比较,2019(3):81-93.

[7] 黄世忠.ESG视角下价值创造的三大变革[J].财务研究,2021(6):3-14.

[8] 江轩宇,许年行.企业过度投资与股价崩盘风险[J].金融研究,2015(8):141-158.

[9] 李哲,王文翰."多言寡行"的环境责任表现能否影响银行信贷获取:基于"言"和"行"双维度的文本分析[J].金融研究,2021,498(12):116-132.

[10] 刘凤,傅利平,孙兆辉.重心下移如何提升治理效能?——基于城市基层治理结构调适的多案例研究[J].公共管理学报,2019,16(4):24-35+169-170.

[11] 刘海建.制度环境、组织冗余与捐赠行为差异:在华中外资企业捐赠动机对比研究[J].管理评论,2013,25(8):77-91.

[12] 刘伟.内容分析法在公共管理学研究中的应用[J].中国行政管理,2014(6):93-98.

[13] 刘奕杉,王玉琳,李明鑫.词频分析法中高频词阈值界定方法适用性的实证分析[J].数字图书馆论坛,2017(9):42-49.

[14] 孟猛猛,雷家骕.基于集体主义的企业科技向善:逻辑框架与竞争优势[J].科技进步与对策,2021,38(7):76-84.

[15] 彭雨晨.ESG信息披露制度优化:欧盟经验与中国镜鉴[J].证券市场导报,2023(11):43-55.

[16] 孙蕾,蔡昆濠.漂绿广告的虚假环境诉求及其效果研究[J].国际新闻界,2016,38(12):134-151.

[17]谭劲松,黄仁玉,张京心.ESG表现与企业风险——基于资源获取视角的解释[J].管理科学,2022,35(5):3−18.

[18]王宇熹.ESG投资中的"漂绿"风险耦合机理与监管对策[J].财会月刊,2024,6(45):123−129.

[19]席龙胜,王岩.企业ESG信息披露与股价崩盘风险[J].经济问题,2022(8):57−64.

[20]晓芳,兰凤云,施雯,等.上市公司的ESG评级会影响审计收费吗?——基于ESG评级事件的准自然实验[J].审计研究,2021(3):41−50.

[21]赵雨豪.我国上市公司ESG信息披露的制度缺陷及完善路径[J].社会科学家,2023(11):87−94.

[22]Christensen M. D., Dhaliwal S. D., Boivie S., et al. Top management conservatism and corporate risk strategies:Evidence from managers' personal political orientation and corporate tax avoidance[J]. Strategic Management Journal,2015,36(12):1918−1938.

[23]Feix A. Green washing revisited:Extending the critique of CSR communication[C]. Academy of Management Proceedings,2017(1):15452.

[24]Jasinenko A., Christandl F., Meynhardt T. Justified by ideology:why conservatives care less about corporate social irresponsibility[J]. Journal of Business Research,2020,114(4):290−303.

[25]Lange D., Washburn N. T. Understanding attributions of corporate social irresponsibility[J]. Academy of Management Review,2012,37(2):300−326.

[26]Lee M. P. A. A review of the theories of corporate social responsibility:It evolutionary path and the road ahead[J]. International Journal of Management Review,2008(1):53−73.

[27]Marquis C., Qian C. Corporate social responsibility reporting in China:Symbol or substance? [J]. Organization Science,2014,25(1):127−148.

[28]Meyer J., Rowan B. Institutionalized organization:Fornal structure as myth and ceremony[J]. American Journal of Sociology,1977,83(2):340−363.

[29]Pizzetti M., Gatti L., Seele P. Firms talk, suppliers walk:Analyzing the locus of greenwashing in the blame game and introducing vicarious greenwashing [J]. Journal of Business Ethics,2021(1):21−38.

[30]Sunw, Govind R. A new understanding of marketing and doing good:marketing's power in the TMT and corporate social responsibility[J]. Journal of Business Ethics,2022,176(1):89−109.

[31]Zona F., Minoja M., Coda V. Antecedents of corporate scandals:CEOs' personal traits, stakeholders' cohesion, managerial fraud, and imbalanced corporate strategy[J]. Journal of Business Ethics,2013,113(2):265−283.

## 第二部分

## ESG 实践与公共意志表达

# 第四章　ESG 标准的社会治理匹配度及其本土化

## 第一节　确定 SMA 目标和具体数据内容

在当今全球化的社会背景下，企业社会责任（CSR）逐渐成为企业经营战略的核心元素。环境、社会和治理（ESG）因素的引入使得企业在经济活动中不仅关注盈利，更注重与社会治理价值观的匹配及契合。这种匹配程度的重要性不断凸显，因为企业的 ESG 关注重点与社会治理价值观之间的一致性直接关系到企业在社会中的角色和责任。

在这一背景下，本书旨在深入探讨企业 ESG 关注重点与当前主流社会治理价值观之间的匹配程度。企业作为社会治理的关键参与者，其 ESG 实践的选择不仅影响企业自身发展，也直接塑造社会治理的格局。我们关注的焦点在于，分析企业所选择的 ESG 关注重点是否与当前社会治理价值观相互契合，以及这种契合度如何影响企业和社会的互动。

这项研究具有重要意义，因为它有助于深化对企业 ESG 实践与社会治理之间关系的理解。通过强调 ESG 关注重点与社会治理价值观之间的匹配，我们能够为企业提供更具针对性的建议，推动其更好地履行社会责任。同时，对匹配程度的深入研究还将有助于为社会治理提供实证基础，推动治理体系的不断完善与演进。

通过突出企业 ESG 关注重点与社会治理价值观的匹配问题，我们期待为企业决策者、政府监管机构以及研究者提供洞见，推动全球范围内的可持续发展目标。这一研究的成果将有望促使企业更加积极地参与社会治理，为构建更加和谐、包容的社会治理体系贡献力量。

了解中国公众对 ESG 的看法，然后以该目标指导社交媒体数据和分析方法的选择。近年来，全球范围内纳入企业社会责任（CSR）的组织数量呈指数级增长，特别是在环境、社会和治理（ESG）方面。根据新制度理论，组织行为受到利益和效率的塑造，同时受到制度环境因素的影响（齐诚等，2011）。在实证研究方面，胡美琴等（2009）研究发现，制度压力下的企业更加注重保持、维护或修复组织合法性，从而获得更好的企业环境绩效。沈奇泰松等（2012）也实证检验了规制制度、规范制度和认知制度三大维度对企业社会绩效产生积极影响。孟猛猛等(2019)研究发现,企业的制度环境感知对社会责任与组织合法性的关系起正向调节作用,而法律制度效率对二者的关系起负向调节作用。罗元大等(2021)研究发现,相对于强制度环境,弱制度环境下的企业披露社会责任信息的质量更差。

根据合法性理论,企业只有按照社会的期望和价值观运作,才能在市场竞争中生存下来。同时,利益相关者理论强调,为利益相关者创造价值对于确保企业的成功和可持续性至关重要。这些利益相关者不仅包括股东,还包括员工、供应商、客户、社区以及更广泛的整个社会。因此,除了正式的制度限制外,ESG参与还可能受到来自利益相关者的社会规范、价值观、文化和认知系统等非正式制度的影响。其中,公众的看法被视为影响ESG实践的非正式机构的主要象征。公众的认知可以从知识、意识和情感三个方面来看待。在ESG发展的背景下,知识方面反映了公众对ESG的基本思想和原则的理解。公众意识着重于对ESG相关问题的关注,而情感则反映了公众对ESG的感受和态度。

有学者已经认识到公众认知对企业环境、社会和治理(ESG)相关行为的重要性,并深入讨论了它们对企业社会责任的影响。由于ESG与企业社会责任(CSR)的一致性,因此本书也在拓展参考范围时考虑了这方面的关系。Chen和Wan(2020)通过分析社会信任与企业社会责任的关系,强调了社会信任在企业社会责任改善中的作用。社会信任被看作一种重要的社会规范,通过反映社会期望和公众舆论压力体现出来。Serafeim(2020)的研究发现,围绕ESG问题的公众情绪势头影响了投资者对可持续发展活动价值的看法。Rhou(2016)认为,较低的企业社会责任意识可能限制了企业战略性社会责任努力的全部价值。Vuong(2021)的调查结果表明,负面情绪可以刺激公司未来对ESG的承诺。

ESG的基本概念在个人层面上也可以通过技术接受模型(TAM)来理解。结合Davis(1986)提出的TAM的基本思想,感知有用性和感知易用性形成了个人对ESG的信念,预测了他们对ESG的态度并影响了他们的接受度。个人对ESG的接受程度可以通过一系列积极主动的行为来体现,如购买绿色低碳产品、采用ESG投资、从事ESG相关工作等。

现有的文献和理论强调了理解公众对ESG发展的看法的必要性。然而,鲜有研究致力于验证这种理解。一些研究虽然调查了公众对企业社会责任的看法,但局限于特定的利益相关者群体。目前,公众对ESG的整体看法尚不清楚。例如,Ramasamy(2009)的自我管理调查显示,上海的消费者比香港的消费者更支持企业社会责任。Tian等(2011)认为,由于中国的企业社会责任意识可能仍处于探索阶段,因此消费者对企业的企业社会责任意识可能较低。Al-Zoubi, M. T. (2019)的研究发现,在公共机构工作的员工对企业社会责任的重视程度更高。随着公众对ESG的接触增加,他们对ESG相关项目的认知和看法可能不断变化。传统的数据收集方法,如问卷调查和访谈,面临及时获取公众对ESG看法的挑战。因此,为了解决这些局限性,本书采用了几种基于大数据的方法,以全面了解公众对ESG的看法。

## 第二节 数据收集与预处理

### 一、数据收集

在定义了 SMA 的目标后,本书首先确定了用于后续分析的社交媒体数据。第一步是选择数据源,即社交媒体平台。鉴于平台的普及程度和数据可访问性,我们选择哔哩哔哩作为分析公众对 ESG 看法的数据来源。哔哩哔哩是中国主要的弹幕式视频分享网站,拥有庞大的用户基础,特别是年轻一代。截至 2023 年底,哔哩哔哩的月活跃用户已经超过 2 亿,庞大的用户群体提供了多样性的观点和看法,能够更为全面地反映公众对 ESG 的态度。其次,哔哩哔哩的弹幕评论机制使得用户可以实时在视频上发送弹幕,表达对视频内容的看法。这种实时的互动使得用户参与度更高、评论更为直接和真实。据统计,哔哩哔哩每日弹幕总量在数千万至数亿之间,这表明用户在平台上积极参与互动,为对 ESG 看法的分析提供了丰富的数据支持。此外,哔哩哔哩平台上涵盖了各种主题的视频,包括科技、娱乐、生活等多个领域。这种多样性的内容令分析可以涵盖更广泛的主题,更好地理解公众对 ESG 的整体看法。最后,选择哔哩哔哩也考虑到中国的文化和社交媒体使用习惯,确保数据源更符合当地文化和社会背景,为对 ESG 看法的深入分析提供更准确的基础。总体而言,哔哩哔哩作为一个开放的社交媒体平台,其庞大的用户基础、强互动性、多样性内容以及符合当地文化的特点,使其成为分析公众对 ESG 看法的理想数据来源。

从哔哩哔哩收集的数据包括两种类型:结构化数据和非结构化数据。结构化数据包括用户数据(用户名称、用户所在地区)、时间数据(发布的时间)以及与注意力相关的数据(点赞、转发、评论的数量等)。非结构化数据是指用户发布的内容,包括视频和评论。

在确定了社交媒体平台和相应的数据类型后,需要进一步考虑数据收集的方法。本书采用网络爬虫器,即一种自动的网络信息检索工具,来提取哔哩哔哩的数据。有各种各样的网络爬虫技术,包括并行爬虫、聚焦爬虫、增量的网络爬虫和隐藏的网络爬虫。聚焦爬虫收集满足一个特定主题的网页,它通过寻找最相关的信息,同时过滤掉不相关的区域来了解爬虫的边界。本书通过成熟的网络爬虫技术软件 Python,聚焦爬虫收集基于 ESG 的哔哩哔哩数据。Python 可以根据用户的指导从网页中获取所需的数据,并以一定的结构输出数据收集结果。首先,输入用户名和密码,在哔哩哔哩完成模拟登录;其次,需要构建一个搜索 URL,包含与 ESG 相关的关键词,使用 Requests 库发送 HTTP 请求以获取搜索页面的 HTML 内容;最后,通过 BeautifulSoup 库解析 HTML,定位到包含用户评论的特定标签或类,提取用户评论的文本信息并输出。

### 二、数据预处理

为了准备高质量的社交媒体数据以供进一步分析,必须进行精心的预处理。以下是预处理的主要步骤：

**(一)词语切分**

在收集到的数据中,评论都是以整条文本的形式被储存下来的,但是在 LDA 主题模型的假设中,语料库的每篇文档是以词袋的形式存在的;换句话说,文档应该是一些无序词语的集合,所以首先要对评论数据进行中文分词处理。

中文分词指的是通过技术手段和相关算法,把完整的文本序列切分为单个的词语。在当前中文信息处理中,中文分词是重要的组成部分,是文本分类、搜索引擎、信息检索和过滤、推荐系统的设计和开发中的关键技术与难点。目前的分词算法大致可以分为词典分词法、理解分词法、统计分词法和组合分词法。在当前对于文本挖掘的研究中,采用较多的还是统计分词法,该方法基于统计学的机器学习模型进行训练,从而掌握词语切分的规则,对其他文本进行分词。

本书选择了 Python 语言下设计开发的第三方开源模块 jieba 分词。具体通过以下方式实现:首先,按照词典的条目将符号串与单词进行匹配;其次,利用相邻两个字的共现频率计算它们的关联程度,当关联程度超过一定阈值时,将其视为一个词语;最后,运用句法和语义分析处理中文分词中的歧义切分,优化机械的切词机制。

**(二)去除停用词**

在进行中文文本处理时,经常需要从文档中提取关键词信息,或者说文档的特征词,但是文档集中常常会存在一些出现频率非常高却无实际意义并且对于文本内容的划分和提取毫无作用的词,比如介词、连词等虚词,这些只是为了让文本更加连贯;又如"你的""我的""他们"等指示代词,这些词只是具有普遍意义却无法成为文档特征词;还有一些对于隐含语义的挖掘没有帮助的标点符号和特殊符号,通常在文本处理时统一将这些表征词称为停用词,通过构建停用词表并将其删除,能够有效降低文本特征的复杂度。本书主要采用建立停用词表的形式,通过开发程序对语料库中的每个词进行循环比对,将与停用词表匹配成功的数据从文档中剔除;反之,则储存下来。本书建立的停用词表来自中文通用的停用词表,并手动添加了文档中出现的特殊表情等。

**(三)构建同义词典**

在文本中,有许多词汇具有相同或相关的含义,例如,企业和公司、行业和市场等。通过构建同义词典,可以减少文本特征空间中的同义词和关联词,降低信息冗余,从而提高文本挖掘的效率。

通过这些预处理步骤,原始文本数据得以转化为计算机可处理的向量形式,同时无效单词和词语被去除,大幅提升后续处理任务的效率和准确性。

## 第三节　LDA 模型实证分析

### 一、研究方法

LDA 模型是一种经典的基于概率的主题挖掘模型,在文本挖掘中常用于识别大规模、非结构化文本集或语料库中的隐藏主题信息。如图 4—1 所示,LDA 模型主要包含三层结构,分别是特征词、主题和文档。模型假设文档集中的所有文档均由隐含主题集合组成,每个主题都有对每个文档的支持权重,形成文档—主题分布,权重越大,说明该主题与某一文档的关联越大;而每个主题又由一系列相互关联的特征词集合而成,每个特征词都以一定概率选择某个主题,形成主题—词分布,概率值越大,说明该特征词与这一主题的关联性越强,从而拥有更强的语义信息以解释主题的含义。

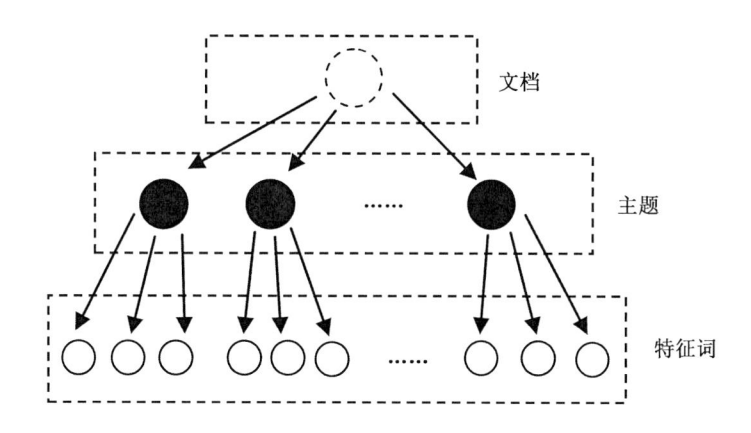

**图 4—1　LDA 模型主题拓扑结构图**

LDA 的算法可以描述如下:

LDA 算法的输入是一个文档的集合:$D=\{d_1,d_2,d_3,\cdots,d_n\}$,同时需要主题的类别数量 $m$。算法的处理过程是,将每一篇文档的 $d_i$ 对应主题上的一个概率值 $p$,由此,每一篇文档都会得到一个概率的集合,也即表示文档 $d_i$ 在 $m$ 个主题上的概率值。文档中的所有特征词会求出它对应的每个主题的概率,就可以获得一个文本到主题、一个词到主题的两个矩阵。其核心公式为:$p$(词|文档)$=p$(词|主题)$\times p$(主题|文档),表达式如下:

$$p(w|d)=p(w|t)\times p(t|d) \qquad (4-1)$$

表达式以主题 $t$ 作为它的中间层,可以通过 $\theta_d$ 和 $\varphi_t$ 给出文档 $d$ 中出现特征词 $w$ 的概率。其中,$p(t|d)$ 可以通过 $\theta_d$ 计算取得,$p(w|d)$ 可以通过 $\varphi_t$ 计算得出。利用 $\theta_d$ 和 $\varphi_t$ 能够为任意一个文档中的任意一个特征词计算它对应任何一个主题时的 $p(w|d)$,然后根据这些结果来更新这个词应该对应的主题。之后,如果该项更新改变了这个特征词所对应的

主题,都会影响 $\theta_d$ 和 $\varphi_t$。

LDA 算法开始阶段,先随机给 $\theta_d$ 与 $\varphi_t$ 赋值(对所有的 $d$ 与 $t$)。之后不断迭代重复上述过程,最终会收敛到一个结果,即 LDA 算法的输出。LDA 算法将文档与词投影到一组主题上。通过主题可以找出文档与词之间、文档与文档之间、词与词之间的潜在关系。LDA 算法属于无监督算法,每个主题并不会被要求需要指定条件,但是聚类之后,通过统计出各个主题上词的概率的分布情况,找出在该主题上概率高的词,就能比较好地描述该主题的意义。

## 二、研究步骤

利用 LDA 方法,从相关的哔哩哔哩的视频评论中识别出基于 ESG 的主要主题。在进行数据预处理和清理操作后,创建一个与 ESG 相关的评论语料库。

本书中的主题建模过程包括以下几个步骤:

### (一)数据读取

从 CSV 文件中提取编号和标题两列数据。使用 Gensim 库的 load_csv 函数读取 CSV 文件,获取标题列的值并存储为名叫 abstract_list 的列表。

### (二)数据预处理

对 abstract_list 中的每个元素应用 preprocess( )方法,将处理结果保存为新列表 abstract_preprocessed。这个新列表的每个元素都是经过处理后的字符串,仅包含关键词。最终,abstract_preprocessed 列表将作为模型训练的输入数据。

### (三)LDA 模型训练

自定义主题数量并训练 LDA 模型。首先,创建总的词典。使用 Gensim 库的 Dictionary( )函数,以经过预处理的文本数据 abstract_preprocessed 为参数创建字典对象。其次,将每个文本转换为词袋表示。使用 Gensim 库的 doc2bow( )函数,对 abstract_preprocessed 进行处理,得到文本的词袋表示保存在 bow_corpus 列表中。接着,使用词袋运行 LDA。指定主题数量为 num_topics,使用 bow_corpus 作为词袋向量化后的文档集,id2word 作为映射字典。同时,设置 minimum_probability 为最小主题概率,用于忽略较小的主题权重。运行后,lda_model 包含训练好的 LDA 模型及其参数。

### (四)查看词典排名前 $n$ 的词汇

使用循环遍历字典 dictionary 中的所有元素。在循环体内,打印当前单词的编号和内容,然后递增计数器 count。如果 count 超过给定的阈值 top_n,则跳出循环。输出结果包括字典中排名最高的前 top_n 个单词及其编号。由于字典中的单词已按出现频率从高到低排序,因此这些单词也按照出现频率从高到低排列。

## 三、LDA 模型的评估与最优主题数的选择

在 LDA 模型建模完成后,需要对模型的好坏进行评估,以此作为依据判断优化的参数和算法的建模能力。Blei(2003)在原文中使用困惑度(perplexity)作为模型优劣的评判,但是本书发现困惑度在一些应用场景中效果不佳,所以补充了连贯度作为参考。

### (一)困惑度

困惑度是度量概率模型优劣的常用指标,它定义为熵的能量,利用概率计算某个主题模型在测试集上的表现(Griffiths,2004),困惑度越低,说明主题模型整体越优。对于一个概率分布或者概率模型 $p$,困惑度计算公式为:

$$perplexity = e^{\frac{\sum \log(P(w))}{N}} \quad (4-2)$$

其中,$P(w)$ 表示语料库中出现的每一个词概率;$N$ 表示语料库中的词总数。

### (二)一致性

由于困惑度在一些应用场景中效果不佳,所以现在常用一致性(coherence)作为概率模型的评估方法,用一致性作为补充。一致性用来衡量在同一个主题内的单词是否一致,一致性越高,说明主题内的词越能够相互支撑、主题模型整体越优。关于一致性的计算公式有很多,比较常见的有如下几种:

$$PMI(w_i, w_j) = \log \frac{P(w_i, w_j) + \in}{P(w_j) \times P(w_i)} \quad (4-3)$$

$$C_{UCI} = \frac{2}{N \times (N-1)} \sum_{i=1}^{N-1} \sum_{j=i+1}^{N} PMI(w_i, w_j) \quad (4-4)$$

$C\_umass$ 方法基于文档并发计数,利用 one-preceding(每个词只与位于其前面的词组成词对)分割和对数条件概率计算一致性,其计算公式为:

$$C_{UMASS} = \frac{2}{N(N-1)} \sum_{i=2}^{N-1} \sum_{j=1}^{i=1} \log \frac{P(w_i, w_j) + \in}{P(w_j) \times P(w_i)} \quad (4-5)$$

还有一些其他方法,比如 $C\_npmi$ 方法、$C\_v$ 方法、$C\_p$ 方法等,在第三方 Genism 库中皆可以调用。

## 第四节 情感分析

使用情感分析来识别哔哩哔哩评论中公众对环境、社会和公司治理(ESG)的态度和观点。情感分析有两种方法:监督式和无监督式。监督式情感分析需要事先手动标注训练集的情感倾向。这种方法的成功取决于训练数据的数量和质量(Madhoushi,2015)。然而,积累大量未标记的数据虽然更容易,但获取情感标签耗时且昂贵,因此无监督式方法对于各种研究至关重要(Hu,2013)。无监督式情感分析集成了情感词典和规则,以识别文本数据

的情感倾向；它也适用于细粒度的短文本(Li et al.,2021)。鉴于与ESG相关的评论以短文本格式存储，因此采用基于词典的情感分析来调查公众对ESG的情感。具体步骤如下：

第一，构建情感词典。基于词典的情感分析的核心是训练情感词典。台湾大学语义词典(NTUSD)和HowNet词典被结合使用，以开发积极和消极的词典。NTUSD和HowNet都是情感分析中常用的中文词典。

第二，情感值计算和情感倾向判断。SnowNLP是Python的第三方库，用于情感分析，是一种易于使用的工具，可处理中文语料库。SnowNLP被应用于计算与ESG相关的微博评论的情感值，并分析公众对ESG的情感倾向。首先，原始的产品评论语料库被替换为NTUSD和HowNet的组合，以训练SnowNLP模型。其次，基于训练好的模型，获取每条评论的情感值，其为0~1之间的正向概率。分数越接近1，评论就越正面。情感分类的规则如下：首先，原始的产品评论语料库被替换为NTUSD和HowNet的组合，以训练SnowNLP模型。其次，基于训练好的模型，获取每条评论的情感值，其为0~1之间的正向概率。如果分数越接近1，评论就越正面。

第三，公众舆论分析。在分类后，利用TF-IDF(Term Frequency-Inverse Document Frequency,词频—逆文档频率)和词云展示不同评论中的相关词汇。TF-IDF衡量了文档中每个词的重要性(Zhu et al.,2016)。TF-IDF的机制是，词的重要性与其在每个文档中的出现次数正相关，与其在语料库中的频率负相关(Caldas,2003)。根据通过TF-IDF生成的相关词汇，获取了不同情感中的意见，然后绘制词云，以便直观有效地了解公众对ESG的舆论。

**一、最优主题数确定**

主题数目决定了整个模型的分布情况，也决定了模型质量的优劣，因此在整个模型的构建和应用中非常重要。目前，国内外学者在关于模型建模时主题数目的选择上，主要有以下三种方法：(1)根据历史经验和数据集情况进行选择，像楼小帆(2017)和倪秀丽(2018)等在研究中是预先选择了分类主题鲜明或者带有标签的语料集对LDA主题模型进行训练，那么可以根据语料集的类别数量或标签数量直接确定对应模型的主题数目；(2)基于贝叶斯概率的非参数主题模型，其典型代表就是HDP(Hierarchical Dirichlet Processes)模型；(3)在LDA主题模型原始论文中提到的，不断对主题数目进行枚举，用合适的指标作为模型质量的评价标准。Blei等(2007)选择了困惑度作为评价模型质量的标准，其中，困惑度越小，模型的泛化能力就越好。通常情况下，困惑度会随着主题的增多而降低，所以Blei等寻求主题数目和困惑度曲线的拐点，也就是困惑度相对较小且主题数目不再明显变化的点作为最优的主题数目。但是，本书经过研究发现，由于中文在分词上不如英文简便，造成词的维度比较大，主题数目和困惑度曲线的拐点通常并不存在，随着主题数目的增加，模型困惑度一直降低或增加，因此这个时候引入模型一致性对于主题数目的选择可能更有帮助，本书就这一问题展开研究。

本书首先采用困惑度方法对模型的优劣进行评估,以主题数目 $K$ 为横坐标、以模型的困惑度值为纵坐标绘制折线图,结果如图 4—2 所示。

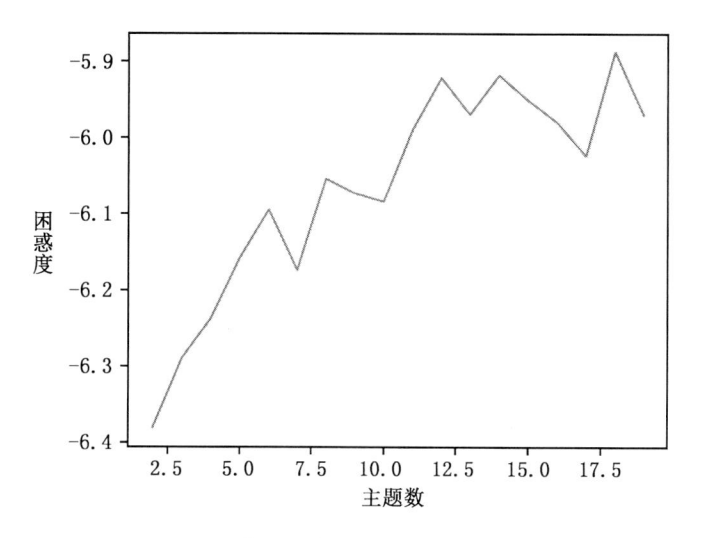

图 4—2 在不同主题数目下的模型困惑度

在 $k \in [1, 20]$ 范围内,随着主题数目的增加,困惑度呈一条波动式上升的曲线。曲线在主题数目为 2 时达到了一个局部最小值,随后困惑度可能开始上升,尽管这并不总是发生。因此,我们可以根据困惑度选择最优主题数目为 2,因为它在此处达到了最低值,这表明模型对测试数据的表现最好。本书继续以一致性方法来对模型最优主题数目进行进一步选定。以主题数目 $K$ 为横坐标,以模型的连贯度值为纵坐标绘制折线图,结果如图 4—3 所示。

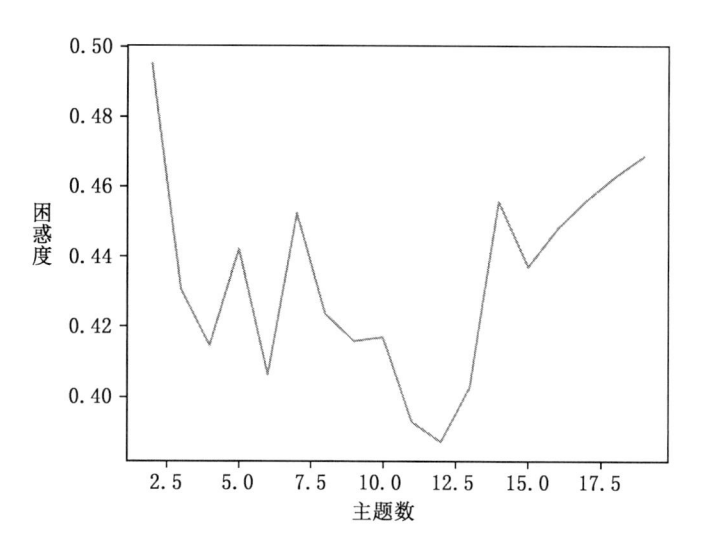

图 4—3 在不同主题数目下模型的一致性

在 $k \in [1, 20]$ 范围内,模型一致性呈波动变化,但是在 $k = 2$ 时,一致性存在波峰且是最大值。这意味着当主题数目为 2 时,主题之间的区分度更高,在每个主题内,词语之间的连贯性更高、模型整体最优,同时 $k = 2$ 也在困惑度的局部最小值之内。那么,对于此次 LDA 建模来说,主题数目为 2 是最优选择,既满足了模型整体困惑度最低,又满足了连贯度最高,模型的整体质量最优。

结合上述实证结果分析,中英文语料在内容构成和语法形式上存在差异,可能造成只用困惑度方法难以选择出最优的主题数目,这个时候就可以用一致性方法进行补充。

### 二、主题模型的训练和展示

借助 Python 的 Gensim 库对预处理的摘要文本进行 LDA 模型训练。根据困惑度和一致性计算的结果将主题数目设定为 2,设置模型参数 $\alpha = 0.1, \beta = 0.01$,文本迭代次数为 3 000 次。抽取出现频率最高的 15 个词,并按照 TF-IDF 值进行排序。TF-IDF 指的是一种用于衡量词语在文档中重要性的统计方法。TF-IDF 考虑了一个词语在文档中出现的频率（TF）以及在整个语料库中出现的频率（IDF）。

TF（词频）表示某个词在文档中出现的次数。TF-IDF 会乘以某个词在文档中的出现频率,但同时考虑了这个词在整个语料库中出现的频率。如果某个词在一篇文档中出现频率很高,但在整个语料库中出现频率较低,那么它的 TF-IDF 值就会相对较高,表明这个词在这篇文档中具有较高的重要性。例如,在表 4-1 中词语"企业"出现了 551 次,分布在 551 篇文档中。其 TF-IDF 值为 0.035 262 649,表明该词不仅在单个文档中出现频率较高,而且在整个语料库中也具有一定的普遍性。根据 LDA 模型的预测,词语"企业"与 ESG 投资的关联概率高达 63.58%,而与 ESG 职业发展的关联概率为 36.42%。因此,在这一语境下,词语"企业"更可能与 ESG 投资相关。

表 4-1　　　　　　　　　　　　　主题关键词

| 编号 | 单词 | 次数 | 条数 | TF-IDF | 主题概率 |
| --- | --- | --- | --- | --- | --- |
| 1 | 企业 | 551 | 551 | 0.035 262 649 | ESG 职业发展:36.42%;ESG 投资:63.58% |
| 2 | 课程 | 350 | 350 | 0.027 930 503 | ESG 职业发展:100.00% |
| 3 | 视频 | 190 | 190 | 0.019 197 959 | ESG 投资:100.00% |
| 4 | 沃顿 | 146 | 146 | 0.016 086 511 | ESG 职业发展:100.00% |
| 5 | 商学院 | 146 | 146 | 0.016 086 511 | ESG 职业发展:100.00% |
| 6 | 投资者 | 146 | 146 | 0.016 086 511 | ESG 职业发展:100.00% |
| 7 | 视角 | 146 | 146 | 0.016 086 511 | ESG 职业发展:100.00% |
| 8 | 小白 | 141 | 141 | 0.015 705 920 | ESG 投资:100.00% |
| 9 | 核心 | 139 | 139 | 0.015 551 963 | ESG 投资:100.00% |

续表

| 编号 | 单词 | 次数 | 条数 | TF-IDF | 主题概率 |
|---|---|---|---|---|---|
| 10 | 考点 | 139 | 139 | 0.015 551 963 | ESG投资:100.00% |
| 11 | 人手 | 139 | 139 | 0.015 551 963 | ESG投资:100.00% |
| 12 | 官方 | 130 | 130 | 0.014 846 511 | ESG职业发展:100.00% |
| 13 | 报告 | 114 | 102 | 0.013 976 127 | ESG投资:100.00% |
| 14 | 生态 | 113 | 113 | 0.013 453 301 | ESG职业发展:100.00% |
| 15 | 大会 | 113 | 113 | 0.013 453 301 | ESG职业发展:100.00% |

表4-2显示了"ESG职业发展"和"ESG投资"两个主题的分布情况。在ESG职业发展主题下，有787条文档涉及，其中共涉及48个主题词，这些文档有3个共有词；而在ESG投资主题下，有894条文档涉及，涉及的主题词数为62个，同样也有3个共有词。

表4-2　主题分布情况

| 主题名 | 条数 | 主题词数 | 共有词数 |
|---|---|---|---|
| ESG职业发展 | 787 | 48 | 3 |
| ESG投资 | 894 | 62 | 3 |

图4-4提供了有关主题共有词和独有词的详细信息。在主题共有词中，有3个独有词，占比为2.8%，这些词语可能是在整个语料库中频繁出现且与多个主题相关的通用术语。而在ESG投资主题下，有59个独有词，占比达到55.14%，反映了该主题领域内专业术语和概念的丰富性，这可能涵盖了从可持续投资策略到环境社会治理等多个方面的内容。相比之下，在ESG职业发展主题下，有45个独有词，占比为42.06%，这表明在ESG职业发展领域中有许多特定的术语或概念，可能反映了不同行业的就业趋势、职业发展机会等方面的研究和讨论。这些数据揭示了不同主题下独有词的重要性和频率分布，为深入探究相关主题提供了重要线索。

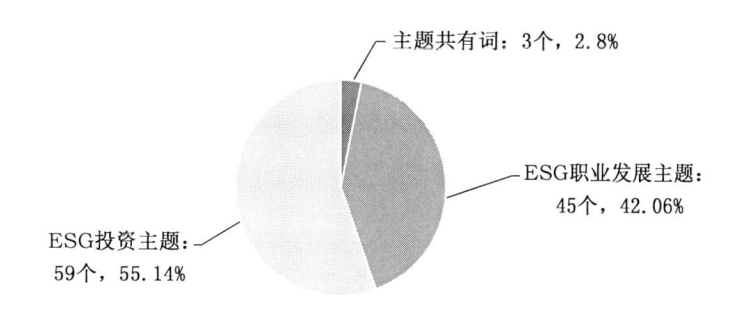

图4-4　主题词占比

为了方便展示和分析,将热点主题所指向的主题词进行整理,做可视化处理,制作两个主题下的词云图(见图4-5)。词云图又叫文字云,是把出现频率较高的词以视觉化的形式展现出来,过滤掉低频低质的文本信息。那么,在每个主题词项分布中,每一个词都会对应着在该主题下生成某词的概率,这些词中生成概率更大的会以更醒目的视觉形式展现。

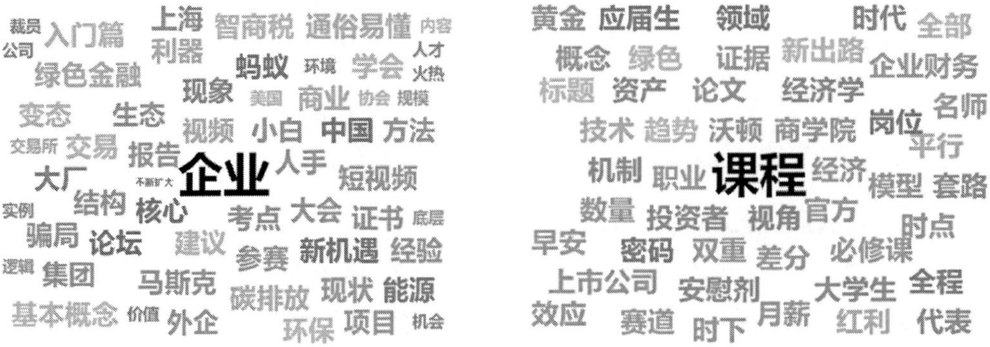

**图4-5 主题词云图**

其中,主题一涉及商业、金融、环境、科技和管理等多个领域,本书将其归为"ESG投资"主题;ESG投资是在投资组合的选择和管理中考虑环境、社会和公司治理因素的投资方法。具有在长期风险调整的同时改善投资回报率的效果,不仅被用于投资风险控制,而且是获得长期投资收益的关键参考标准,更是创造社会价值的重要引擎。目前,ESG投资在投资界和学术界都备受关注(Chen, et al., 2020)。根据中国责任投资论坛数据,截至2022年末,中国ESG投资市场总规模达到24.6万亿元,同比增加6.2万亿元,过去三年的年均复合增速达到33.8%。在中国市场中,个人投资者占据相当大的比例。因此,在社交媒体平台上迅速涌现了大量与ESG投资相关的帖文,并且经常涉及各种基于ESG标准的投资产品。为了推动ESG在中国的投资,政府已经发布了一系列指导方针、规则和政策(Zhang, 2021),例如,2022年,国务院国资委成立社会责任局,指导推动企业积极践行ESG理念,主动适应、引领国际规则标准制定,更好地推动可持续发展。据预测,未来几年ESG投资通过基金和ETF将增长到数万亿美元的规模(OECD, 2020)。

同理,第二个主题下涉及职业发展、教育、经济学、投资和商业管理等领域,可以将这个主题概括为关于"ESG职业发展"主题。伴随着ESG概念的兴起,相关岗位也随之扩张。许多国家和地区都在推动相关的法律法规,要求企业更加透明和负责任地管理其ESG事务。而越来越多的投资者,包括企业本身,都意识到了ESG对于企业发展的重要性,也就更加需要相关专业人才来管理和提升其ESG的表现,以满足资本和消费者的期待。国际能源署(IEA)曾于2021年5月发表文章《2050年净零排放:全球能源系统路线图》,文中提及到2030年会制造14 000个ESG相关职位。猎聘大数据显示,近一年(2022年5月—2023年4月)ESG新发职位(人才需求)同比上一年(2021年5月—2022年4月)增长了64.46%。

ESG人才在全球范围内都较为稀缺,而ESG在国内还处于起步阶段,人才更显金贵。在ESG人才需求大涨的同时,招人方不惜重金求贤。2023年,ESG招聘平均年薪为31.49万元,比上一年的28.22万元增长了11.58%。

ESG的就业市场提供了广泛的就业机会和职业发展空间。无论是在实体产业、金融领域还是在咨询公司,都需要具备扎实的专业知识和技能,以及对ESG理念的深刻理解。对于求职者来说,掌握ESG相关知识、具备ESG思维,将有助于在激烈的就业竞争中脱颖而出。如今许多高校已经纳入ESG相关课程,如何获取ESG认证,如CFA的ESG专业或GRI的可持续发展报告专业培训等,也激起了就业者的广泛讨论。

根据主题得分情况,我们来探究两个主题的具体表现情况(见表4—3)。首先,我们关注ESG职业发展。在我们的数据集中,这一主题出现了787次,占整个样本的22.79%。尽管在样本中出现的次数相对较少,但ESG职业发展的总得分相当可观,达到760.32分。这意味着尽管出现的频率较低,但每次出现都具有较高的重要性和影响力。值得注意的是,ESG职业发展的平均得分接近1.0,表明这一主题在整个文本语料中都具有显著的相关性和重要性。其次,我们将目光转向ESG投资。这一主题在数据集中出现了894次,占比高达25.89%。与ESG职业发展相比,ESG投资在样本中的出现频率更高。然而,尽管出现的次数较多,但其平均得分略低于ESG职业发展,这可能表明,虽然ESG投资是一个热门话题,但在整个文本语料中,其每次出现的影响力相对较低。尽管如此,ESG投资的平均得分也接近1.0,显示出它在文本中仍然具有重要的信息量和意义。

这些结果反映了社会对于ESG议题的持续关注和重视。人们不仅在职业发展中越来越关注ESG因素的影响,也在投资决策中将ESG考虑纳入考量。这种趋势可能是对可持续发展和社会责任投资的增长兴趣的反映,也可能是对未来职业和金融市场发展方向的一种预示。

表4—3　　　　　　　　　　　　　主题得分情况

| 主题名 | 条数 | 总得分 | 平均得分 |
| --- | --- | --- | --- |
| ESG职业发展 | 787(22.79%) | 760.32 | 0.97 |
| ESG投资 | 894(25.89%) | 859.51 | 0.96 |

### 三、实证分析

通过分析ESG相关帖子的评论,我们能够深入了解公众对环境、社会和治理议题的情感倾向。在探讨ESG职业发展主题时,我们发现正面评论占比24.4%,中性评论和负面评论分别占比48.92%和26.68%[见图4—6(a)]。这一数据揭示了公众对ESG职业发展的态度多样化,但整体上存在一定的分歧。

正面评论中,一些最具相关性的术语包括"核心""免费""红利""人才""充满""机会"。

这些术语反映了一部分人对ESG职业发展的乐观看法,他们认为ESG领域具有巨大的潜力和吸引力,能够为人们提供重要的职业机遇和发展空间。这种积极评价可能源于对ESG在未来商业和社会发展中的关键作用的信心,以及对ESG价值观的认同。

然而,在负面情绪的评论中,关键词涵盖了"不知道""为什么""拒绝""骗局""错过"等怀疑词。这些词语折射出一部分人对ESG的疑虑和不信任感,这可能是由于对ESG概念和实践的理解不足,或对其商业可行性和社会效益的质疑。这种怀疑情绪可能源于对ESG标准和实施方式的不明确性,以及对ESG投资是否能够带来可持续和真实变革的担忧。一些人可能认为ESG只是一个短期的热门话题,或是企业利益最大化的伪装,因此对其持怀疑态度。

而在ESG投资话题下,正面评论占比51.56%,负面评论占比27.52%,中性评论占比20.92%[见图4-6(b)],这反映了公众对于ESG投资的看法也存在着一定的分歧。

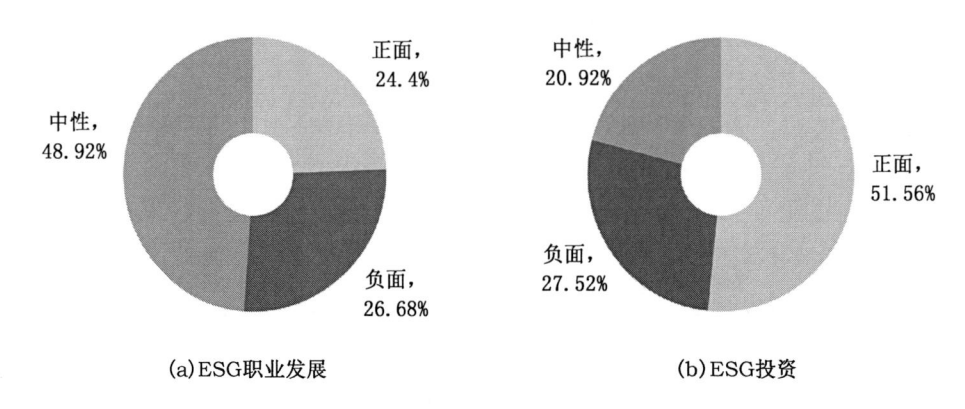

图4-6 主题情感分布

在正面评论中,一些关键词呈现明显的趋势,如"发展""必备""重要""适合""激励""把握""价值"等。这些词语传递了一种信心,表明一部分人对ESG投资持乐观态度,并将其视为未来投资不可或缺的一部分。他们认为,ESG投资不仅能够推动企业朝着更可持续的方向发展,还能够为社会和环境带来积极的影响,从而获得长期的经济回报。

然而,负面评论中的关键词则暴露出一些人对ESG投资的担忧和疑虑。诸如"为什么""杀死""变态""怎么可以""不知道"等词语折射出一种质疑的态度。一些人可能担心ESG投资在实践中存在的问题,比如投资回报不确定、风险过高、标准缺乏统一等。他们或许认为ESG投资只是一种潮流,缺乏真正的实质性意义,或者对其商业模式和道德层面存在疑虑。

综合而言,通过对ESG相关帖子评论的深入分析,我们可以看到公众对于这一议题的态度是复杂而多样的。尽管有一部分人持积极乐观的态度,认为ESG是未来发展的重要方向,但也有一部分人对其持怀疑和质疑的态度。这表明ESG话题的复杂性和争议性,需要更多的深入讨论和透明度,以建立更广泛的认同和支持。

## 第五节 ESG评级的本土化要素研究

### 一、国内外主要评级机构

ESG评级指标是衡量受评对象可持续性实践的标准和工具。ESG评级机构通过他们构建的指标体系对受评对象在不同方面的表现进行描述，并最终给出评级结果。本部分将探讨国内外主流评级机构所使用的指标数量和关注领域，从环境、社会和公司治理等角度比较不同机构间评级指标的异同以及选择逻辑。随着ESG在全球范围内的兴起，各评级机构设计了多种不同的ESG评估方法。据统计，全球目前有超过600家ESG评级机构，包括评级公司和非营利组织。其中，明晟(MSCI)、彭博(Bloomberg)、汤森路透(Thomson Reuters)、富时罗素(FTSE Russell)、道琼斯(DJSI)、晨星Sustainalytics、恒生(HSSUS)以及碳信息披露项目(CDP)等机构具有较大的影响力。

表4—4　　　　　　　　　　　　明晟ESG评级指标

| 分类 | 一级指标 | 二级指标 |
| --- | --- | --- |
| 环境类 | 气候变化 | 碳排放、碳足迹、融资环境影响、气候变化脆弱性 |
|  | 自然资源 | 水资源、生物多样性和土地利用、原材料采购 |
|  | 污染防治 | 有毒有害垃圾、包装材料垃圾、电子废物 |
|  | 环境机会 | 清洁技术机会、绿色建筑机会、可再生能源机会 |
| 社会类 | 人力资本 | 劳务管理、人力资源开发、健康与安全、供应链劳工标准 |
|  | 产品责任 | 产品安全和质量、化学安全、金融产品安全、隐私和数据安全、责任投资、健康和人口风险 |
|  | 利益相关方 | 采购争议性 |
|  | 社交机会 | 交流机会、融资机会、医疗保健机会、健康和营养机会 |
| 治理类 | 企业治理 | 董事会多元性、高管薪酬、所有权和控制权、会计 |
|  | 企业行为 | 商业道德、反竞争行为、税收透明度、贪污和不稳定性、金融体系的不稳定性 |

MSCI即摩根士丹利资本国际公司，又称为明晟公司，总部位于纽约，是一家提供全球指数及相关衍生金融产品的国际公司。MSCI根据其相应的ESG评估体系，从庞大的数据库中进行数据筛选。其数据来源包括100多个专业数据集、各大上市公司的信息披露以及监测的3 400多个媒体来源。然后，MSCI对所选的评估内容进行赋权，其权重主要考虑了该行业相对于所有其他行业对环境或社会的负面或正面影响的贡献，以及预期该公司的风险或机遇实现的时间线。所有权重分配均需经过专业委员会批准。最终，通过加权平均法计算出该公司的ESG评级结果。随后，MSCI根据企业的ESG风险暴露程度及其相对于

同业的 ESG 风险管理水平进行评级。评级结果分为 CCC 到 AAA 共七个等级,其中,前 5% 为 AAA 领先水平,后 5% 为 CCC 落后水平,其余大致呈正态分布于中间等级。

Bloomberg 通过提供透明的 ESG 数据和评分,帮助投资者解析原始数据、实现跨公司对比,以及提供完整透明的评分方法和基础数据,支持投资和金融专业人士做出明智决策。对企业而言,这种评分提供了宝贵的标准化定量基准,可以凸显其 ESG 表现。

Bloomberg 的 ESG 评级对公司治理的考察从董事会组成开始。董事会组成评分使投资者能够评估董事会在提供多元化视角和管理层监督方面的表现,以及董事会现有架构的潜在风险。该评分主要聚焦于四大领域对公司的相对表现进行排名:多元化、任期、过度兼任情况和独立性。环境和社会两方面的评分能够提供衡量公司在这两个方面表现的指标,使投资者能够快速评估一系列具有财务重要性、业务相关性和行业特殊性等关键问题的表现,如气候变化问题、健康和安全问题。然后,根据企业的 ESG 信息披露程度得出专有评级。分数介于 0~100 之间,每个小项分数除以 10。企业披露程度越高,分数越高,代表 ESG 风险越低。若将分数 5 等分:80~100 分表示风险最低,60~79 分表示风险次低,40~59 分表示风险中立,20~39 分表示风险次高,0~19 分表示风险最高。Thomson Reuters 是由加拿大汤姆森公司与英国路透集团合并组成的商务和专业智能信息提供商。Thomson Reuters 的 ESG 数据库涵盖全球 6 000 多家上市公司,包括 400 多个 ESG 相关指标,信息主要来自企业的公开报告。

Thomson Reuters 将上市公司的 ESG 打分标准分为 3 个大类和 10 个主题,以衡量公司在这些方面的绩效、承诺和有效性。该评分体系挑选出 178 项关键指标进行打分,然后根据一定权重加总为该企业的 ESG 得分。随后,根据 23 项 ESG 争议性话题对企业进行进一步评分,并对初始 ESG 得分进行调整,最终计算出该企业的 ESG 综合得分。该体系的特色在于提出了综合 ESG 分数,并在此基础上对影响企业的重大 ESG 争议进行折算。

FTSE Russell 作为全球领先的指数编制与数据公司,也是 ESG 评级的权威机构,积累了大量关于环境、社会责任及公司治理相关的数据信息。在评级体系上,FTSE Russell 在环境(E)、社会(S)、公司治理(G)三个范畴下设有包括生物多样性、气候变化、客户责任、反腐败等 14 个主题,覆盖了 300 多个评估指标,适用于不同行业与公司。在行业分类方面,富时罗素采用 ICB 行业分类,ICB 由富时集团与道琼斯指数共同创立,是权威的行业分类标准之一。全球多个交易所和指数供应商使用 ICB,与交易及投资决策具有高度的相关性,容易被用户掌握。

目前,国内主流 ESG 评级机构包括 Wind、商道融绿、华证、嘉实基金、中央财经大学绿色金融国际研究院、社会价值投资联盟、润灵环球、中国证券投资基金业协会等。不同评级机构的 ESG 评价体系特点存在较大差异。其中,Wind、商道融绿、华证、嘉实 ESG 评价体系在评价范围、时效性、数据能力等方面更具优势,可作为投资决策分析过程中的有效工具,为投资者提供全面完整的 ESG 信息,有助于挑选出更优质的投资标的。

Wind 评价体系参考了国内外 ESG 评级框架,聚焦中国 ESG 理念,引入减碳目标、绿色信贷、企业创新能力认证等响应国家战略的特色指标,构建了兼顾国际标准与中国特色的指标体系。它识别了 68 个行业 ESG 实质性议题并加以赋权,突出了各行业主要的 ESG 风险和机遇。基于知识图谱技术,通过股权穿透深度识别关联企业的运营情况,确保底层风险无所遁形。该评价体系包括 8 000+家公司、13 000+个国家各级监管部门及政府机构、8 000+家新闻媒体、800+个 NGO、行业协会等数据信息。从指标打分、权重设定到底层原始数据,全方位透明展示,可灵活运用于研究及投资决策。

商道融绿 ESG 评价体系具备负面信息监控和筛查系统,针对环境、社会和公司治理下的二级指标进行 ESG 负面信息检索,分析师根据负面事件的严重程度对负面信息进行评价和打分。商道融绿通过自主研发的 ESG 风险评估模型,提供覆盖 A 股、港股、中概股以及债券发行主体的 ESG 风险暴露分数和具体的 ESG 风险事件数据。

华证 ESG 评价指标体系具有显著的因子收益、个股风险预警以及尾部风险规避效应,在投资应用中表现突出。其数据支持包括数据源的广泛覆盖、数据的集成、质量评估以及数据的存储,而这一系列工作都由 AI 大数据引擎提供支持。数据来源包括传统数据和另类数据,涵盖了上市公司的公开披露数据、社会责任以及可持续发展报告等,同时包含了华证独特的数据资源。其中,基于机器学习和文本挖掘算法,华证系统爬取并处理政府及相关监管部门网站的数据、新闻媒体数据等,构建了 ESG 标准化数据库,每日更新,数据量超过 2 000 万条。

总体而言,目前国内 ESG 评价体系仍处于发展初期,存在一些不足之处:第一,大多数机构主要关注上市公司,而对非上市公司的关注较少,未能满足投资者对整个市场的全面覆盖需求;第二,在评级体系的指标设定方面,国内 ESG 指标体系存在着评价过程不透明、指标设定偏向主观、评价方法较为主观等特点;第三,在数据库更新频率方面,国内大多数评级机构的 ESG 评级数据更新频率较低。

此外,不同评级机构在构建 ESG 评价体系时关注的议题、选取的指标、权重设置、采用的方法以及数据收集等方面存在差异,因此导致评级结果也存在一定的差异。投资机构在进行投资选择和甄别时,如何选择合适的评价体系,关键在于明确自身的应用场景和投资需求。

## 二、改进方案

在公众对 ESG 的关注主题和情绪分析的基础上,为提升 ESG 社会治理评价的实操性并实现立足本土实践、放大社会善意,我们可以采取以下更为丰富的改进方案:

首先,加强社会参与和透明度是至关重要的。除了邀请利益相关者参与企业 ESG 评价过程外,还可以建立公众参与平台,通过互动性强的社交媒体、在线论坛等渠道,让广大的公众参与到 ESG 评价的讨论和决策中。此外,可以通过举办公开听证会、专家讲座等活动,让公众了解ESG评价的重要性和具体操作,从而增加公众的信任和认可度。

其次,本土化指标设计和多样化评价方法应更加注重与当地实际情况的契合。不同地区和行业存在着各自独特的社会治理挑战和需求,因此在设计评价指标时,应充分考虑当地的文化、传统、政策和法律环境。同时,采用多样化的评价方法,如案例研究、实地调研、定性分析等,能够更好地捕捉当地社会治理的实际情况,提高评价的针对性和实效性。

此外,建立激励机制和奖励体系也是推动发展ESG的重要手段。政府可以通过出台相关政策,为在ESG社会治理等方面表现突出的企业提供税收优惠、补贴奖励等激励措施,鼓励更多企业积极参与ESG实践。同时,行业协会、社会组织等也可以设立奖项,表彰在社会治理方面做出杰出贡献的企业和个人,激发更多的积极性和创造力。

通过以上更为丰富的改进方案,可以更好地结合公众对ESG的关注主题和情绪,促进ESG社会治理评价的实操性和透明度,实现立足本土实践、放大社会善意的目标。这将有助于推动企业履行社会责任,推动可持续发展的实现,同时增强公众对ESG评价的认可和信任,为构建更加和谐、稳定的社会环境做出积极贡献。

## 参考文献

[1]齐诚,赵秀娟,赵慧娟.制度化过程对企业组织结构趋同的影响[J].企业技术开发 2011,30(14):69+73.

[2]胡美琴,骆守俭.基于制度与技术情境的企业绿色管理战略研究[J].中国人口·资源与环境,2009,19(6):75—79.

[3]孟猛猛,陶秋燕,朱彬海.企业社会责任对组织合法性的影响——制度环境感知和法律制度效率的调节作用[J].经济与管理研究 2019,40(3):117—128.

[4]罗元大,熊国保,赵建彬.战略类型、制度环境与企业社会责任信息披露质量——来自我国矿业上市公司的经验证据[J].财会通讯,2021(3):64—67.

[5]楼小帆.基于改进LDA算法的微博用户兴趣偏好分析系统的设计与实现[D].北京邮电大学硕士学位论文,2017.

[6]倪秀丽.基于Labeled-LDA模型的在线医疗专家推荐研究[D].浙江大学硕士学位论文,2018.

[7]沈奇泰松,蔡宁,孙文文.制度环境对企业社会责任的驱动机制——基于多案例的探索分析[J].自然辩证法研究,2012,28(2):113—119.

[8]Al-Zoubi M. T., Al-Tkhayneh K. M. Employees' perception of corporate social responsibility (CSR) and its effect on job satisfaction[J]. Journal of Social Research & Policy,2019,10(1):67—81.

[9]Blei D. M. Lafferty J. D. A correlated topic model of science[J]. Annuals of Applied Statistics,2007(1):17—35.

[10]Caldas C. H., Soibelman L. Automating hierarchical document classification for construction management information systems[J]. Automatic ConStruction,2003,12(4):395—406.

[11]Chen M., Mussalli G. An integrated approach to quantitative ESG investing[J]. The Journal of

Portfolio Management,2020,46 (3):65—74.

[12]Chen X. Y. ,Wan P. Social trust and corporate misconduct:Evidence from China corporation[J]. Social Responsibility Environment Managment,2020,27(2),485—500.

[13]Davis F. D. A technology acceptance model for empirically testing new end user information systems:Theory and results[J]. Massachusetts Institute of Technology,1986.

[14]Griffiths T. L. , Steyvers M. Finding scientific topics[J]. Proceedings of the National Academy of Sciences,2004,101(Suppl 1):5228—5235.

[15]Hu X. ,Tang J. ,Gao H. ,Liu A. H. Unsupervised sentiment analysis with emotional signals. In:Proceedings of the 22$^{nd}$ International Conferenceon World Wide Web,2013,pp. 607—618.

[16]Li L. ,Liu X. J. ,Zhang X. Y. Public attention and sentiment of recycled water:Evidence from social mediate xtmining in China[J]. Journal of Cleanning Production,2021(303):126814.

[17]Madhoushi Z. ,Hamdan A. R. ,Zainudin S. Sentiment analysis techniques in recent works. In:2015 Science and Information Conference (Sai),2015,pp. 288—291.

[18]OECD. ESG investing:Practices, progress and challenges[M]. OECD Publishing, Paris, 2020, https:∥doi. org/10. 1787/5504598c-en.

[19]Ramasamy B. ,Yeung,M. Chinese consumers' perception of corporate social responsibility (CSR) [J]. Journal of Business Ethics,2009(88):119—132.

[20]Rhou Y. ,Singal M. ,Koh Y. CSR and financial performance:The role of CSR awareness in the restaurant industry[J]. International Journal of Hospital Managment,2016(57):30—39.

[21]Serafeim G. Public sentiment and the price of corporate sustainability[J]. Financial Analysis Journal,2020,76(2),26—46.

[22]Tian Z. L. ,Wang R. ,Yang W. Consumer responses to corporate social responsibility (CSR) in China[J]. Journal of Business Ethics,2011,101(2):197—212.

[23]Vuong N. B. ,Suzuki Y. The motivating role of sentiment in ESG performance:Evidence from Japanes ecompanies[J]. East Asain Economic Review,2021,25(2):125—150.

[24]Zhu W. ,Zhang W. ,Li G. Z. ,He C. ,Zhang L. A study of damp-heat syndrome classification using Word2Vec and TF-IDF. In:2016 IEEE International Conference on Bioinformatics and Bioedicine(Bibm), pp. 1415—1420.

[25]Zhang X. ,Zhao X. , Qu L. Do green policies catalyze green investment? Evidence from ESG investing developments in China[J]. Economics Letters,2021(207):110028.

# 第五章　企业 ESG 融入社会治理的微观实践

## 第一节　问题的提出

党的二十大报告指出:"完善社会治理体系。健全共建共治共享的社会治理制度……建设人人有责、人人尽责、人人享有的社会治理共同体。"社会治理是政府、企业、社会组织、以及公众等多元主体在互动协商的基础上,共同努力解决社会问题、回应治理需求的过程(郁建兴、关爽,2014)。进一步地,社会治理共同体指的是政府、企业、社会组织以及公众等基于互动协商、权责对等的原则,致力于解决社会问题、回应社会需求的共同目标所自觉形成的相互关联、相互促进且具有稳定关系的群体(郁建兴,2019)。从构建路径来看,社会治理共同体需要在党建引领、基层政府有效治理的基础上,充分激发公民、社群组织与企业参与社会治理的积极性,实现多元主体治理效用的最大化发挥(徐顽强,2020)。可见,社会治理共同体的构成包括政府、社会组织、企业、公众等所有公共事务的关联方,政府与公众、企业等社会多元主体不再是治理者与被治理者之间的主客体关系,而是关联方与合作方。《中华人民共和国国民经济和社会发展第十四个五年规划和2035年远景目标纲要》中强调:"加强和创新社会治理……畅通和规范市场主体、新社会阶层、社会工作和志愿者等参与社会治理的途径。"这需要我们找到社会组织、公众以及企业等多元社会主体参与社会治理恰当的角度与切口,进而帮助其更好地融入社会治理共同体。当前有部分学者已经关注到了企业在社会治理共同体中的角色与定位,并通过商业与公益这一视角,将企业带回了治理的视域之下(康晓光,2018)。ESG 为企业参与公共治理提供了重要工具与价值内涵。但其在实践中的应用仍然值得深入探讨。因此,笔者尝试提出以下问题:在企业 ESG 融入社会治理的微观实践中,企业参与社会治理与政府、社区、社会组织参与社会治理有哪些异同?协同治理理论如何引导政府、企业与多元社会主体共同参与、协调合作?企业 ESG 与政府、社区、社会组织之间是什么关系?企业如何在协同治理的框架下更好地履行 ESG 责任,推动社会治理的全面进步?通过深入研究这些问题,不仅是对协同治理理论的重要补充,而且可以为实现企业 ESG 融入社会治理的微观实践提供更具学理性的指导和建议。对此,学者应当基于协同治理理论给予企业融入社会治理议题更多的关注与思考(刘伟、满彩霞，2019)。

## 第二节 文献回顾

### 一、企业参与社会治理相关研究

现代企业伦理正在经历一场"身份变革"，即实现从治理受众走向治理主体、从自我治理走向社会治理、从博弈竞争走向协同共治，从而促进企业在国家治理体系与治理能力现代化的总体目标中重塑角色身份、使命责任和价值归属(陈进华、欧文辉，2014)。对此，已有一批学者基于"国家—市场"关系，对企业参与社会治理的相关问题展开了探讨，笔者尝试从企业参与社会治理的嵌入机制、参与方式以及影响因素上对其进行梳理。

首先，在企业嵌入社会治理的机制上，赵祥云(2023)基于农村治理情境，发现企业通过与地方政府、村集体、村民长期互动，在文化、社会与政府方面形成了嵌入机制，为农村社会治理共同体的建设奠定了坚实基础。作为一种管理与组织方法，项目制通过明确的目标和任务，以临时性的项目组织形式来实现特定目标或完成特定任务。其特性包括：目标导向，强调项目的目标和成果；临时性，项目有明确的起止时间；跨部门协作，涉及多个部门或单位的合作；灵活性，能够根据实际情况调整和变更；风险管理，重视风险识别和控制，确保项目顺利完成。企业依托"项目制""积分制"或其他治理工具，通过向基层政府提供公共服务或公共产品的方式，有效地嵌入社会治理框架中。具体而言，企业通过获取政府的项目招标，通过动员和投入了大量的人力、技术、管理、数据等要素的方式，直接参与到社会治理实践之中(陈家建，2013；豆书龙，2017)。吕鹏、刘学(2021)认为，"企业项目制"能够缓和乡村生产目标和治理责任的张力，形塑了企业所在地区"生产型治理"的特征，并对社会治理能力的现代化具有积极效应，但也存在企业对乡村进行技术或资本垄断等潜在风险。

其次，在企业参与社会治理的方式上，企业不只是制度环境的被动遵从者，其自身所具备的主观能动性能够对制度环境产生反塑作用(Oliver，1991)。资本下乡企业作为"生产—流通—销售"环节的重要主体，利用项目、资金、人力等资源与政府共同完成了对村庄的经营和改造，构建了新的村庄治理结构(焦长权、周飞舟，2016)。具体而言，乡村企业通过积极参与基层公共设施建设、公共服务供给与维持公共秩序的方式，在树立企业声誉、拓展企业发展空间的同时，参与社会治理(赵晓峰、马锐，2023)。党建引领是企业参与社会治理的重要前提。"区域化党建"通过基层党建，充分发挥党的政治优势，将企业、社会组织、群众等主体吸纳到社会治理共同体之中，形成了党建引领下的多中心治理模式(周明、许珂，2022)。何轩等(2018)基于2002—2010年中国私营企业调查数据库分析发现，部分企业领导者能够有效运用制度化和组织化的方式，协助执政党与政府共同推动营商环境改善和市场化改革,在一定程度上体现了共建共治共享的社会治理格局(何轩、马骏,2018)。肖红军等(2022)以1978—2019年中央政府工作报告为研究样本,运用文本分析方法对不同历史阶段下的企业社会责任治理的政府注意力演变与社会责任语义网络演化进行研究,发现自2018年以来,政府要求企业不仅创造涵盖经济、社会与环境的综合价值,而且要对标世界一流企业、高质量发展的核心要义与核心标准。其中,扶贫、乡村振兴、共同富裕等领域成为主要焦点,并更加强调经济与社会资源的协调共生以及社会的共享。在"创新、协调、绿色、开放、共享"新发展理念的指引下,政府推进企业社会责任实践议题的注意力必然向企业创新、企业绿色环保、企业价值共创与共享等实践议题转变(黄群慧等,2017)。

最后,在企业参与社会治理的影响因素方面,具有较强企业家精神的企业管理者通常具有较强的社会责任感,能够意识到企业不仅是盈利的实体,还是社会的一部分,主动承担起对社会的责任。出于对社会的责任感,企业家们推动企业积极参与社会治理,努力为社会做出贡献(肖红军等,2022)。企业内部党建工作同样是影响企业参与社会治理的重要因素。党建工作通过在企业内部形成正确的企业文化和价值观,强调服务社会、回报社会等理念的方式,提高企业对社会责任感的认识与理解,促使企业更加积极地参与到社会治理实践之中(何轩、马骏,2018)。一般而言,设立在民营企业内部,尤其是政府干预程度较高地区和非改制民营企业的基层党组织通过发挥监督和引领作用的方式,推动企业参与社会治理并承担更多的社会责任(万攀兵,2020)。

综上所述,已有研究大多以国家、党建或政府为主体,将企业或企业家概念化为公共部门实现国家治理体系与治理能力现代化的资本工具或市场手段,在一定程度上忽视了企业组织的"亲社会"特性和动机,以及在社会治理维度中的重要角色和功能发挥。然而,在全球化的今天,企业活动的影响已经无孔不入,它们分配资源、影响经济增长、塑造社会分层、推动政治发展,甚至支配日常社交,深刻影响人类福祉(吕鹏、刘学,2021)。特别地,近年来,以ESG理念为代表的"商业向善"思潮兴起,一批优秀企业家致力于将企业主营业务与提供公共服务、赋能共同富裕、助力乡村振兴、参与基层治理等社会责任紧密结合,积极融入社会治理体系。对此,笔者将基于协同治理理论,通过案例分析的方式,尝试探讨企业如何通过与政府、社区、社会组织等展开协作的方式,依托企业ESG实践参与到社会治理的微观实践之中,以期在具体情境中找到国家治理体系和治理能力现代化背景下市场主体ESG战略与国家和社会之间的"契合点"。通过深入研究企业ESG融入社会治理的微观实践,不仅可以深化对企业在社会治理中的角色以及与政府、社会组织、社区之间关系的理解,同时能够探讨企业在实践中如何兼顾经济效益、社会责任和环境保护,为促进社会和谐稳定、构建更加美好的社会提供有益的思路和实践经验。进一步地,该研究也有助于发现政府与企业合作的新模式,促进政府与企业之间的良性互动和协作,有助于推动社会治理水平的提升,促进经济可持续发展和社会的全面进步。

## 二、政府与企业协作相关研究

作为一种多元化的社会治理方式,政企跨部门协作指的是政府、企业以及社会组织跨越组织边界,达成协作共识,共同参与协作的行为,以期取得"1＋1＞2"的结果。政企协作的形式主要有以下三种:一是建立公私合营项目。公私合营项目是政府与私营企业之间建立的合作关系,旨在共同实现某项具体目标或推动某项具体项目的完成(王欢明,2022)。这种形式通常涉及政府拥有一定比例的股权或参与项目的管理,以及私营企业提供专业知识、资金或其他资源。合营项目可以涉及各种领域,如基础设施建设、能源开发、环境保护、医疗卫生等。例如,在基础设施建设领域,政府可能与私营企业合作建设公路、桥梁、铁路等项目,共同分担投资和风险,并分享项目的收益。二是政府采取产业政策。政府通过制定和实施相应的产业政策来促进与引导私营企业在特定领域进行投资及发展(张睿涵、王石玉,2024)。产业政策可以包括提供税收优惠、补贴、奖励或其他激励措施,以鼓励企业在特定行业或领域进行投资。政府还可以通过减少行业管制、简化审批程序、提供技术支持等方式来支持私营企业的发展。例如,政府可能通过制定产业政策来促进清洁能源产业的发展,鼓励企业投资于太阳能、风能等可再生能源领域,并为这些企业提供相应的支持和激励措施。三是政府为特定行业的企业提供额外的公共服务或基础设施,例如,通过建设必要的基础设施、提供技术支持、培训教育、市场开拓和政策支持等方式,促进企业发展,提高竞争力,以期实现特定行业或区域的高质量发展(聂辉华,2020)。在具体情境中,曹海军、闫晓玲(2023)将政府主导型协作划分为政社协作、政企协作和政社企协作三种类型,其中,正式协作制度、发起人背景、达成正式协议以及建立领导关系是实现政企协作的充分且必要条件。特别地,政企信任关系是政企协作质量与结果的重要影响因素。政企信任关系指的是政府和企业在互动过程中,建立与道德、制度、法律等因素基础之上的相互依赖、高效协同关系(梁俊山,2022)。政企信任是政治、经济与文化等多重因素相互交织所产生的结果。武晓晨(2022)研究表明,企业领导者对营商环境的评价越好,对政府就会产生越高的信任度。

资源依赖理论是解释政企协作的重要理论视角。该理论强调资源对于组织和组织间关系的重要性,认为组织依赖环境和环境中的组织来获取维持组织生存与发展的关键资源。其中,资源的不可替代性影响着依赖程度的大小;资源依赖的方向同样是权力让渡的方向;行动者降低资源依赖的努力塑造了组织间的合作动机和结果(Emerson,1962)。也就是说,组织的资源依赖和试图缓解资源依赖的行为,不仅塑造了组织间合作的动力,也可能扼制组织间合作的限度。资源往往是有限的,因此,在资源依赖的协同模式下,政府为了尽可能降低自身对外部环境的资源依赖,而选择与企业或社会组织进行合作(Malate et al.,2011)。在政企协作过程中,政府往往是占据资源优势的行动者。为了保持自身在协作系统中的主导权和"议价能力",政府倾向于在协作治理中采取"渗透式合作"策略,即将自身的科层权威向其他合作者进行延伸（Casciaro and Piskorski，2005；Fakhruddin et al.，2014）。值得注意的是，权力不平衡会限制行动者参与协作的深度、质量与可持续性；具体而言，强势方为保持优势和自由度，会对合作的深度和持续性有所保留。在实践中发现，虽然政府与企业之间在资源和权力上存在"质量"与"数量"的双重差异，但在重大突发事件中，政企合作的双向依赖性更强，以此形成了由纵向义务、横向互惠、形式固化三根链条所构建的政企协同模式。进一步地，为了维持重大突发事件中政企协作的可持续性，协作发起方更需要具备权威、责任与速度，并能够遵守互惠与可修复原则（程建新等，2022）。

由于政府与企业之间存在信息不对称以及组织性质的不同，政企协作也面临着较多困境。袁建军、金太军（2011）以政企协作应对突发公共事件为背景，提出政府缺乏协调企业的有效手段、难以调动企业参与的积极性以及协调企业资源的能力较多等问题是政企协作面临的主要困境，并分别从法律机制、行政机制、市场机制和道德机制探讨了厘清政企分工协作的重要性。王湘军、张玉坤（2024）以平台经济为例，发现当前平台型企业在与政府开展协同治理的过程中，存在诉求冲突、数据对接不畅和治理标准不一等问题。因此，为提升政企共治效能，应尽快建立政府与企业间标准统一的协同监管模式，促成政府监管与平台自治的过程融通，最终在平台经济领域形成良好的政企协同治理格局。总而言之，相关研究成果探讨了政府与企业之间的协作模式及其在多种背景下的实践情况，对政企协作的必要性和形式进行了梳理。尤其是对资源依赖理论、权力结构、信息不对称等问题进行了深入分析，并指出了政企协作面临的挑战和困境。相关研究成果为我们进一步探索与理解企业ESG通过协同治理、融入社会治理的微观实践研究提供了重要参考。未来研究可以在以下方面展开：首先，应进一步深入研究企业ESG因素在政企协作中的作用机制，促进企业可持续发展和社会责任履行；其次，应加强对政企协作实践的跟踪与评估，总结成功经验及教训，为政府和企业间的合作提供更具针对性的建议与指导。

## 第三节　理论基础

已经有大量文献探讨了社区治理的关键组织的功能及其参与机制：首先，社会组织参与社区治理模式分析。当前，社区治理领域正系统推进社区、社会工作者、社区社会组织、社区志愿者和社区公益慈善资源的"五社联动"。为了最大化实现"五社联动"，各地政府部门积极推动社会化组织参与社区治理建设，并形成了具有代表性的治理模式。例如，以社区治理主体的不同，探索出社区自治型的"沈阳模式"、政府主导型的"上海模式"等；以社区治理方式不同，探索出浙江的"温岭民主恳谈"模式、北京的"市场券竞争运作"模式等（孟晓玲等，2021），有效构建了规范运作、群众需要、质量认可的社会组织参与社区治理格局。其次，形成党政嵌入的理论分析视角。党组织领导深嵌在社会治理与运行中，形成了中国特色社会治理机制（林尚立，2012）。有研究通过"将政党带进来"（景跃进，2005），尝试运用政党建设视角,通过独特的党政嵌入理论来构建和分析具有本土化、时代化的中国社会治理机制,取得了一定的研究成果(陈伟东,2009)。例如,上海市通过单设社会建设工作委员会,以"党建引领"为中心,在社区管理、资源整合、服务基层等方面开展工作,形成了政府、政党、社会等多元力量合作治理的体系。从实践工作的角度而言,社会组织参与社区治理得以基本保障机制的核心是要建立起党的政治逻辑与社会组织自身运行逻辑之间的有机统一(顾维民,2015)。

上述成果为我们探讨企业借助 ESG 参与社会治理提供了重要的理论支撑。但是,考虑到 ESG 实践仍处于起步阶段,其融入社区治理的工作仍需系统化、结构化研究,因而,分析如何借助政党整合型治理机制建构,形成"以执政党为核心、国家与社区治理相融合"的政府、政党、社会的一体化体系(肖存良,2013),确保 ESG 在社区(会)治理参与中起到积极作用,就变得尤为关键。这一思路与协同治理概念不谋而合。协同治理(collaborative governance)能够使人们跨越公共、私人和公民领域的界限,建设性地参与到公共政策制定以及公共事务管理的过程与结构之中,以实现公共目的(Emerson et al.,2012)。从本质上看,协同治理强调治理主体和治理结构的多元化与多样化,尤其关注协同治理系统中各个要素之间的动态协作。具体而言,协同治理是在一个由政治、法律和社会经济等一系列环境因素所组成的系统背景下所展开。这种系统环境为各主体之间的协作创造了机会与限制,并影响着协同治理的发展和效果(Borrini-Feyerabend,1996)。反之,协同治理所产生的结果也会对系统环境产生影响,二者存在双向塑造的关系。领导力、激励、相互依赖以及不确定性是在系统环境中所产生的协同治理驱动因素,能够提供启动协同治理所需的资源,并设定其发展方向(Ansell,2008)。进一步地,协同治理的有效性和协作系统的可持续性取决于是否具备以下要素,且要素之间是否能够在互动中实现彼此赋能与自我强化:一是该协作系统中包容性、代表性、多样性与公平性的程度以及由此产生的合法性(Bryson,2006);二是协作主体之间通过高质量的互动,形成共同动机(shared motivation),即彼此信任、相互理解与建立共同承诺;三是具备正式组织结构与制度安排、领导力、知识和资源等协同能力。需要注意的是,协同治理的可持续性需要具有有效性。协同治理必须为参与者带来"回报",以向其自己的组织和参与者证明其持续参与的合法性;反之,则会受到外部压力,要求对协同治理的目标、资源投入等方面做出调整,甚至导致协同治理的失败(Emerson et al.,2012)。可见,协同治理系统包含了政府、社会组织、企业等多元主体。但是,大多数学者在"国家—社会"关系视角下,将视角聚焦于政府与社会组织之间的协同,而将企业视为协同治理中被动的接受者,而较少将其作为协同治理的主体,在一定程度上忽视了政府、社会组织与企业之间的关联和协作。

## 第四节 研究方法、框架与背景

### 一、案例研究

案例研究通过深入分析特定案例来探究问题。其优势在于,能够提供丰富的详细信息,深入理解现象背后的复杂因素和机制。案例研究可以深入挖掘个案的细节,提供深刻的理解,并具有较高的外部效度和内部效度,适用于研究实践性问题和复杂现象。遵循"局内人"逻辑,笔者通过熟人入场的方式,首先于2022年7月进入H市及其下辖C县展开为期1个月的试调查(侯志阳、张翔,2021)。其次,笔者于2022年8月至2023年12月对H市及其下辖C县的企业、社会组织、社区负责人、基层政府以及公众的正式展开实地调研。试调研和正式调研均采用半结构式访谈、参与式观察以及焦点座谈等方式收集经验材料。共收集文字材料约27万字。其中,访谈人数总计7人,访谈持续时间均为30分钟,形成访谈材料约4万字,还包括各类图表、图片、录像等材料103页。具体数据收集情况如表5—1所示。

表5—1　　数据资料收集情况说明

| 资料类型 | 资料描述 | 获取方式 | 资料数量 |
| --- | --- | --- | --- |
| 访谈资料 | 社会组织负责人、基层政府负责人、企业项目代表 | 一对一访谈、半结构化访谈 | 访谈人次7人,人均访谈时间30分钟,访谈材料转录并整理后约4万字 |
| 文本资料 | 地方政府工作报告、社会组织工作报告、发展规划、企业年度ESG报告、会议纪要 | 实地调查、参与式观察、档案文本 | 文本资料约23万字 |
| 图像资料 | 图表、图片、录像 | 参与式观察、活动记录 | 共计103页 |

### 二、量化分析

主要涉及数据的收集和分析两个步骤:(1)问卷调查。课题组对C县的社会组织进行问卷调查,收集评估当前背景下公益创投之于社会组织治理现状影响的经验数据。通过对访谈材料的整理归纳和问卷数据的开发使用,借助统计计量方法,分析ESG助力公益传统实践之于社会治理体系构建的可能路径。(2)统计数据整理和定量分析。在获得相应的问卷数据的基础上,进一步借助Stata等统计软件和工具,探讨公益创投与社会组织治理表现之间的相互关系,从而把握影响公益创投治理效果未来发展的可能原因。

### 三、研究背景

本书尝试将企业参与的公益传统活动看作企业实际参与到社会治理工作中的重要切

入点,并据此探讨政府、党组织与企业主体在促进社区治理的关键主体——社会组织治理状况改善和功能发挥方面的积极作用(见图5-1),其中,公益创投构成了多方形成良性互动的关键基础。

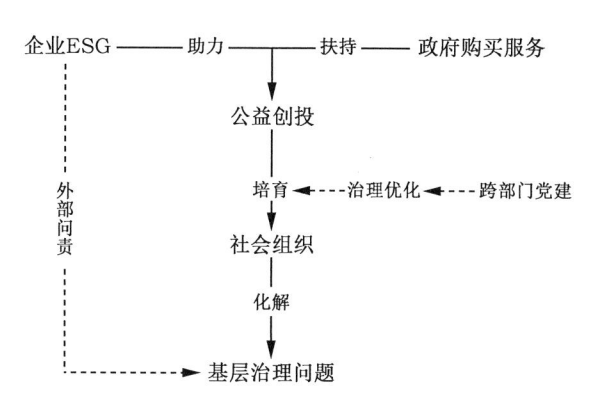

```
企业ESG ——— 助力 ———— 扶持 ——— 政府购买服务
     │                     ↓
     │                   公益创投
     │                     ↓
   外                    培育 ←---治理优化---跨部门党建
   部                     ↓
   问                   社会组织
   责                     ↓
     │                   化解
     │                     ↓
     └───────────────→ 基层治理问题
```

**图 5-1 企业 ESG 助力基层治理的作用示意图**

C 县自 2014 年成立社会组织综合党委以来,根据本地社会组织党建工作实际,结合自身优势资源,创新与务实并抓,在全省率先尝试"赋权直属、实体运行、标准引领、模范双育、多方联动、品牌示范"的党委工作模式。成立社会组织联合工会、社会组织综合妇联、社会组织联合团委,在社会组织综合党委的党委成员中设立统战委员,成立社会组织统战工作站,建立实践综合党委总协调下多部门联动的公益创投机制,通过党建群团工作引入社会资本参与公益创投等工作。重要的是,C 县社会组织综合党委在党的组织层面,成立党委专业成长和评价委员会及党委标准化技术委员会,有力地推动社会组织党建工作。这个"一体两面"的设计方案,也在最优化综合党委功能的基础上,为这一机构能够真正发挥相应的作用提供了必要的政策空间和实施领域,从而使得党的政治监督从文本走向实践,使得社会组织与党组织之间的联系既体现在制度上,又体现在活动中,从而最终确保了党组织在社会组织结构中的实质性嵌入,又确保了党组织与社会组织理事会、监事会之间发挥了完全不同的治理功能,使得党的政治监督成为可能。例如,党委专业成长和评价工作由党委专业成长与评价委员会负责执行,由委员会执行长统筹,各督导组组长和副组长配合开展,评价结果与建议须定期向党委书记和党组织成员进行汇报,这样就使得相关的项目实施、人才培养和治理方式落到实处,也使得党的政治监督通过社会组织参与治理的全过程得到扎实体现。截至目前,全县社会组织的党组织有 97 家(单建 63 家、联建 19 家、功能型 15 家),共有党员 382 名;直接隶属于 C 县社会组织综合党委下的社会组织党支部有 26 家,共有党员 66 名。进一步地,当地在全省率先实行培育积分月度社会公示制,在全省率先提出"党建培育不合格,整体培育不合格"的一票否决培育制度,坚持"宽进严出"的培育原则,在全省率先探索在培社会组织退出机制。例如,根据 2018 年度进入中心培育的 15 家社会组织动态考评积分情况,4 家在培社会组织因未达到党建培育标准,已被清退。

C县在全省首创公益创投十部门联动机制,以吸引更多的政府部门关注社会组织的发展,党的组织为社会组织发展提供了切实的组织保障。以"青春致中国梦"为主题,在"党建＋创投"的工作模式下,积极探索"党建促治理""党建促服务""党建促监督"等,积极引导社会组织参与社会治理并承接政府职能。C县通过上述举措,逐步引导和推进社会组织内部的党组织建设,实现党的政治监督与社会治理发展的双重目标,其中,"党建＋创投"这一社会创新形式尤其值得关注和重视。

公益创投机制是一种有效撬动社会目的型组织(SPO)发展的投资工具,对初创期的社会企业和社会创新组织有着极为积极的意义。其本质是用创新金融手段推动资源有效配置、推动社会发展。公益创投旨在建立更加强大的社会组织,它通过向公益组织提供财务和非财务的支持,扩大组织的社会影响力。被支持的组织可以是慈善机构、社会企业或社会效益驱动型的商业。多层次的支持对象有利于推动社会治理,以创新项目提升社会服务,进而全面提升公益创投项目质量。C县的红色创投项目指向明确、受益群体清晰、公益色彩突出,各项目机构均达到项目预期。项目形成的成型的服务模式具有可复制性、可持续发展性和可推广性,各红色创投项目实施后产生了良好的社会影响,也为以后开展社会组织公益创投项目积累了丰富的实践经验。

C县探索的红色创投,以"党建＋创投"作为基层治理的新方案,通过加大党代表、党组织在公益创投志愿活动的参与度等方式,有效扩大党的组织和党的工作在社会工作中的有效覆盖,真正实现以党的建设推动社会和谐善治,可以使基层党组织和广大党员更好地服务群众、凝聚民心、推动发展、促进和谐,更好地把党的组织优势转化为推动社会治理创新发展的强大力量。同时,红色创投旨在助力基层党组织从志愿服务切入发挥作用,将党的建设和公益志愿服务捆绑在一起,搭建展示党建效益的平台,提升党组织的凝聚力、吸引力,实施"党建＋创投"的基层治理新方法。

相关数据显示,C县的红色创投项目,目前重点扶持了几个核心组织(如携手、向阳花、阳光等),并且围绕着几个核心主题(如青少年、志愿者和社区等)展开。上述项目的逐步推进,将极大地有助于委托社会组织开展以人为本、助人自助的公益服务项目,培育和发展公益性社会组织,促进其规范治理,提升专业服务能力,推进其发育和成长,不断提升其参与社会治理的能力,进而推动政府购买公共服务理念的提升,建立党组织、企业和社会组织合作共赢的新机制,实现社会治理能力和治理体系现代化。

## 第五节 案例分析:企业ESG实践的助力模式

2014年6月,H市有1 600多家合法登记注册的社会组织,但绝大多数是互益型的行业协会或社会团体,局限于与内部会员相关的活动的开展,真正面向一般公众的有影响力的公益型社会组织并不多,当地民政部门甚至难以找到一家公认的代表性机构。为此,当地推出了公益创投的形式来激活相应的社会组织,以期实现社会治理的功能。

特别地,以其中的 C 县在这方面做出的成绩最为突出。2014 年以来,在当地社会组织综合党委牵头下,各个地方政府部门陆续投入资金,委托 C 社会创新中心开展一些试点型的公益创投,主要的投资对象为草根型社会组织。2016 年,C 社会创新中心已经形成了系统的评选和投资经验,开始在全县全面展开相关的项目招投标活动,2016—2023 年间,共有300 多个公益项目通过评审,获得资金支持。其中,每个项目金额从 2 万元到 6 万元不等,实施时间原则上不超过 1 年,大部分项目涉及领域包含弱势群体、孤寡老人以及社区治理等(见图 5-2)。

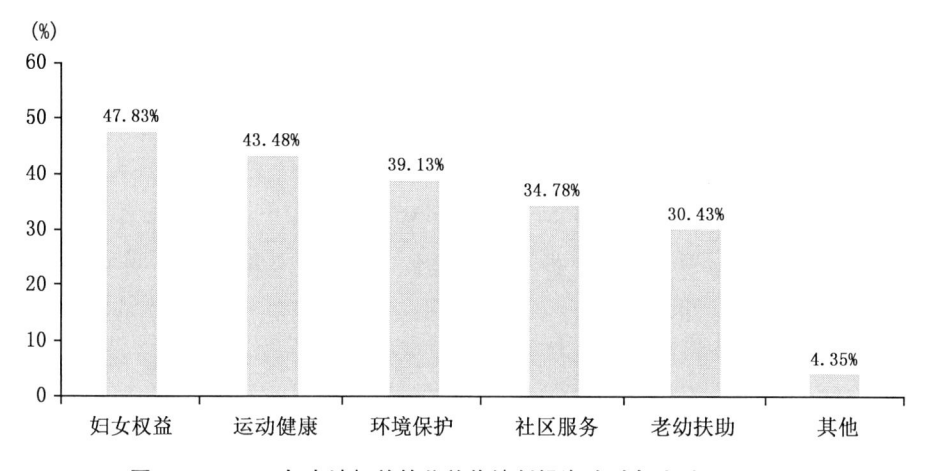

图 5-2 2022 年当地相关的公益传统创投资助对象比重($N=102$)

此外,H 市还鼓励当地企业积极帮助弱势群体参与创新创业。特别地,H 市重视对于弱势群体的社会创业活动的激励,并且积极引导企业参与其中。

## 一、企业助力基层治理

虽然 H 市和 C 县当时设立公益创业的目标是希望孵化出专业的、有一定创新潜力的社会组织,从而很好地实现其公益属性的影响力,但在 C 县的实践中,社会治理成为公益创投最关键的目标。其中,C 县的公益创投特别强调了借助 C 县本地和外地企业的赞助来推进当地的公益创投项目,实现社会价值的共同创造。

表 5-2 两类公益创投的对比

| 维度 | 传统公益创投 | C 县公益创投 |
| --- | --- | --- |
| 筹资来源 | 政府、社会天使、企业以及基金等 | 政府、企业(家)* |
| 投资主体 | 社会天使、企业以及基金等 | 枢纽型社会组织 |
| 承接主体 | 社会企业、社会创新机构 | 社区社会组织 |
| 运行形式 | 合伙制、信托制 | 项目制 |

续表

| 维度 | 传统公益创投 | C县公益创投 |
|---|---|---|
| 主要目标 | 社会影响力 | 社区治理 |
| 信息公开 | 不完全公开 | 完全公开 |

注：＊为C社会创新中心于2018年起每年获得当地某企业的60万元以上捐赠。

资料来源：笔者整理。

在最初阶段，C社会创新中心的确是希望通过项目的设计等方面的培训，借助公益创投给社会组织包装和运作模式设计，来迎接政府的购买服务的契机。但是，创投项目的申请现状使得当地政府和C社会创新中心都不得不接受公益创投本质上已经偏离最初设计理念的现状。

本部分以社区治理型组织J机构为例来简单探讨。C社会创新中心于2019年底选出的11个优秀公益创投项目中，立足社区治理的就有5个，其中最为成功的以社区服务为基础的J机构就占了2个项目。需要指出的是，J机构的创始人T也是某社区的负责人，她本人拥有社会工作的专业学位，因为在处理社区无业青年群体方面的优异成绩，所以自2016年起被选任为C县某社区的副书记开展相应工作。资料显示，J机构每年获得的公益创投项目有3~4个，借助这些公益创投项目的资金支持，J机构成功地将其负责人所在社区的各个社区治理问题（如社区照明服务、社区矛盾调解等）进行了有效的化解。据E主任介绍，C县内存在着多个类似J机构的社区社会组织，实际管理者同时是社区的负责人，这些机构主要依托公益创投项目来汲取资源和平台，从而较为有效地化解特定社区治理问题。

从社区治理角度看，上述局面存在着两个可能的优势：一是由于公益创投项目在创新性方面的要求，迫使社区负责人发挥相应的创造性，不再使用传统、僵化的宣传或者动员手段来解决一些治理难题；二是面对上级政府不愿转移部分职能至社会组织的局面，公益创投作为政府购买服务的一种特殊形式，借助社区及其创设的社会组织，部分实现了责任和资源的让渡。换言之，公益创投在很大程度上成为能够为化解社区治理问题、提供资源与合法性的"管道"。

虽然目前C县社会组织的活动对象在各个年龄段中均有涉及，但是对于18岁以下和60岁以上的群体占比相对较大，而针对年龄段位于40~60岁人群的活动则相对较少。有效问卷的调查结果表明，C县目前的公益创投参与机构具有一定规模，且服务的群众对象较为多元化，各年龄层都覆盖了一定比例。目前来看，获得C县公益创投的社会组织的群众服务满意度调查结果如图5-3所示。

综上所述，C县通过公益创投项目，鼓励企业赞助并参与到社区治理共同体之中，从而实现企业ESG价值创造。企业参与公益创投项目，通过推动社会组织的创新发展，有效化解了社区内部矛盾。企业ESG战略的落实不仅增强了社区的自治能力，帮助当地社会实现较好的治理质量，同时为企业参与社会治理提供了新的途径。协同治理理论强调，各主体

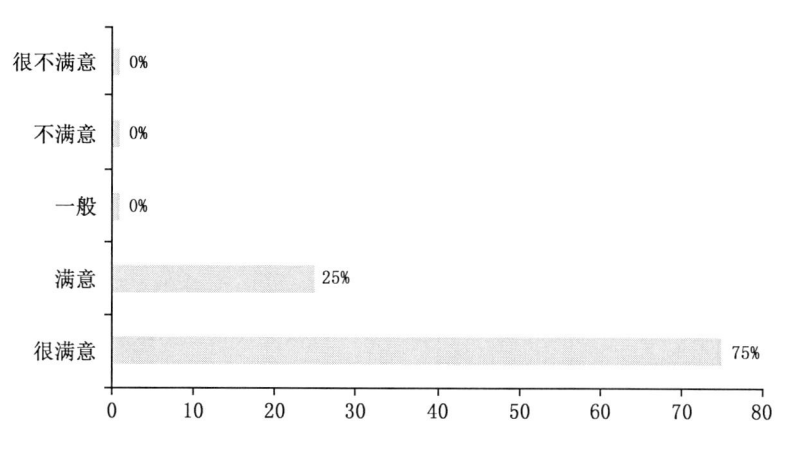

图5-3 公众对于公益创投组织社会治理服务满意度评价分布($N=253$)

通过协作和互动共同解决公共问题。企业ESG战略促使企业积极地投入公益创投项目之中，在为社区治理问题的解决提供了新思路和动力的同时，也为"政社企"之间的协作提供了资金、人力等方面的资源。这种举措不仅强化了彼此之间的协作关系，也为公益创投项目的可持续发展提供了资源基础。通过协商与合作，企业、政府、社区和社会组织等多元主体共同解决了社区治理中的难题，实现了社会治理质量的提升以及社会治理的创新与发展。

## 二、企业助力社会创业

社会创业的核心是尝试以市场化和创新性手段来实现特定社会问题的化解，从而实现混合价值的有效实现。但是，社会创业本身难度较大，特别是在创业的早期，需要有很大的资源和资金扶持才有可能成功，否则很难有所成就。在本案例中，在H市当地残联和A社会组织的协调与协助下，当地的多位残疾人参与到相应的社会创业活动中，从而实现了这一群体的社会价值创造，其中，快递企业的ESG参与起到了重要的助推作用。

表5-3 社会组织A的基本情况和企业参与

| 组织 | 成立时间 | 核心成员人数 | 创业领域 | 企业参与 | 具体内容 |
| --- | --- | --- | --- | --- | --- |
| A | 2016年 | 22人 | 助残脱贫 | 是 | 企业提供特定的场所和技术服务 |

A社会组织成立于2016年，是一家专门为社工人才与社工机构提供服务的枢纽型社会组织。2018年，A社会组织通过公益创投，向H市民政局申请助残脱贫项目，资金为2万元。然而，在项目实践过程中，A社会组织发现，残疾人致贫不仅是身体缺陷导致的工作难找，更有自身心理问题。于是，A社会组织逐渐意识到，单一的社工志愿服务、技能培训与创造社区就业机会难以有效化解残疾人脱贫问题。在开展工作的过程中，A社会组织参与了社工组织对口的联合党委，对于组织的内部治理活动进行了一系列指导，并且帮助其

对接了相应的工作。同时,组织所在的社区党组织也对其进行了指导和监督。

> 在社区服务一名困境儿童时,发现她哥哥是个残疾人,就是高位截肢,一条腿没有了,33岁,长年在家找不到工作,家里经济负担很重,母亲去世,只有父亲在工地打工,靠着国家给的那点钱,生活很困难。他情绪很差,我告诉他不要放弃,并做了很多思想工作,他才有勇气出来试着找工作。我们跑遍全市,给他找了20多家单位,但是没有几家单位要他。有一家单位他去了几天,就干不下去了。后来,我们团队小伙伴商量,要让他自己走出来,自己挣钱才能脱贫,就和他沟通:"要不我们一起创业吧。"他刚开始也是没勇气,我们又做了很多思想工作,找了心理辅导老师,他才有试一试的想法。(访谈记录:202010—A社会组织负责人Z。)

在综合党委的协调帮助下,为了有效解决残疾人脱贫问题,A社会组织逐渐从残疾人就业技能培训转向帮扶残疾人主动社会创业,其创业项目为社区快递点建设。在创业初期,A社会组织首先意识到心理辅导对于残疾人主动脱贫的重要性,通过购买H市心理咨询市协会的心理辅导服务,加强残疾人心理康复工作,其目的在于让残疾人正视自己的劳动能力,勇于走向社会。其次,面对如何解决社区快递点仓储设置的问题,A社会组织主动找到市残联,积极发动残联负责人向工商部门进行协商,以备案制的形式在社区内租赁闲置车库作为快递仓储。再次,A社会组织与H市快递协会开展项目合作。A社会组织以购买快递协会人工服务的形式,让快递协会对残疾人进行技能培训,对快递派件与寄件的工作流程、设备使用进行业务指导。同时,A社会组织借助与快递协会的项目合作,对市辖区内各品牌快递的关系网络进行高效整合,不仅保证了社区快递点的业务增长,更使那些原本不送进社区内部的快递公司,开始为社区快递点"开绿灯",保障了社区快递点的正常运行。最后,为了保证项目的长效运行,A社会组织与社区社会组织建立合作伙伴关系,借助社区志愿者力量,满足了残疾人无法搬运大件行李业务以及节假日工作量繁重的需求。

> 这个项目就2万元,有16个人就业了,其中还有4个人出去开了快递代收点。刚开始帮扶的小王快递点,有两名残疾人员工都是四五千元一个月。最让我欣慰的是,有7个人已经完全退出国家低保,这比民政发钱、扶贫办托关系找单位要管用。我们和其他组织还建立了不错的合作关系,小王成了残联宣传的典型,好多电视台采访他,社区社会组织也把他们树立成社区榜样。原来给我们做心理辅导的心理咨询师协会还请这些残疾人去给他们的项目做励志演讲,居然讲得社区矫正对象都哭了。(访谈记录:202011—A社会组织负责人Z。)

面对残疾人脱贫这一复杂的社会治理问题，A 社会组织通过非正式关系、契约合同，与残联、心理咨询师协会、快递协会以及社区社会组织开展项目合作，构建了以残疾人社会创业为核心的社会组织群体网络。这意味着 A 社会组织并没有为完成助残脱贫项目而设置内部职能机构，而是借助网络、合同等非正式组织结构将其转移至外部其他组织，即组织结构的外在化。A 社会组织结构的外在化有助于发挥不同类型社会组织的专业技能和组织资源，对残疾人贫困这一复杂性社会治理进行综合治理，进而弥补了既有条块结构下的单一治理方案"治标不治本"的局限性。从协同治理的角度来看，首先，协作资源是发起协同治理的重要起始条件。A 社会组织和企业的合作实现了资源的共享与整合，企业以 ESG 战略为指导，为社会组织提供了资金和技术支持，从而有效推动了残疾人脱贫项目的实施。其次，以合作共赢为原则，多元主体之间的协作对于解决复杂的社会问题至关重要。在该案例中，A 社会组织与残联、心理咨询师协会、快递企业等多方合作，共同解决残疾人脱贫问题。企业通过与多元主体展开合作，为企业自身在当地社区中的声誉和形象增加了正面影响，从而在 ESG 维度切实履行其社会责任，体现了企业与多元主体之间相互依存、互惠互利的关系。

### 三、企业助力共同富裕

党的二十大报告指出："我们要实现好、维护好、发展好最广大人民群众的根本利益……扎实推进共同富裕。"共同富裕的关键在于引导资源向资源贫乏的群体转移（贾明等，2024）。可见，提高资源贫乏群体的收益是解决收入分配不公、建立资源分配公平体系、实现共同富裕的关键所在。诚如管理学大师德鲁克（2008）所言："企业的目的存在于企业自身之外——由于企业是社会的重要部分，因而企业的目的应当存在于社会之中。"企业作为经济活动的中坚力量，扮演着社会的重要支柱角色。其在创造财富、推动社会进步的同时，也应当积极承担促进共同富裕的责任。基于此，笔者选取 H 市的 A 企业，探讨企业如何与政府、社会组织展开协作，通过教育扶贫的方式，将企业 ESG 融入社会治理的微观实践中。企业具体信息如表 5—4 所示。

表 5—4　　　　　　　　　　　　企业基本情况

| 企业名称 | 成立时间 | 企业人数 | 行业类型 | 助力领域 | 社会组织参与 | 具体内容 |
| --- | --- | --- | --- | --- | --- | --- |
| A | 2005 年 | 264 人 | 化工行业 | 教育帮扶 | 是 | 1. 推广普及普通话<br>2. 开展爱心助学活动，例如为贫困大学生提供书本、电脑等助学礼品<br>3. 改造欠发达地区校舍 |

A 企业成立于 2005 年，企业以打造低碳化学新材料为主要自身定位，致力于以"绿色低碳"和"科技创新"为原则，推动企业实现高质量发展。企业自身高度重视履行 ESG 责任，

追求企业与社会实现和谐发展,积极发挥企业在社会公益中的影响力,不断用实际行动践行"化工让生活更美好"的发展使命。党的二十大报告中指出:"坚持以人民为中心发展教育,加快建设高质量教育体系,发展素质教育,促进教育公平。"教育不仅是共同富裕的重要组成部分,而且是共同富裕的重要动力所在。具体而言,教育作为社会发展的基石,不仅为个体提供了知识技能的积累与提升,更重要的是,其扮演着共同富裕的双重角色:一方面,教育作为共同富裕的组成要素,通过提升人力资本质量、促进社会流动性与公平,直接参与到社会财富的生成与分配过程中;另一方面,教育在塑造社会价值观念、培养创新能力及推动技术进步等方面发挥着重要的动力作用,从而间接促进社会的经济繁荣和人类福祉的全面提升。基于此,A企业积极响应党和政府的号召,持续推进少数民族及欠发达地区学生的教育培养工作。

A企业以少数民族地区贫困学生为主要帮扶对象,出台了详细的教育帮扶工作方案,致力于采取强有力的措施,将帮扶事项具体化、数据化与规范化,用企业自身资源引领少数民族地区教育加快发展。在此基础上,A企业建立了"立体式结对型"教育帮扶模式,联合政府、社会组织与学校,构建"政、社、企、校"四位一体教育帮扶体系。并且,近年来,A企业以推广普通话、捐赠升学金、改造教育基础设施以及爱心助学的方式,累计投入资金4 000万元,惠及学生1 600余人次。具体教育帮扶活动如下:

**(一)推广普通话**

在欠发达地区推广普通话,是用国家通用语言巩固脱贫攻坚成果、助力乡村振兴的重要方式。A企业以"推广普通话、共筑中国梦"为题投资500万元,设立了普通话教育推广培训项目,并联合当地政府与社会组织,以"企业出资、社会组织出力、政府指导"的协同模式,搭建学习校舍,招募优秀退休资深教师,切实提升了少数民族地区学生的普通话水平。

**(二)开展爱心助学活动**

A企业决定在每年高考前夕,通过设立专项基金的方式,向该地区的高三年级贫困学生捐赠高考升学金。这些资金旨在帮助学生解决学费、生活费等方面的困难,鼓励他们坚持学业,实现个人梦想。企业还设立了"一对一结对帮扶"导师计划,为高中学生提供学习和生活上的指导与支持,帮助他们更好地适应学习生活。进一步地,企业向贫困大学生提供书本、电脑等大学入学助学礼品。截至2023年12月,A企业共计向当地教育局捐赠笔记本电脑120余台、教育用书2 000余本,并委托当地教育局将助学礼品转赠给有需要的贫困大学生。这些礼品不仅解决了学生对学习用品的需求,还为他们提供了更多的学习资源和工具。

**(三)改造贫困地区校舍**

A企业与当地政府部门及民间社会组织共同合作,投入资金和技术力量,对贫困地区的学校进行校舍改造。这项工作包括修缮教室、图书馆、实验室等教学设施,提升学校的教学条件和环境。特别地,在新校舍建成后,A企业还组织员工参加与学生一起美化校园、保护环境等实践活动,营造了积极向上的校园氛围。

> 我们与政府及社会组织的合作项目旨在打造一个全方位的教育帮扶体系,以实现共同富裕和促进企业ESG战略的落实。在这一过程中,企业落实ESG战略的目的既是帮助少数民族地区的学生过上更好的日子,也是为了让我们企业的ESG战略更有实际意义。当然,我们特别重视与政府部门的合作,一起规划和执行教育扶贫计划,确保资源分配合理以及项目的可持续发展。同时,我们还和当地的民间教育组织合作,互相发挥优势,一起推动项目的实施。这样一来,我们就可以把社会各方的资源整合起来,让项目顺利进行,希望花费最少的资源达到最优的效果。(访谈记录:2021—A企业ESG板块负责人S。)

综上所述,政府、社会组织与企业在教育帮扶过程中扮演了不同的角色,并形成了协同治理的动态机制。具体而言,政府在教育帮扶中担任着规划、监督和资源调配的重要角色,为教育帮扶项目提供了政策支持以及整体资源的调配,确保了项目的顺利推进。企业在教育帮扶中主要负责项目发起和资源提供。企业依托ESG战略设计,将教育帮扶视为企业的实质性ESG行为,并以此发起了对少数民族地区的教育帮扶项目。企业通过捐赠高考升学金、提供助学礼品、改造校舍等方式,积极参与到教育帮扶项目中,推动了项目的顺利展开,并为贫困地区的学生提供了实际帮助。作为企业的合作伙伴,社会组织在项目实施过程中发挥着重要的作用:首先,社会组织能够深入基层,了解实际的需求和情况,为项目提供有效的支持和指导。其次,社会组织可以协助企业与当地政府和学校等相关机构进行沟通及协调,促进项目的顺利开展。此外,社会组织还可以帮助企业进行项目监督和评估,确保项目达到预期的效果。

## 第六节 量化研究:公益创投党建与社会组织自治

为进一步发挥党组织引领、组织、监督作用,在公益创投开展过程中,C县社会组织综合党委开展党组织和党员监督机制,确保公益创投项目有质有序地开展。例如,2021年度,共收集党员监督记录表236份、督查报告132份。根据全年台账数据显示,党员在参与公益创投活动时有效发挥了监督作用,项目在开展时充分体现了党建元素,利用创立活动、规定时长、党员刷卡等规范了监督管理流程。例如,在这一年度中,银龄党建—党员参与社区自治项目、红邻帮帮忙——幸福乐园营造项目、红邻议事厅自治团队建设项目、东鱼坊商圈党建项目、三狮社区驻地党员、党员带动居民参与社区治理项目等,通过党员参与监督了凸显了红色力量。

结合上述工作,课题组设计了相应的问卷方案,以期从整体上勾勒和理解党的政治监督对于社会组织自治质量实现的重要价值。可见,企业 ESG 通过公益创投活动助力基层治理时,也应当考虑基于党建的跨部门及其影响。

## 一、调研基本概述

在 C 县南太湖社会中心的协同帮助下,课题组于 2021 年 7—12 月间发放了 250 份问卷给 C 县的相关社会组织,最终收回 247 份,有效问卷 213 份。其中,相关社会组织的登记注册状况、党组织建设及内部治理信息等情况如下:

### (一)组织身份

结合表 5—5 的数据,样本中约 63.4%的社会组织是登记注册组织,约 36.6%的机构为非登记注册组织,结合 C 县登记注册组织的数据信息,可知样本涉及的社会组织大致符合 C 县总体的社会组织分布状况。

表 5—5　　　　　　　　　　相关社会组织身份状况

| 登记类型 | 组织类型 | 数量 |
| --- | --- | --- |
| 登记注册<br>63.4%(135) | 社会团体 | 49.8%(106) |
|  | 民办非 | 12.2%(26) |
|  | 基金会 | 1.4%(3) |
| 未登记注册<br>36.6%(78) | 免登记注册 | 1.0%(2) |
|  | 代管/挂靠 | 14.1%(30) |
|  | 企业方式登记 | 0.0%(0) |
|  | 无注册 | 19.2%(41) |
|  | 其他类型 | 2.3%(5) |

注:括号内为组织数量。

### (二)党组织建设

结合 C 县的基本党建模式(见图 5—4),对样本组织的党建情况进行梳理可知,就党组织建设状况而言,C 县的社会组织的党建工作相对较好,其中,单建党组织占比 30%,联合挂靠党组织占比 11%,其余党组覆盖机构占比 5%,派驻了党建指导员的组织占比 23%,无党建的组织占比 31%。总体而言,C 县社会组织在党建方面取得了较大成效,党组织建设方面的成果较为显著。

### (三)组织治理状况

在有效样本中,76.5%(163 家)的社会组织设立了会员代表大会等主要治理制度;77.4%(165 家)的社会组织设立了理事会等主要的治理制度。此外,占比 36.1%(77 家)的机构承接过公益创投项目(见图 5—5)。

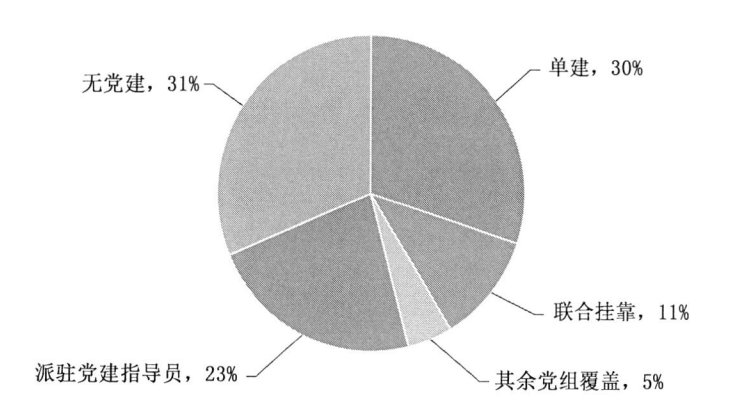

图 5—4　C 县社会组织党建状况分析（$N=213$）

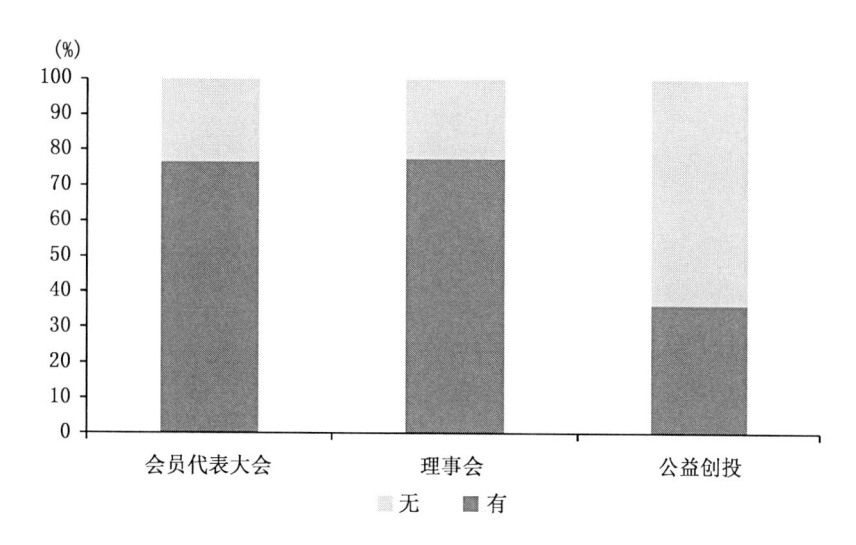

图 5—5　C 县社会组织治理机制设置状况（$N=213$）

## 二、统计分析结果

在问卷数据整理的基础上，借助 SPSS 等统计分析软件，本书以社会组织治理有效性作为因变量，以党组织建设与公益创投作为自变量，探讨红色创投的"党建＋创投"的积极作用。相关结果如表 5—6 所示。

表 5—6　　　　　　　　组织活动有效性以及相关作用机理分析

| 因变量 | 自治有效性 ||||
|---|---|---|---|---|
| | 模型 1 | 模型 2 | 模型 3 | 模型 4 |
| 领导人年龄（对数） | −0.043 | −0.056 | −0.074 | −0.037 |
| 性别（男＝1） | −0.067 | −0.085 | −0.088 | −0.093 |

续表

| 因变量 | 自治有效性 | | | |
|---|---|---|---|---|
| | 模型1 | 模型2 | 模型3 | 模型4 |
| 学历 | −0.017 | −0.055 | −0.014 | −0.072 |
| 是否登记(是=1) | 0.181** | 0.182** | 0.183*** | 0.190*** |
| 活动类型(多类=1) | −0.001 | −0.002 | −0.003 | −0.004 |
| 活动范围 | 0.017 | 0.022 | 0.020 | 0.021 |
| 经费(对数) | 0.118* | 0.119* | 0.114 | 0.112 |
| 人数(对数) | 0.081 | 0.076 | 0.072 | 0.077 |
| 历史(对数) | −0.131** | −0.141* | −0.137* | −0.100 |
| 会员代表大会(有=1) | 0.082 | 0.069 | 0.052 | 0.045 |
| 理事会(有=1) | 0.035 | 0.027 | 0.054 | 0.050 |
| 公益创投(有=1) | | 0.119* | | 0.083 |
| 党组织(有=1) | | | 0.253*** | 0.242*** |
| $R^2$ | 0.109 | 0.111 | 0.180 | 0.187 |
| 调整$R^2$ | 0.071 | 0.082 | 0.126 | 0.131 |
| F | 2.121** | 2.106** | 3.772*** | 3.825*** |
| N | 213 | 213 | 213 | 213 |

注：标准化回归系数，*** $p<0.01$，** $p<0.05$，* $p<0.1$。

模型1的数据显示，社会组织领导人的人口统计学特征(如性别、年龄、学历等)对于社会组织治理有效性并不会产生非常明显的影响。

同时，从组织层面来看，社会组织的活动类型、活动范围和人数多少对于其治理有效性也不会产生显著的影响。仅有社会组织的经费规模对于治理有效性会产生一定的正面影响($\beta=0.118,p<0.1$)。此外，社会组织历史会对组织治理有效性产生比较显著的负面影响($\beta=-0.131,p<0.05$)，这可能是由于组织历史过长导致组织内部主要负责人形成了"一言堂"。

从治理制度角度看，社会组织是否登记为社会组织，会对其活动产生显著的影响($\beta=0.181,p<0.05$)；而内部的治理机制(会员代表大会和理事会制度)并不会对治理有效性产生正面影响。可见，除登记注册有一定的强制作用外，社会组织内部基本的治理和问责体系可能仅仅是获取合法性的必要手段，并不会直接对组织的治理状况产生影响。

模型2的结果显示，社会组织承接公益创投与组织的治理有效性之间存在显著的正相关($\beta=0.118,p<0.1$)。这表明公益创投的强制性要求存在，往往可以促进社会组织的实质性治理状况，进而使之发挥更大的作用。

模型3的结果显示,社会组织内部建设有党组织,对其治理有效性会产生非常显著的正向影响($\beta=0.253, p<0.001$)。这表明党组织的建设是社会组织实现治理有效性的重要手段之一,是其发挥较大社会功能的重要前提。

模型4的数据显示,当将公益创投和党组织建设放入模型时,公益创投对治理有效性的影响消失了($\beta=0.083, \text{n.s.}$),党组织的影响依然是显著的($\beta=0.242, p<0.001$)。因此,党组织的存在会使得社会组织对自身治理目标的重构,因此,借助公益创投的外部契约约束治理提升模式,远低于基于党组织的内部提升治理模式,当两者共同存在时,即红色创投形式的"党建+创投"实践会通过党组织的作用提升组织的治理有效性,从而促进社会组织的自治。

具体而言,党组织对社会组织治理的促进存在着两方面可能性:一是短期内较为明显地帮助社会组织获得资源等方面的支持,从而提升其社会功能;二是在较长时间内,借助社会组织自身内部管理和决策机制建设,使之内生地提高能力,从而更好地驱动其发挥相应的社会治理功能。可见,企业在通过ESG实践与社会组织协同合作时,不仅可以通过政府购买服务形式来把握公益创投的有效性,还可以借助基于党建的跨部门监督体系来实现相关的社会问责,从而在实现社会组织内外部高效治理的同时,实现社会治理目标的实现。

## 第七节 结论与启示

### 一、研究结论

基于协同治理理论,企业依托ESG实践,在特定情境中找到了参与社会治理的契合点。协同治理理论强调政府、企业和社会组织之间通过协调与合作的方式,达到有效治理的目的。从案例中可以看出,企业ESG融入社会治理的微观实践,不仅深化了企业对社会治理中自身角色和作用的理解,而且展示了企业如何兼顾经济效益、社会责任和环境保护,促进社会和谐稳定,构建更加美好社会的实践经验。企业积极参与公益创投,并与地方政府和社会组织展开合作,通过资源供给的方式,在激活社会组织活力的同时,实现了企业自身的社会治理功能。具体而言,政府部门与企业联合投入资金,委托社会创新中心开展公益创投,通过对草根型社会组织的支持,有效促进了当地社会治理水平的提升。这种合作模式展示了企业在实现经济效益的同时,通过参与公益项目来履行社会责任,为社会和谐稳定做出了积极贡献。进一步地,A社会组织借助公益创投项目实践,成功帮助残疾人进行社会创业,在一定程度上缓解了当地残疾人群体的贫困问题。企业的ESG战略在这个过程中发挥了重要作用,通过提供场所和技术服务等支持,促进了残疾人社会创业项目的实施,体现了企业在社会治理中的责任担当和环境保护意识。最后,在企业助力共同富裕的案例中,根据协同治理理论的框架,企业通过采用ESG战略,以教育扶贫为手段,积极参与共同富裕目标的实现。这一实践清晰地展现了企业ESG战略在社会治理中的微观作用。企业的行动凸显了利益相关者之间的合作与协调,促进了资源的共享与优势的互补。企业的积极介入不仅加强了教育领域的投入,也加强了与政府和社会组织的紧密合作,共同推动了教育公平和社会发展的进步。这体现了协同治理理论的核心理念,成功地将ESG战略与社会治理有效结合,为实现共同富裕目标提供了切实可行的路径。

### 二、研究启示

从建立健全"政社企"协同治理机制的角度来看,首先,创建企业、政府和社会组织之间的定期沟通渠道。例如,定期召开联席会议、成立跨部门工作组或建立在线沟通平台等方式,切实促进信息共享、资源协作和ESG合作项目的开展。其次,"政社企"应通过共同参与政策制定、共享数据和评估治理效果的方式,共同制定可持续发展目标,确保企业ESG战略与社会治理的目标一致。最后,"政社企"应积极开展合作项目,解决当地社会问题。例如,通过共同投资社区基础设施、开展环保活动或提供社会服务等方式,实现企业ESG战略与社会治理的融合。

从政府的角度来看,政府应积极转变由政府"一元主导式"的社会治理模式,将治理理念转向企业依托ESG实践之间的协同与共生共融,进而打造企业ESG社会治理共同体(肖红军、阳镇,2018)。需要注意的是,政府在推进企业ESG实践的制度设计中,需要平衡政府与企业之间的关系,不仅要避免过度强调政府的主导性作用,还要避免过度夸大企业参与社会治理的角色与功能。政府应在保障企业合法权益的基础上,通过建立激励性ESG制度与政策体系,引导企业主动承担社会责任,开展实质性ESG行为。进一步地,政府应明确企业社会责任的范围和界限,避免赋予企业过度的非经济责任与不合理的社会期望。具体而言,过度期望企业扮演社会治理的"救世主"不仅会给企业带来难以承受的制度压力,也会削弱其生产性功能,从而不利于企业可持续地参与社会治理(朱孝清,2021)。同时,应遏制企业刻意迎合政府公共价值导向的行为,避免企业"投机政府所好、执行政府所为",以免导致一系列寻租行为,进而影响企业效率和社会福利。

从企业的角度来看,国家战略是国家发展的总体部署和长远目标,在经济、社会和环境方面都具有重要的引领作用。企业ESG实践如果能够以赋能国家战略落实为切入点,能够更好地实现将企业自身ESG战略融入社会治理(张蒽、蔡纪雯,2023)。例如,共同富裕是社会主义的本质要求。2020年10月,中国共产党十九届五中全会明确将"全体人民共同富裕取得更为明显的实质性进展"作为2035年实现社会主义现代化的远景目标之一。党的十八大以来,以习近平同志为核心的党中央把握发展阶段新变化,把逐步实现全体人民共同富裕摆在更加重要的位置上,推动区域协调发展,采取有力措施保障和改善民生。共同富裕和ESG在本质上是一致的。首先,它们的目标都是追求全社会的共同富裕和可持续发展。共同富裕旨在实现全体人民的富裕,而 ESG 则旨在追求社会价值最大化,强调不仅要考虑股东利益,还要关注利益相关者的福祉,这意味着它们都致力于扩大社会"蛋糕",而不是仅仅追求股东利润的最大化。其次,它们所追求的福利状态都是一致的。共同富裕倡导的是所有人的共同富裕,而不是仅有少数人受益;而 ESG 原则是要实现所有利益相关者的共赢,包括股东、员工、社会、环境等,从而实现更公平、更可持续的发展。因此,无论是共同富裕还是 ESG,都是朝帕累托改进的方向发展,促进社会的整体福利水平提高。共同富裕强调市场主体在共创价值的过程中拥有更大的分享价值的权利,"做大蛋糕"的同时"分好蛋糕",这将推动 ESG 实践向价值理性主导下的"共生共赢与共益"逻辑转型(阳镇、陈劲,2022)。特别地,政府也应该重点支持企业在促进就业扩大、创造高质量就业岗位方面的积极作为,以提高劳动者的收入水平。此外,还应积极鼓励企业参与第三次分配,让有能力的企业充分利用资源、管理和技术优势,主动投身公益慈善活动,促进社会福祉的提升。最后,对企业而言,共同富裕和 ESG 是完全兼容的。如果企业要实现共同富裕的目标,就必须在追求企业总价值增长的同时,考虑到所有利益相关者的利益,并确保他们都能从企业的发展中受益。而这也是 ESG 所倡导的结果,即企业在经营过程中应考虑到环境、社会和治理等方面的因素,以实现可持续的发展。因此,共同富裕和 ESG 理念是互相支持、相辅相成的,共同推动着企业朝着更加可持续、更加包容的发展方向前进(聂辉华等,2022)。这是因为,社会价值并非完全或主要由企业创造。企业利益的获取嵌入与他人、与社会、与外部环境的良好关系之中,这不仅意味着企业需要通过助益其他利益相关者来获益,更意味着将他人的存在和发展真正作为企业自身存在和发展的基础(原理、赵向阳,2023)。

## 参考文献

[1]彼得·德鲁克.管理:任务、责任和实践:第 1 部[M].余向华,陈雪娟,张正平译.北京:华夏出版社,2008.

[2]曹海军,闫晓玲.时间银行互助养老服务项目跨部门协作结果解释——基于多案例的比较研究[J].经济社会体制比较,2023(2):33—41.

[3]陈家建.项目制与基层政府动员——对社会管理项目化运作的社会学考察[J].中国社会科学,2013(2):64—79+205.

[4]陈进华,欧文辉.国家治理现代化中企业伦理的转向[J].哲学研究,2014(11):99—103.

[5]陈伟东.城市基层公共服务组织管理运行的规范化研究[J].社会主义研究,2009(4):16—22.

[6]程建新,胡定晗,刘派诚.重大公共卫生突发事件中企业与政府合作何以可能?——非对称资源依赖条件下的组织间关系动力[J].中国行政管理,2022(3):136—145.

[7]豆书龙.项目制运作遭遇困境的文化反思——基于董村扶贫项目的分析[J].北京社会科学,2017(11):112—120.

[8]顾维民.推进社会组织党建工作的探索与思考[J].中国社会组织,2015(22):36—37.

[9]何轩,马骏.党建也是生产力——民营企业党组织建设的机制与效果研究[J].社会学研究,2018,33(3):1—24+242.

[10]侯志阳,张翔.作为方法的"中国":构建中国情境的公共管理案例研究[J].公共管理学报,2021,18(4):126—136+174.

[11]黄群慧,余菁,王涛.培育世界一流企业:国际经验与中国情境[J].中国工业经济,2017(11):5—25.

[12]贾明,房彤玥,张喆.面向共同富裕的企业社会责任[J].管理学报,2024,21(2):181—192.

[13]焦长权,周飞舟."资本下乡"与村庄的再造[J].中国社会科学,2016(1):100—116+205—206.

[14]景跃进.党、国家与社会:三者维度的关系——从基层实践看中国政治的特点[J].华中师范大学学报(人文社会科学版),2005(2):9—13+29.

[15]康晓光.义利之辨:基于人性的关于公益与商业关系的理论思考[J].公共管理与政策评论,2018,7(3):17—35.

[16]梁俊山.以政企信任关系的构建推动营商环境优化——基于山西省企业投资项目承诺制的实践案例[J].中国行政管理,2022(12):150—152.

[17]林尚立.中国之理:党的先进性决定中国发展前途[J].江苏行政学院学报,2012(6):71—78.

[18]刘伟,满彩霞.企业社会责任:一个亟待公共管理研究关注的领域[J].中国行政管理,2019(11):145—151.

[19]吕鹏,刘学.企业项目制与生产型治理的实践——基于两家企业扶贫案例的调研[J].中国社会科学,2021(10):126—144+207.

[20]孟晓玲,冯燕梅.我国社会组织参与社区治理的模式、困境与路径[J].西安财经大学学报,2021,34(3):109—118.

[21]聂辉华,林佳妮,崔梦莹.ESG:企业促进共同富裕的可行之道[J].学习与探索,2022(11):107—116+2.

[22]聂辉华.从政企合谋到政企合作——一个初步的动态政企关系分析框架[J].学术月刊,2020,52(6):44—56.

[23]万攀兵.基层党组织制度的社会治理作用——基于企业社会责任的视角[J].经济评论,2020(3):3—20.

[24]王欢明."草根"驱动的公共服务合作生产及其机制——基于S市Y街道微基建PPP改造的案例分析[J].中国行政管理,2022(4):27—35.

[25]王湘军,张玉坤.结构归位与过程融通:平台经济政企协同治理之道[J].行政论坛,2024,31(1):83—93.

[26]武晓晨.私营企业主的政府信任感知研究——基于2018中国私营企业调查数据的分析[J].社会科学研究,2022(4):141—149.

[27]肖存良.政党与社会的一体化:中国共产党执政规律新认识[J].甘肃理论学刊,2013(5):20—25.

[28]肖红军,阳镇,张哲.私营企业党组织嵌入、企业家地位对企业社会责任的影响[J].管理学报,2022,19(4):495—505.

[29]肖红军,阳镇.共益企业:社会责任实践的合意性组织范式[J].中国工业经济,2018(7):174—

192.

[30]徐顽强.社会治理共同体的系统审视与构建路径[J].求索,2020(1):161—170.

[31]阳镇,陈劲.迈向共同富裕:企业社会责任的底层逻辑与创新方向[J].清华管理评论,2022(Z1):68—76.

[32]郁建兴,关爽.从社会管控到社会治理——当代中国国家与社会关系的新进展[J].探索与争鸣,2014(12):7—16.

[33]郁建兴.社会治理共同体及其建设路径[J].公共管理评论,2019,1(3):59—65.

[34]袁建军,金太军.政府协调企业应对突发公共事件的困境与破解——以分工协作的理论视角[J].浙江社会科学,2011(7):36—40+156.

[35]原理,赵向阳.面向中国式现代化:以共同富裕为导向的企业责任[J].财经问题研究,2023(7):104—115.

[36]张蒽,蔡纪雯.ESG体系在中国发展情境下的嵌入机制与建设路径[J].东南学术,2023(1):182—194.

[37]张睿涵,王石玉."有为政府"如何促进中国产业政策演进——基于移动通信产业的案例分析[J].公共管理学报,2024,21(1):94—105+172.

[38]赵祥云.嵌入与交换:企业参与农村社会治理共同体建设机制研究[J].云南民族大学学报(哲学社会科学版),2023,40(2):90—98.

[39]赵晓峰,马锐.协同共治:农村社会治理共同体建设中企业行为研究[J].陕西师范大学学报(哲学社会科学版),2023,52(2):127—137.

[40]周明,许珂.组织吸纳社会:对社会治理共同体作用形态的一种解释[J].求实,2022(2):37—50+110.

[41]朱孝清.企业合规中的若干疑难问题[J].法治研究,2021(5):3—17.

[42]Ansell C.,Gash A. Collaborative governance in theory and practice[J]. Journal of Public Administration Research and Theory,2008,18(4):543—571.

[43]Borrini-Feyerabend,Grazia. Collaborative management of protected areas: Tailoring the approach to the context[M]. Gland,Switzerland: IUCN,1996.

[44]Bryson M.,Crosby C.,Stone M. M. The design and implementation of cross-sector collaborations: Propositions form the literature[J]. Public Administration Review,2006,66(S1):44—55.

[45]Casciaro T.,Piskorski J. M. Power imbalance,mutual dependence,and constraint absorption: A closer look at resource dependence theory[J]. Administrative Science Quarterly,2005,50(2):167—199.

[46]Emerson K.,Tina Nabatchi,Stephen Balogh. An integrative framework for collaborative governance[J]. Journal of Public Administration Research and Theory,2012,22(1):1—29.

[47]Emerson R. M. Power-dependence relations[J]. American Sociological Review,1962,27(1):31—41.

[48]Fakhruddin S.,Chivakidakarn Y. A case study for early warning and disaster management in Thailand[J]. International Journal of Disaster Risk Reduction,2014(9):159—180.

[49]Malate D.,Smith C. R. Resource dependence,alternative supply sources,and the design of formal

contracts[J]. Public Administration Review,2011,71(4):608—617.

[50]Oliver C. Strategic responses to institutional processes [J]. The Academy of Management Review,1991,16(1):145—179.

## 第三部分

## ESG 实践与公共物品提供

# 第六章 政治关联对企业 ESG 社会治理的影响机制

## 第一节 问题的提出

随着我国经济的不断发展以及工业化进程的不断推进,与之伴生的环境保护问题也愈发突出。传统的粗放型经济增长方式已经不符合新时代的要求,推动绿色技术创新已成为我国经济社会可持续发展的重要路径。但是,绿色创新过程中存在着高投入和高风险等不确定因素,仅靠企业本身的资源或者市场的力量很难实现其快速成长,需要政府正确引导企业承担起环境保护的责任,积极进行绿色创新。国家发展改革委、科技部于 2022 年研究制定了《关于进一步完善市场导向的绿色技术创新体系实施方案(2023—2025 年)》,以进一步完善市场导向的绿色技术创新体系。《中国研发经费报告(2022)》的数据显示,2020 年中国研发经费投入规模位居世界第二,虽然政府科研创新投入持续提高,但我国创新能力依然不足,据世界知识产权组织公布 2022 年全球创新指数(GII),中国仅排名第 11 位。为什么在政府大力推动的情况下,企业创新行为仍然存在高投入、低产出的情况?政府究竟是企业创新的"推动力"还是"绊脚石"?政府与企业创新协作之间的体制机制障碍应当如何破除?研究政府与企业创新行为之间的动态耦合机制,对于构建新型政企关系、推动企业创新具有重要的实践意义。

传统的研究大多通过上市公司高管(董事长或总经理)是否为前任或者现任政府官员、人大代表、政协委员等来构造虚拟变量,度量企业是否存在政治关联,但官员可能迫于政绩考核的压力,更偏好见效快、增长效应明显的基础设施建设投资(周晓光、鲁元平,2022),强烈的政治使命使其不一定能关注企业经营。因此,不能直接主观臆断高管兼任政府官员就使企业存在政治关联,从而影响企业的经营决策。这种主观臆断直接假定了政府与企业的经营行为存在关联,容易造成指标选择错误而出现估计结果的偏误。只有明确公司高管在政府就职与政企关联之间的内在关系,才能深入剖析政治关联对于公司创新行为决策的作用机理。

当企业与政府建立了实质性政治关联时,理论上可以通过政策优惠、财政补贴、银行贷款等产生"资源效应"(严若森、姜潇,2019),从而缓解企业创新活动的融资约束。但是,也有研究认为,如果企业把所获资源进一步投入信贷寻租或政府寻租中,其所付出的额外成本就会加大企业的融资成本、运营成本等,从而产生"成本效应",挤占原本配置于创新的资源(张璇等,2017),最终对创新造成不利影响。可见,造成研究结论相反的主要原因在于企业对资源配置的经营策略差异,政治关联为企业所带来的一系列的政策、资源是否能转化为企业发展红利,往往要看企业主体采取何种应对策略。忽略这种决策差异,就无法解析政企关联对企业创新绩效净效应的作用机制。研究企业的资源配置决策,探析其在获得政治资源后是充分投入创新活动,还是用以满足管理层的私欲,抑或是以寻租战略替代创新战略,对于厘清政治关联对企业绿色创新的净效应具有重要意义。

企业的资源配置决策是指其根据目标战略以及竞争优势要求,对其掌握的资源在质和量上的分配(马梦泽,2022)。本书将从资源投入量和创新资源是否达到最优分配,考察其在政治关联对绿色创新的影响中发挥的作用。政治资源的投入可以直接为企业的研发活动提供资金支持,减轻企业研发活动的压力和风险,提高企业绿色创新的积极性(王晓燕等,2021)。但是,也有研究认为,资源投入不会使市场形成进入壁垒,技术溢出反而使企业难以维持垄断利润,会减弱其创新动力。尽管这些结论对于建立良好的政企合作关系具有重大意义,但都是从静态角度研究二者的关系,而忽略了政治关联对绿色创新的净效应可能随资源投入量的调整而发生动态变化。那么,资源投入量是否存在一个"最优解",即门槛值呢?只有当资源投入量超过这个门槛,才能形成差异化壁垒,维持企业的垄断利润,以促进企业发展创新能力,而当投入不足或投入过量时,对绿色创新的影响在系数和方向上都可能产生差异。同样地,当企业将资源分配到社会责任履行等非生产性经营活动时,一方面有利于与利益相关者建立更广泛、更深入的关系网络,为创新积累一定的社会资本(Luo and Du,2015);另一方面,履行社会责任本身也会挤占一定的创新资本,以往研究也多考虑二者的单一线性关系,但当资源总量恒定时,资源效应和成本效应随着企业资源配置的变化而此消彼长,净效应也并非一成不变。只有当投入非生产性经营活动的资源超过一定的门槛限度,"成本效应"超过"资源效应"时,才会对绿色创新造成不利影响。那么,企业的政治资源是否也存在一个最优分配方案?企业对社会责任等非生产性的经营活动是否存在最优投入量,以最大限度发挥政治关联的"资源效应"而抑制"成本效应"呢?由此,深入探索政治关联对企业绿色创新的门槛效应并揭示其内在机理,对政府、企业合理配置创新资源,推动企业绿色转型发展以及最终实现经济与环境的双重效益具有重要意义。

基于以上分析,本书以2011—2020年我国上市企业创新和基本经营数据作为研究样本展开实证检验。我们发现,企业高管兼任政府官员有助于企业建立实质性政治关联,包括有助于企业获得政府补助和减少外界负面新闻报道等。然而,政治关联对企业绿色创新的净效应依然显著为负,因为企业尽管获得了政府资源,但并没有充分投入创新活动,而是用于向政府寻租以及满足高管私欲。进一步地,本书采用门槛效应模型,研究发现政治关联对绿色创新的影响并非简单的线性关系,而是存在基于企业资源配置决策的门槛效应,但大部分的企业资源投入以及分配处于负效应区间。发现上述问题后,本书提出,可以通过加大高管持股和外部媒体的监督作用来缓解企业存在政治关联对绿色创新的抑制作用。

与现有文献相比,本书的创新点主要体现在以下几个方面:(1)在研究内容上,以往研究大多以上市公司高管是否兼任政府官员构建虚拟变量,度量企业是否存在政治关联,本书创新性地以政府补助和负面新闻报道作为实质性政企关联的代理变量,验证了政府官员和企业高管这种微观个体职位的兼任能够使企业与政府组织之间产生实质性政治关联,进而探析政治关联如何作用于企业绿色创新以及二者之间的传导机制,在一定程度上避免了因主观臆断高管兼任政府官员就使企业存在政治关联而造成的估计结果偏误。(2)在研究视角上,现有研究大多从线性的角度分析政治关联对企业经营的影响,本书从企业行为动机出发探究了二者之间的传导机制,并对机制做进一步分解,通过门槛效应模型检验出政治关联带来的资源效应只有达到一定的门槛才会对绿色创新产生激励作用,本书的研究解释了现有研究结论不一致的问题,同时为探究政治关联与绿色创新之间关系提供了新的理论视角和实践启示。(3)以往学者大多注重二者之间的直接效应,忽略了如何破除政企协作创新的低效问题才是研究的根本,本书基于研究结果,创新性地提出了可以通过加强内外部治理以减少代理问题从而缓解政治关联对绿色创新的抑制作用,为引导企业政治资源合理配置、推动企业的绿色创新提供了指导,同时丰富了公司治理的应用情景。

## 第二节 理论分析与假设

绿色创新与普通创新活动相比,既有周期长、高投入、高风险等特点,又有创新驱动和绿色发展的双重要求(李青原、肖泽华,2020),因此更加依赖各类资源的投入与支持。而我国要素市场化配置体制机制尚未完善,政府在稀缺资源的分配中仍然享有高度的话语权,建立政治关联便是企业应对分配制度不完善时的积极反应,会对绿色创新产生重要影响(逯东等,2015)。一般来说,高管通过参政议政,在资源分配中更可能将稀缺的关键性资源分给"自己人"(蒲勇健、韦琦,2020)。不仅如此,政府也具有各种平台资源,能够让企业与高等院校或科研机构形成紧密合作,获取充足的创新灵感,促进创新成果转化(陈怀超等,2020)。这些都是政治关联带来的"资源效应",都有利于降低企业的研发壁垒,有效缓解绿色创新过程中投入与回报不对等的情形,从而形成政府与企业间的良性激励相容,提升企业的绿色创新意愿(严若森、陈娟,2022)。

但是,企业建立和维系政治关联会产生"成本效应",这种成本既包括企业家的时间成本,又包括必须花费的相关交易成本以及向政府官员行贿等成本,这些都会挤占企业创新的资源,从而造成不利影响(Yang,2022)。另外,企业建立政治关联在一定程度上也会使管理层听命于政客,破坏企业决策的独立性,在政府要求和企业发展策略不符的情况下,为满足政府期望、维系政治关联,企业不得不让渡部分经营自主权,这将使企业不能总是做出有利于长期发展的决策(罗天正、关皓,2020)。尤其是企业高管同时面临政绩考核,在政绩激励和任期的限制下,易引导企业将有限的资金投入到短期可获利的项目而降低绿色创新投资,造成对创新活动的资源投入不足。基于以上分析,政治关联对企业绿色创新的影响并不明确,究竟何种资源占据主导还需要进一步实证检验,由此提出本书的第一个假设:

**H1a:政治关联与企业绿色创新呈正相关关系。**
**H1b:政治关联与企业绿色创新呈负相关关系。**

进一步探究政治关联对绿色创新的作用机制,本书认为,政治关联理应通过"资源效应"对企业绿色创新产生显著的激励作用。这是因为,政治关联是一种重要的声誉机制和企业担保贷款的重要资源,有助于企业获得成本更低、数量更多的信贷资源,缓解企业的融资约束(Zhang and Liang,2022)。但政治关联型企业的战略决策通常被约束在政府官员偏好之下(孙自愿等,2021),即使企业通过政治关联获得了更多的资源,也可能为迎合政府的期待而扭曲资源配置决策,最终影响"资源效应"的发挥。一方面,企业可能对政府的创新激励政策进行策略性应对,以追求数量而忽略质量的创新方式,假意迎合政府所要求的硬性门槛,以获得更多的政策资源投入,但该行为会导致优质的创新资源并没有被配置到企业的实质性创新活动中,企业的研发强度也并没有得到提升;另一方面,高管可能利用手中的权力中饱私囊,将资源分配给向自己提供私人利益的部门或项目(张琦,2020),这增加了高管的个人所得,但有损企业资源配置效率,不利于企业创新活动的开展。因此,本书提出第二个假设:

**H2:政治关联会通过缓解企业的融资约束,但激发企业迎合倾向、寻租动机或高管私欲而最终损害企业绿色创新。**

由上述分析可见,政治关联对企业绿色创新的净效应受企业的资源配置决策影响。当企业将获得的资源合理配置于创新活动时,"资源效应"便发挥主导作用,为创新注入资金;若企业的寻租动机更强,则"成本效应"更加强大,挤占了创新资源。而随着"成本效应"和"资源效应"在各阶段的此消彼长,政治关联对企业绿色创新的影响也并非简单的线性关系。绿色创新活动是一个漫长的过程,越是处于创新的前端,风险越大,不确定性越强,就越需要可持续的研发投入(张宵、葛玉辉,2023)。当投入资源不足或是企业精力分散时,新厂商的进入较容易,随着大量新厂商的跟进、垄断利润消失,企业的创新绩效随之下降(戴小勇、成力为,2013)。只有当企业对创新活动的资源投入达到一定的临界值,才能够保持一定的技术前沿性,增加模仿的难度,维持垄断利润和创新动力。此时,政治关联所带来的"资源效应"占据主导地位,政治关联对绿色创新的影响具有显著的激励作用。可见,政治关联对企业绿色创新的影响存在基于资源配置决策的门槛效应,本书将主要从企业的资源投入决策和资源分配决策检验政治关联对创新效应的门槛效应。

## 一、资源投入

政治关联虽然会为企业带来政府补贴等外部资源,进而缓解企业的资源约束,但企业并不一定会将资源全部投入创新活动中。根据政治资源的"诅咒效应",企业创新是一项高风险、收益滞后的长期投资,即使企业在创新中投入大量的人力、物力和财力,但企业的绩效不一定得到提升(卢圣华、汪晖,2020)。从身份约束来看,高管的政治使命往往比实现企业财务目标更为重要,高管更替也并非由市场力量决定,因此,高管将有强烈的动机去规避创新一类的风险投资。进一步地,对于面临融资约束或是处于市场劣势地位的企业来说,即使政治关联可以在一定程度上缓解其融资约束,但可能仍不足以支撑长期性、高投入的创新活动,有可能更倾向于利用政治关联开展短期投机行为,而相应减少创新资源的投入(黄丽英、何乐融,2020)。因此,政治关联并不一定能够激励企业对创新活动的资源投入。

而当企业对创新活动投入的资源较少时,难以使市场形成进入壁垒,技术的溢出还会造成其他企业"搭便车"行为,使创新主体无法获得创新研发投资所带来的全部收益,易使企业丧失绿色创新的积极性(云虹等,2021)。尤其是绿色创新相比于一般的技术创新需要企业增加研发投入以提高环境效益,帮助改善区域环境质量,因此其所需的资源投入也更高,依赖众多学科知识的结合,创新的复杂性也更强(王馨、王营,2021)。因此,当资源投入不足时,既不能完全解决创新活动后续的资金缺口问题,也无法帮助企业制订长期有序的科研规划。只有当资源投入达到一定的门槛时,才能避免企业对绿色创新活动"望而却步",帮助企业在打破绿色技术创新阈值的基础上,构建不容易为市场竞争者所效仿的核心技术,获得超额利润,保障绿色创新活动顺利进行。基于以上分析,提出本书的第三个假设:

**H3:政治关联对绿色创新存在基于资源投入量的门槛效应,只有当资源投入量达到门槛值时,政治关联才会对绿色创新产生激励作用。**

## 二、资源分配

当企业建立了政治关联,会通过内因、外因多渠道影响企业的社会责任(Dang et al.,2022)。一方面,高管通过参政议政,自身的觉悟和社会责任意识都会得到升华,会更加积极地为社会做贡献(张川等,2014);另一方面,制度理论指出,可见性是解释组织接受或者拒绝制度压力行为的重要因素,企业的可见性越高,它们受到的压力就越大,对制度压力的遵守程度也就越高。由于近年来"两会"受到公众与媒体的普遍关注,所以作为人大代表或政协委员的高管其"社会关注度"也随之增加,来自公众关注的压力极有可能迫使高管所在企业更加积极地履行社会责任,以满足社会大众的"诉求"。因此,政治关联企业可能增加对社会责任实践的投入。

履行社会责任有利于企业提高声誉,获得投资者更多的支持,加深员工的归属感,提高企业在社区的合法性,降低企业的经营风险,改善企业的经营环境(Rouine et al.,2022)。但是,企业承担社会责任的成本意味着企业费用的增加和利润的减少,会造成对创新资源的挤占。当投入企业社会责任等非生产性经营活动的资源较少时,社会责任带来的"声誉保险效应"尚能与"成本效应"相抵;当投入量过大时,企业则不乏"寻租动机",履行社会责任可能成为高管在政治晋升中彰显个人政绩、赢取政府认同的重要方式,不仅会消耗企业大量的资源,而且使得企业过度依赖原有的商业伙伴关系,从而降低自身发现潜在客户的敏感度,弱化对技术创新机会的识别能力。此时政治关联对绿色创新的挤出作用会更加显著。因此,提出本书的第四个假设:

**H4**:政治关联对绿色创新存在基于资源分配的门槛效应,当投入企业社会责任的资源达到门槛值时,政治关联会对绿色创新产生挤出作用。

## 第三节　数据及模型

### 一、主要变量及其定义

政治关联(PC):本书从公司财务报告的高管信息一栏中整理了企业是否具有政治关联的信息。企业政治关联为虚拟变量,用于衡量上市公司高管(董事长或总经理)是否为前任或者现任政府官员、人大代表、政协委员等。如果是,取值为1,否则为0。同时,构建政治关联级别(PClevel)作为替代变量,该变量为定序变量,根据与高管建立政治关联的政府机构的行政级别,按照部级、厅级、处级和科级四类分别设定该变量为4、3、2、1。

政府补助:本书在多数学者研究的基础上,选取计入当期损益的政府补助,即年报营业外收入"政府补助"这一明细科目作为计量对象。

负面新闻:互联网的产生颠覆了媒体报道和信息传播的传统形态,网络新媒体已经成为民众获取信息的主流途径。在当前的背景下,通过网络媒体的报道来体现媒体的关注更具有代表性。本书媒体关注变量以 CNRDS 数据库上市公司新闻舆情网络财经新闻为基础,以相关样本企业负面报道总量为负面新闻代理变量。

融资约束:本书参考学者 Hadlock 等(2010)得出的 SA 融资约束指数作为融资约束程度的代理变量。SA 指数先根据企业的财务报告定性地划分企业不同的融资约束类型,然后仅使用企业规模和企业年龄两个随时间变化不大且具有很强外生性的变量构建,相比其他融资约束的指标大大减少了内生性问题。

绿色创新:本书以绿色专利申请数量衡量企业绿色创新。具体地,将绿色发明专利申请数量和绿色实用新型申请数量加总,并将加总的绿色专利申请数量加1后取自然对数,以消除绿色专利数据右偏分布的问题。同时,选择企业绿色专利获得数量(green_r)作为替代变量以提高回归结果的稳健性。

迎合倾向:参考学者孙自愿等(2021)的研究,以非发明专利与专利总量比值来衡量企业创新迎合政府的倾向,比值越高,迎合倾向越高。因为创新迎合倾向的一种表现形式为产出低质,其目的是对外释放创新能力信号、维持高新技术企业头衔以及持续获得政府资源注入。

企业社会责任:本书利用和讯网公布的企业社会责任报告总得分来衡量企业社会责任履行程度。该评分是以我国上市公司的社会责任报告及财务报告信息为依据,分别从股东责任、员工责任、供应商、客户和消费者权益责任、环境责任以及公共责任5个方面进行分析,设置13个二级指标和37个三级指标,对企业社会责任承担情况进行系统的评价,能够比较全面、客观地反映企业的社会责任履行情况。

经营风险:本书以盈利波动性来度量企业风险承担水平,其中,ROA使用息税前利润除以年末总资产来计量。参照何瑛等(2019)的研究成果,将ROA扣除年度行业均值得到Adj_ROA,并以每3年($t$年至$t+2$年)作为一个观测时段,滚动计算经行业调整后的ROA(Adj_ROA)标准差。

媒体关注:与负面报道相同,采用含有样本企业名称的新闻标题总数量作为媒体关注的代理变量。

控制变量:参考王治(2022),本书选择了企业规模(Size)、资产负债率(Lev)、总资产收益率(RoA)、经营性现金流(Cashflow)、主营业务收入增长率(Growth)、企业价值(TobinQ)、两职合一虚拟变量(Dual)、第一大股东持股比例(Top1)作为控制变量,以控制和减少其他因素对企业绿色创新的影响。

## 二、模型

为检验政治关联对绿色创新的直接效应及其传导机制,本书构建了基准回归模型如下:

$$y_{i,t}=\beta_0+\beta_1 x_{i,t}+\beta_2 control_{i,t}+year_t+city_i+\varepsilon_{i,t} \tag{6-1}$$

其中,$i$表示企业,$t$表示时间;$control_{i,t}$表示控制变量;$year_t$、$city_i$分别表示年份固定效应和城市固定效应。

在假设1中:$y_{i,t}$为被解释变量,表示企业$i$在$t$期(年)绿色创新的情况,$y$越大,企业的绿色创新效果越好;$x_{i,t}$为解释变量,表示企业在特定时期内政治关联情况。

在假设2中:$x_{i,t}$依然表示企业在特定时期内政治关联情况,$y_{i,t}$则代表企业$i$在$t$期(年)融资约束、迎合倾向、研发投入强度、董事薪酬总额,用以验证政治关联对绿色创新的影响机制。

为了检验政治关联与企业绿色创新之间的非线性关系,力图找到使企业绩效最大化时研发投入量最佳区间,我们采用了门槛面板数据模型。门槛面板数据模型可以根据数据自身特征,依据估计得到的门槛值,内生地将样本分为多个区间,并估计在各个区间内政治关联与企业绿色创新之间的关系。模型如下：

$$y_{i,t} = \begin{cases} u_i + \infty_1 r_{it} + \theta' control_{it} + \varepsilon_{i,t}, r_{it} \leq \gamma \\ u_i + \infty_1 r_{it} + \theta' control_{it} + \varepsilon_{i,t}, r_{it} > \gamma \end{cases} \quad (6-2)$$

其中，$i$ 表示企业，$t$ 表示时间；$y_{it}$ 是反映企业在特定时间绿色创新的指标，$r_{it}$ 代表门槛变量，分别由企业研发资源的投入量和对社会责任行为的投入量来衡量，$\gamma$ 为门槛值，$control_{it}$ 为控制变量；$u_i$ 表示个体固定效应，用来反映公司之间的差异；$\varepsilon_{it}$ 表示随机扰动项服从独立同分布的正态分布。

为进一步检验内外部治理是否对政治关联对绿色创新的影响具有改善作用，本书还采取了如下调节效应模型：

$$y_{i,t} = \rho_0 + \rho_1 x_{i,t} + \rho_2 z_{i,t} + \rho_3 control_{it} + \varepsilon_{i,t} \quad (6-3)$$

$$y_{i,t} = \varphi_0 + \varphi_1 x_{i,t} + \varphi_2 z_{i,t} + \varphi_3 x_{i,t} z_{i,t} + \varphi_4 control_{it} + \varepsilon_{i,t} \quad (6-4)$$

其中，$y_{i,t}$ 为被解释变量，代表 $i$ 企业在 $t$ 时期的绿色创新水平；$x_{i,t}$ 为被解释变量，代表 $i$ 企业在 $t$ 时期的政治关联；$z_{i,t}$ 为调节变量，本书包括管理层持股以及外部媒体监督。在模型(6-3)中，$\rho_1$ 表示企业政治关联每变动一个单位对绿色创新的影响。而在模型(6-4)中，加入交乘项后，$x_{i,t}$ 对 $y_{i,t}$ 的边际影响不再是常数，而是随着 $z_{i,t}$ 的取值不同而发生变化，由此可以检验变量的调节作用。

## 第四节　实证结果

### 一、实质性政治关联的检验

以往研究在考察政府对企业的影响时，通常直接以上市企业高管是否为前任或者现任政府官员、人大代表、政协委员等来定义企业存在政治关联，并对企业经营产生影响。而本书认为，政府官员往往任期较短，不具有稳定性，而企业经营尤其是研发、创新等通常是长周期活动，微观个人层面的职位兼任是否能使企业与政府产生实质性"关联"，进而为企业提供一个有利的经营环境还有待考察。因此，表6-1首先检验企业高管兼任政府官员是否真的就会使所属企业产生政治关联，而不是因为有企业高管兼任政府官员就主观臆断存在政企关联行为。列(1)的回归结果显示，企业高管兼任政府官员会显著提升企业获得的政府补助，当企业高管兼任政府官员时，有助于充当企业与政府之间的桥梁，建立政企关联，以更快获取企业政府补助标准和行业政策信息，有效减少企业和政府之间的信息不对称，从而能够及时做出反应以迎合政府的标准，获取政府补助。列(3)显示，企业高管兼任政府官员时，企业的负面新闻报道会减少，可能的原因是，兼政府官员于一身的公司高管可以借助自身的权力影响以及社会关系网络优势，更加便捷地接触各种媒体，"潜移默化"地影响着他们的态度和行为，以减少负面报道倾向。列(2)、列(4)以官员级别作为替代变量，考察官员的级别更高,企业获得的补助是否更多、负面报道的缓解程度是否更高,即关联更强,结果仍然显著。因此,假设1得到证实。

表6—1　　　　　　　　　　　　实质性政治关联的检验

|  | （1）政府补助 | （2）政府补助 | （3）负面新闻报道 | （4）负面新闻报道 |
| --- | --- | --- | --- | --- |
| 政治关联 | 545.094** (198.826) |  | −5.424** (2.462) |  |
| 政治关联级别 |  | 208.109*** (62.454) |  | −1.471* (0.799) |
| 其他控制变量 | √ | √ | √ | √ |
| 固定效应 | √ | √ | √ | √ |
| $N$ | 20 697 | 20 697 | 27 588 | 27 588 |
| $R^2$ | 0.126 | 0.126 | 0.122 | 0.122 |

注:括号内的数字为标准误;***、**、*分别表示显著性水平为1%、5%和10%。

## 二、政治关联对创新的影响

获得政府补助、减少负面报道将有利于企业获取更多技术创新所需的资源,保护企业声誉,为企业创新营造良好的环境,进而对创新造成影响。因此,本书将基于此进一步检验政治关联对创新的直接效应。表6—2中的列(1)、列(2)先是以企业绿色专利申请数量和绿色专利获得数量做检验,结果显示,政治关联对创新有显著的负向影响。而考虑到存在政治关联会对企业之间的合作、并购以及资源整合等产生影响,进而影响企业的联合创新,因此列(3)、列(4)又分别检验了政治关联对企业独立申请的绿色专利和联合申请的绿色专利的影响,结果依然为负。最后,本书剔除了可能存在企业为应付政府对创新绩效的考核而申请的绿色实用新型发明数量,列(5)只检验对绿色发明的影响,结果依然稳健。因此,本书初步得出结论,政治关联对绿色创新存在显著的负向影响。可能的原因是,绿色创新活动周期长、资金需求大,政治关联带来的资源效应随官员任期变化而变化,且带有考核要求,易出现资金投入的延续性不足或高管产生"短视"行为,将资金投入"短平快"项目,反而导致企业分散精力,不利于绿色创新,只有当投入达到一定的门槛时才会推动创新的发展。同时,政治关联也会使企业迫于压力而履行社会责任,但投入过多资源进行这一类非生产性活动时,其对创新造成的"挤出"作用会大于"声誉保险"作用,从而对创新造成不利影响;抑或是政府的过度保护也会使企业反而丧失通过创新获得长期绩效的动力。而其具体传导机制还需进一步检验。

表 6—2　　　　　　　　　　　　　政治关联对创新的影响

|  | (1) 绿色创新 | (2) 绿色专利获得数 | (3) 独立创新 | (4) 联合创新 | (5) 绿色发明 |
| --- | --- | --- | --- | --- | --- |
| 政治关联 | −0.089** | −0.058** | −0.077** | −0.034** | −0.076** |
|  | (0.034) | (0.029) | (0.032) | (0.016) | (0.027) |
| 其他控制变量 | √ | √ | √ | √ | √ |
| 固定效应 | √ | √ | √ | √ | √ |
| $N$ | 27 861 | 27 861 | 27 861 | 27 861 | 27 861 |
| $R^2$ | 0.244 | 0.216 | 0.224 | 0.170 | 0.233 |

注：括号内的数字为标准误；***、**、* 分别表示显著性水平为1%、5%和10%。

### 三、政治关联对绿色创新的机制检验

上述观察到的结果是，政治关联对绿色创新呈现显著的负效应；而理论分析得出的结果可能是，由于企业并非将所获得的资源投入创新活动，因此，本书将进一步检验二者之间的传导机制。表6—3中的列(1)先是检验了政治关联对企业融资约束的影响，回归结果在5%的水平上显著为负，证实政治关联可以为创新提供更多的资源，显著缓解企业的融资约束。而结合列(2)的回归结果，存在政治关联的企业也有更高的迎合政府的创新倾向，产出低质的非发明专利，表明企业在政治关联下即使获得了更多的资源，但不是用于创新活动，而是进一步迎合政府。列(3)、列(4)基于此也进一步检验得到，政治关联与企业研发投入强度显著负相关，而与董事薪酬总额显著正相关。证实企业通过政治关联获得的政府补助等资源并没有全部投入创新活动以促进企业发展，而是将部分资源用于向政府寻租或是满足企业高管私欲，由此造成研发投入强度降低但董事薪酬增加的现象。由此可见，政治关联是可以缓解企业的融资约束，理论上通过"资源"效应促进企业的绿色创新；但企业将资源更多地投入非生产性活动，如寻租迎合政府等，由此造成企业资源的浪费，该行为所产生的"成本效应"最终对绿色创新产生"挤出"作用。

表 6—3　　　　　　　　　　　　　机制检验

|  | (1) 融资约束 | (2) 迎合倾向 | (3) 研发投入强度 | (4) 董事薪酬总额 |
| --- | --- | --- | --- | --- |
| 政治关联 | −0.001** | 0.019* | −0.402** | 12.631** |
|  | (0.001) | (0.011) | (0.137) | (5.252) |
| 其他控制变量 | √ | √ | √ | √ |
| 固定效应 | √ | √ | √ | √ |
| $N$ | 23 189 | 22 273 | 23 622 | 27 829 |
| $R^2$ | 0.871 | 0.122 | 0.274 | 0.288 |

注：括号内的数字为标准误；***、**、* 分别表示显著性水平为1%、5%和10%。

### 四、面板门槛回归

政治关联对企业绿色创新的净效应理论上是可以促进企业创新的,但上述研究观察到,是政府将部分资源用于进一步迎合政府和满足自身私利造成的"成本效应",最终对绿色创新产生不利影响。那么,政治关联对于企业绿色创新资源效应、成本效应是否存在某个平衡点?当企业经营行为决策的成本效应小于资源效应对企业创新的影响时,政治关联会对绿色创新产生正向的激励作用,也就是政企关联对企业创新存在基于企业迎合行为的门槛效应。因此,本书将进一步检验政治关联基于企业决策的门槛效应对企业绿色创新的影响。

#### (一)资源投入

1. 门槛存在性检验

本书首先选取企业研发投入总额、研发人员数量作为企业创新资源投入量的代理变量,检验政治关联对企业创新的影响是否存在基于资源投入量的门槛效应。而在使用门槛面板模型前,本书需要对门槛效应的存在性进行检验,以便识别方法的使用合理,并进一步确定门槛的个数以及模型的具体形式。通过使用 Bootstrap 自抽样方法,获得 $F$ 统计量的渐进分布,并计算出接受原假设的概率值($P$ 值)。表 6-4 分别报告了研发投入总额、研发人员数量作为门槛变量时,单一门槛、双门槛和三门槛效应存在性。检验结果发现:只有单一门槛效果均显著,因此,本书的分析应该采用单一门槛模型。

表 6-4　　　　　　　　　　门槛存在性检验

| 模型 | Ln研发投入总额 $F$ 值 | $P$ 值 | 研发人员数量 $F$ 值 | $P$ 值 |
| --- | --- | --- | --- | --- |
| 单一门槛 | 35.90** | 0.01 | 68.14*** | 0.00 |
| 双门槛 | 2.41 | 0.95 | 20.78 | 0.12 |
| 三门槛 | 8.32 | 0.19 | 25.45 | 0.22 |

2. 门槛值

表 6-5 报告了因变量为研发投入总额、研发人员数量时的门槛估计值,以及在 95% 水平的置信区间。该检验可以用似然比函数图来加以说明:图 6-2 中,门槛估计量是似然比统计量($LR$)为 0 时门槛变量的取值。当因变量为研发投入总额、研发人员数量时,图 6-2 中,$LR=0$ 时两个门槛估计量分别为 19.42 和 542。95% 显著水平的临界值为 7.35,在图中用虚线表示。$LR$ 值在虚线以下部分($LR<7.35$),门槛变量所在的区间即为门槛估计量在 95% 显著性水平下的置信区间。这里,研发投入总额的 95% 水平置信区间是(18.90,19.07),研发人员数量 95% 水平置信区间是(523,574),门槛值估计有效。

表 6—5　　　　　　　　　　　　门槛的估计值

| 门槛变量 | 门槛值 | P 值 | 95%的置信区间 |
| --- | --- | --- | --- |
| 研发投入总额 | 19.02** | 0.01 | (18.90,19.07) |
| 研发人员数量 | 542 | 0.00 | (523,574) |

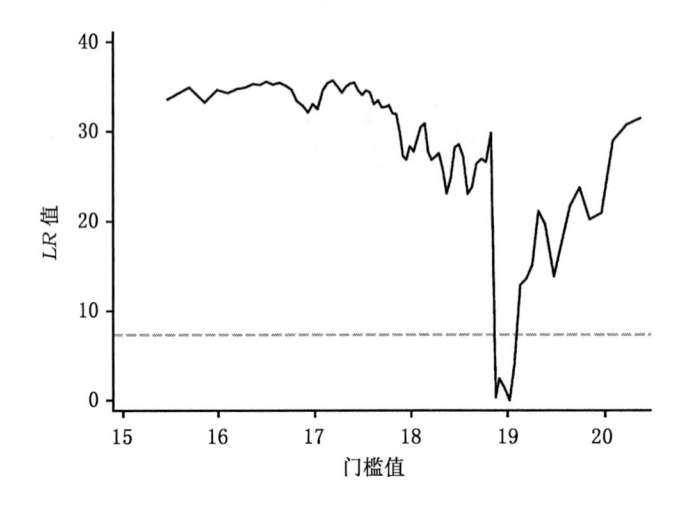

图 6—1　研发投入总额门槛图

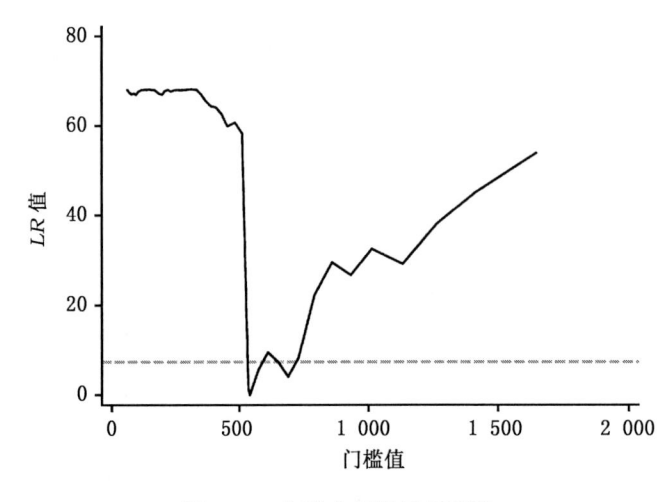

图 6—2　研发人员数量门槛图

3. 回归结果

表 6—6 中列(1)、列(2)首先采用固定效应模型,检验了企业政治关联对研发投入总额、研发人员数量的直接影响,结果显著为负,结合上文的实证结果,可以初步得出结论,政治关联虽然为企业带来了更多的政府补助,但企业并未将全部资源投入创新活动中。而列

(3)、列(4)又分别以研发投入总额、研发人员数量作为门槛变量时,考察政治关联对绿色创新的非线性关系。结合门槛值可知,政治关联所带来的研发投入只有达到一定的门槛时,才会对绿色创新产生促进作用。当研发投入小于门槛值19.02、研发人员数量小于门槛值542时,政治关联对绿色创新的影响显著为负。可能的原因是,绿色创新活动往往有较大的资金需求,而研发投入也具有明显的阶段性。研发过程越是处于创新阶段的前端,基础创新成分越高,就需要越强的研发投入,被模仿的难度越高、技术扩散的速度也越慢,那么企业越能从自身的创新成果中获益。因此,研发投入必须超过某一临界值,才能对企业绿色创新产生显著的促进作用。同样地,研发人员数量较少时,研发速度较慢,产生的收益较小,当企业需要进行其他迎合政府的非生产性活动时,小规模研发团队也难以与之抗衡。而当达到门槛值时,研发人员才能够更好地为创新活动争取资源,同时人员之间的交流互动也会促进知识整合、推动创新。结合图6—3、图6—4门槛变量的概率分布图,可以看出80%的样本企业的研发投入和研发人员数量都未达到门槛值,所以政治关联对绿色创新的直接效应会呈现显著的负向关系。

表6—6　　　　　　　　　　　　资源投入量的门槛效应

|  | 固定效应 |  | 门槛效应 |  |
|---|---|---|---|---|
|  | (1)<br>研发投入总额 | (2)<br>研发人员数量 | (3)<br>绿色创新 | (4)<br>绿色创新 |
| 政治关联 | −0.103** <br>(0.041) | −64.615* <br>(36.979) |  |  |
| 研发投入总额≤19.02 |  |  | −0.112*** <br>(0.018) |  |
| 研发投入总额>19.02 |  |  | 0.075** <br>(0.032) |  |
| 研发人员数量≤542 |  |  |  | −0.113*** <br>(0.017) |
| 研发人员数量>542 |  |  |  | 0.145*** <br>(0.033) |
| $N$ | 23 624 | 17 086 | 17 720 | 17 720 |
| $R^2$ | 0.414 | 0.347 | 0.091 | 0.092 |

注:括号内的数字为标准误;***、**、*分别表示显著性水平为1%、5%和10%。

### (二)资源分配

1. 门槛存在性检验

当企业将通过政治关联获得的资源用于践行社会责任等非生产性的活动,初期彰显公共属性,对创新的影响甚微,但当进一步迎合政府的偏好,也必将耗费更多的不必要成本,造成"成本效应"。此外,企业通过政治关联获得的资源以及声誉保险作用,有助于企业在

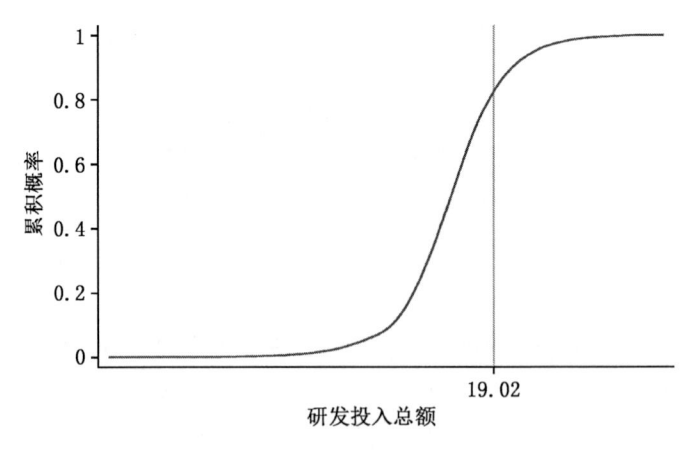

图 6—3 门槛变量概率分布图

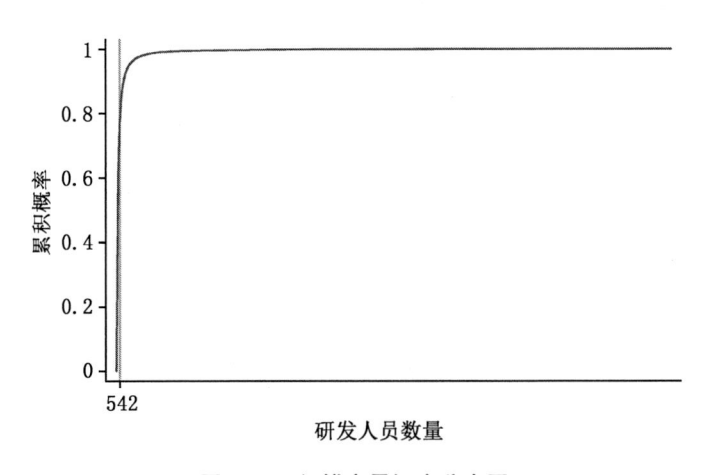

图 6—4 门槛变量概率分布图

高竞争市场中谋得生存、减少经营风险的同时,可能进一步造成企业管理层的懒惰和依赖性,减弱其通过创新提升业绩的动力,形成"资源诅咒效应"。因此,本书再选取企业社会责任指数与经营风险,以检验企业政治关联对绿色创新的效应是否存在基于"成本效应"和"诅咒效应"的门槛。表 6—7 率先报告了以企业社会责任指数(ESG)、盈利波动性作为门槛变量时,单一门槛、双门槛和三门槛效应存在性。检验结果发现:只有单一门槛效果均显著。因此,本书的分析继续采用单一门槛模型。

表 6—7  门槛存在性检验

| 模型 | ESG F值 | ESG P值 | 盈利波动性 F值 | 盈利波动性 P值 |
| --- | --- | --- | --- | --- |
| 单一门槛 | 49.99*** | 0.00 | 18.67** | 0.06 |
| 双门槛 | 8.80 | 0.22 | 6.25 | 0.38 |
| 三门槛 | 3.83 | 0.8 | 3.48 | 0.82 |

### 2. 门槛值

企业社会责任指数（ESG）的门槛值为 28.71，95％的置信区间为（27.84，29.02）；盈利波动性的门槛值为 0.048 4，95％的置信区间为（0.043 1，0.050 2）。

表 6—8  门槛估计值

| 门槛变量 | 门槛值 | P值 | 95％的置信区间 |
| --- | --- | --- | --- |
| ESG | 28.71*** | 0.00 | (27.84，29.02) |
| 盈利波动性 | 0.048 4* | 0.06 | (0.043 1，0.050 2) |

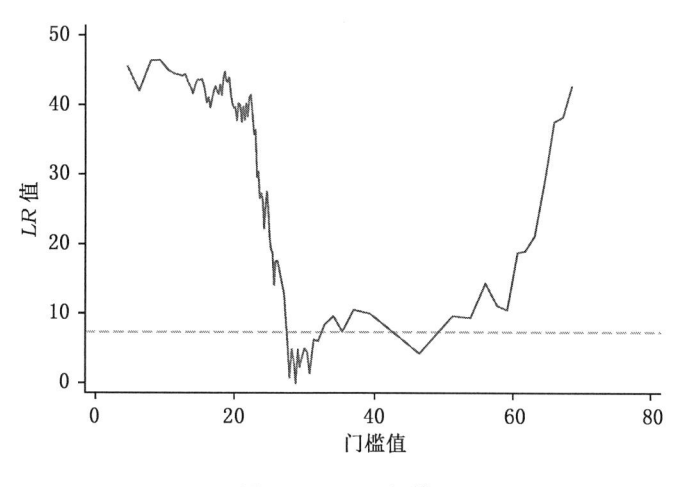

图 6—5  ESG 门槛图

### 3. 回归结果

表 6—9 依然先采用固定效应模型，列(1)显示企业政治关联对企业社会责任的影响显著为正。本书认为，当企业高管作为政府官员时，会给企业带来更多的社会关注度，这种来自公众关注的压力极有可能迫使高管所在企业更加积极地履行社会责任。列(2)以盈利波动性作为企业经营风险的代理变量。结果显示，政治关联能够显著降低企业的经营风险，可能的原因是，政府能够帮助企业缓解融资压力、财税负担等，显著改善企业的经营条件；在发生经济纠纷时，政府公信力也会发挥"保险"作用，降低企业经营风险。列(3)、列(4)又

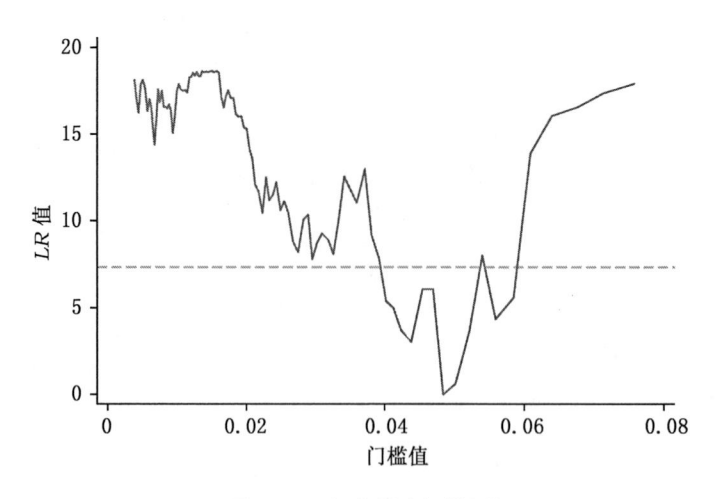

图 6—6 经营风险门槛图

分别以企业社会责任(ESG)、经营风险作为门槛变量,考察政治关联对绿色创新的非线性关系。结合门槛值可知,政治关联所引致的企业社会责任行为会对绿色创新产生负面影响,但初期的负面影响小,且仅在10%的水平上显著,当ESG达到门槛值时,负面影响会增大,也更显著。结合图6—7、图6—8的概率分布图,可以看出80%的样本企业的ESG投入和经营风险都未达到门槛值,虽然此时负面影响较小,但政治关联对绿色创新的直接效应依然呈现显著的负向关系。这可能是由于过多履行社会责任,就存在迎合政府的倾向,造成资源浪费,对创新的"挤出"效应就更加显著。同样地,当企业的经营趋于平稳、风险较小时,企业政治关联带来的资源反而会产生"诅咒"效应。例如,企业通过政治关联能够较为容易地获得政府购买订单和政府项目,有助于企业在高竞争市场中谋得生存、获得便利的同时,可能使企业管理层形成懒惰和依赖性,束缚管理层的创新思想和对创新的长期投入,减弱其通过创新提升业绩的动力。而当企业的经营风险逐渐增大时,这种负面影响则会减弱。

表 6—9　　　　　　　　　　　　　　回归结果

|  | (1) ESG | (2) 经营风险 | (3) 绿色创新 | (4) 绿色创新 |
| --- | --- | --- | --- | --- |
| 政治关联 | 0.814** | −0.002* |  |  |
|  | (0.251) | (0.001) |  |  |
| ESG≤28.71 |  |  | −0.043* |  |
|  |  |  | (0.024) |  |
| ESG>28.71 |  |  | −0.247*** |  |
|  |  |  | (0.029) |  |
| 经营风险≤0.048 4 |  |  |  | −0.160*** |
|  |  |  |  | (0.025) |

续表

|  | (1)<br>ESG | (2)<br>经营风险 | (3)<br>绿色创新 | (4)<br>绿色创新 |
|---|---|---|---|---|
| 经营风险>0.048 4 |  |  |  | −0.056** |
|  |  |  |  | (0.027) |
| $N$ | 27 773 | 20 339 | 10 160 | 10 070 |
| $R^2$ | 0.370 | 0.149 | 0.094 | 0.092 |

注:括号内的数字为标准误;***、**、*分别表示显著性水平为1%、5%和10%。

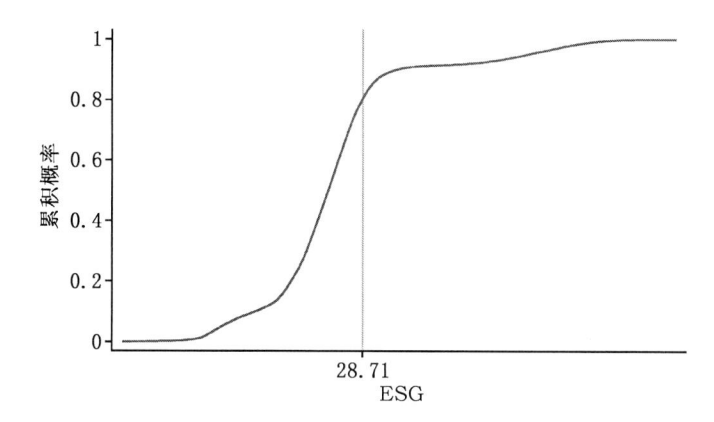

图 6-7 概率分布图

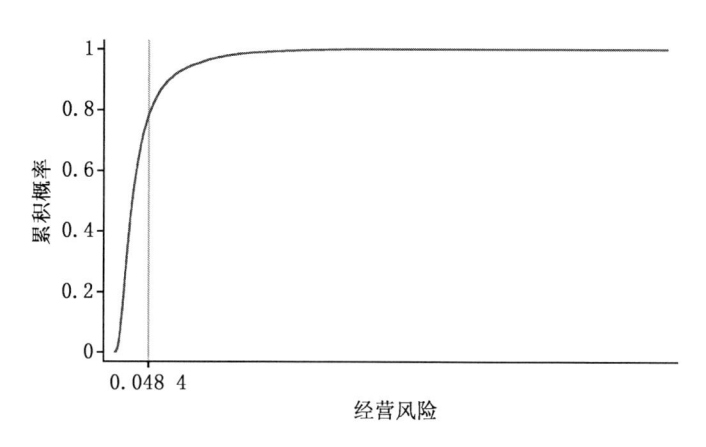

图 6-8 概率分布图

基于以上分析,本书得出政治关联与绿色创新存在基于资源配置决策的门槛效应。只有当企业的研发投入总额、研发人员数量达到一定的门槛时,政治关联的"资源效应"才会发挥主要作用,进而激励企业绿色创新,但本书约80%的样本企业的研发投入总额、研发人员数量均没有达到门槛值,所以呈现的政治关联对绿色创新的直接效应为负。同样地,企业的资源分配也能对二者的关系产生影响,虽然80%样本企业的ESG投入未达门槛值,但实证结果显示,此时"成本效应"已显著存在,只是达到门槛值时会更加强大。因此,政治关联对绿色创新的影响依然显著为负。

## 第五节 内外部治理的改善作用

上述研究已证实企业政治关联对绿色创新有显著的抑制作用,且存在基于资源配置政策的门槛效应。那么,如何破除政企协作创新的障碍、有效发挥政治关联的资源拉动效应,也成了亟待解决的问题。一般来说,企业要加快创新发展便需要管理层的支持,但代理问题会导致即使有政治资源投入,也难以避免管理层的私欲导致创新效率损失。而加大管理层持股,会产生利益趋同效应,减少短视行为,激励管理层为了公司的长期利益与核心竞争力而积极投入创新活动(陈金勇等,2015)。从企业外部而言,媒体作为非正式的监督机制,也可以对企业生产经营行为产生影响。加大外部媒体的监督既有利于约束管理层的行为,缓解委托代理问题,还能形成外部压力推动企业关注利益相关者环保诉求,并主动树立绿色形象进而推动绿色创新。

因此,表6—10以管理层持股比例、媒体监督作为调节变量,考察其是否会缓解政治关联对绿色创新关系中的抑制作用。列(2)加入管理层持股比例与政治关联的交互项,系数正向显著,表明加大管理层持股比例能够缓解政治关联对绿色创新的负向影响。本书认为,即使企业为迎合政府偏好,有动力将资源投入一些次优创新项目,当管理层持股,管理层利益与企业趋同,便能够减少代理问题,有效遏制高管发生上述短视行为,减少并及时终结次优创新投资项目,企业技术创新的效率得到提高,促进了创新。列(4)加入了媒体监督与政治关联的交互项,结果显示,加强外部媒体的监督作用,也能够有效调节政治关联对创新的抑制作用,证实当企业高管兼任政府官员时,会更加吸引大众媒体的关注,高管迫于压力则会加强企业的内部控制,从而缓解委托代理问题,注重企业长期利益,推动创新,缓解政治关联对创新的不利影响。可见,加强内外部治理是解决政企协作创新的低效率问题的有效手段。

表6—10 调节作用回归结果

|  | (1)<br>绿色创新 | (2)<br>绿色创新 | (3)<br>绿色创新 | (4)<br>绿色创新 |
| --- | --- | --- | --- | --- |
| 政治关联 | −0.088** | −0.149** | −0.091** | −0.149*** |
|  | (0.037) | (0.045) | (0.033) | (0.040) |
| 管理层持股 | 0.102 | 0.042 |  |  |
|  | (0.098) | (0.075) |  |  |
| 媒体监督 |  |  | 0.489*** | 0.412*** |
|  |  |  | (0.119) | (0.123) |

续表

|  | （1）绿色创新 | （2）绿色创新 | （3）绿色创新 | （4）绿色创新 |
| --- | --- | --- | --- | --- |
| 政治关联×管理层持股 |  | 0.419*** |  |  |
|  |  | (0.124) |  |  |
| 政治关联×媒体监督 |  |  |  | 0.456** |
|  |  |  |  | (0.205) |
| $N$ | 27 103 | 27 103 | 27 570 | 27 570 |
| $R^2$ | 0.242 | 0.244 | 0.247 | 0.248 |

注：括号内的数字为标准误；***、**、*分别表示显著性水平为1％、5％和10％。

## 第六节 结论与启示

### 一、研究结论

政治关联作为一种非正式制度安排，具有一定程度的资源配置功能，因为政治关联能够有助于企业优先享受到政府为其提供的各种资源和机遇。但也应该注意到，企业不惜重金建立的政治关联带来的可能是以牺牲企业长远利益为代价。本书以中国A股上市公司2010—2020年的数据作为样本，实证检验了政治关联对企业绿色创新的影响以及二者之间的传导机制。研究发现，政治关联负向影响企业绿色创新，但二者之间存在基于资源投入量和资源分配决策的门槛效应，只有当资源投入量达到一定的门槛值时，"资源效应"才能占据主导作用，而只有对ESG的资源分配低于门槛值，才能尽可能抑制政治关联的"成本效应"。当"成本效应"超过"资源效应"时，政治关联对企业绿色创新的影响显著为负；而进一步研究发现，加大管理层持股比例以及加大外部媒体的监督能够有效缓解政治关联对绿色创新关系中的抑制作用。

### 二、政策启示

#### （一）对政府

政府在扶持企业开展绿色创新的过程中，应努力避免企业高管将政治关联作为其实现自身利益的工具。在向企业提供研发补助等资源时，应当建立合理的筛选机制，实现整个审批程序的透明化和公平化；或是创新补助方式，将部分事前补助转换为事后补助，根据成果确定额度，以最大化利用财政政策来增强企业参与绿色创新的动力和积极性。在资金发放以后，也要阶段性考核评估企业绿色创新活动的开展情况，进而对补助政策进行动态优化。考核标准应考虑到创新周期问题，建立多级指标，避免高管因急于应付而出现"重数量、轻质量"的情况。

### (二)对企业

首先,管理者应关注并重视环境问题,树立环境责任意识,从来自政府的绿色创新压力中发展并把握机会,提高对绿色创新的重视程度,制定并细化对绿色创新的激励制度,充分调动高管以及员工参与研发创新的积极性,从而形成长期有效的内部管理模式。其次,企业应加强内部控制,加强信息披露,避免出现创新信息的不实反映、创新资源配置的扭曲、创新激励机制的失效等问题,从而有效缓解代理问题。同时,要遵循成本效益原则,防止因过度追求内控而挤占创新资源的问题。

### 三、研究不足与展望

本书的研究也存在以下几点不足:(1)绿色创新应为更宏观的概念,但本书仅从专利数量占比考虑了绿色技术创新,缺乏对绿色制度创新和绿色文化创新的关注,未来还可以更加细化绿色创新的概念,研究政治关联对其的异质性影响;(2)虽然本书已经率先以政府补助、负面新闻报道作为实质性政治关联的代理变量,但政治关联的表现形式多样且具有隐蔽性,若以其他形式存在,将引起本书的度量误差,导致估计结果偏误。

## 参考文献

[1]周晓光,鲁元平.政策稳定性与区域创新发展的关系研究——基于268个地级市面板数据的实证分析[J].社会科学研究,2022(4):150—163.

[2]严若森,姜潇.关于制度环境、政治关联、融资约束与企业研发投入的多重关系模型与实证研究[J].管理学报,2019,16(1):72—84.

[3]张璇,刘贝贝,汪婷,等.信贷寻租、融资约束与企业创新[J].经济研究,2017,52(5):161—174.

[4]马梦泽.企业研发活动与保护活动的最优资源分配研究与影响因素分析[D].江苏科技大学硕士学位论文,2022.

[5]王晓燕,师亚楠,史秀敏.政府补助、融资结构与中小企业研发投入——基于动态面板系统GMM与门槛效应分析[J].金融理论与实践,2021(3):32—39.

[6]李文茜,贾兴平,廖勇海,等.多视角整合下企业社会责任对企业技术创新绩效的影响研究[J].管理学报,2018,15(2):237—245.

[7]李青原,肖泽华.异质性环境规制工具与企业绿色创新激励——来自上市企业绿色专利的证据[J].经济研究,2020,55(9):192—208.

[8]逯东,万丽梅,杨丹.创业板公司上市后为何业绩变脸?[J].经济研究,2015,50(2):132—144.

[9]蒲勇健,韦琦.政治资源对民营企业技术创新的影响——来自中国民营上市公司的经验证据[J].软科学,2020,34(8):1—5.

[10]陈怀超,张晶,费玉婷.制度支持是否促进了产学研协同创新?——企业吸收能力的调节作用和产学研合作紧密度的中介作用[J].科研管理,2020,41(3):1—11.

[11]严若森,陈娟.高管政治关联对企业绿色创新的影响研究:基于政府—企业—社会互动视角[J].人文杂志,2022(7):105-116.

[12]罗天正,关皓.政治关联、营商环境与企业创新投入——基于模糊集定性比较分析[J].云南财经大学学报,2020,36(1):67-77.

[13]孙自愿,周翼强,章砚.竞争还是普惠?——政府激励政策选择与企业创新迎合倾向政策约束[J].会计研究,2021(7):99-112.

[14]张琦.腐败治理、资源配置与企业绩效[D].厦门大学博士学位论文,2020.

[15]张宵,葛玉辉.研发投入强度、内部控制与企业技术创新效率关系研究[J].中国物价,2023(2):110-113.

[16]戴小勇,成力为.研发投入强度对企业绩效影响的门槛效应研究[J].科学学研究,2013,31(11):1708-1716+1735.

[17]卢圣华,汪晖.政企网络关系、企业资源获取与经济效率——来自本地晋升官员离任的经验证据[J].经济管理,2020,42(10):5-22.

[18]黄丽英,何乐融.高管政治关联和企业创新投入——基于创业板上市公司的实证研究[J].研究与发展管理,2020,32(2):11-23.

[19]云虹,卞井春,韩佳芮.财税激励政策、R&D投入与创新绩效——基于AHP模型和中介效应检验[J].会计之友,2021(10):16-21.

[20]王馨,王营.绿色信贷政策增进绿色创新研究[J].管理世界,2021,37(6):173-188+11.

[21]张川,娄祝坤,詹丹碧.政治关联、财务绩效与企业社会责任——来自中国化工行业上市公司的证据[J].管理评论,2014,26(1):130-139.

[22]衣凤鹏,徐二明.高管政治关联与企业社会责任——基于中国上市公司的实证分析[J].经济与管理研究,2014(5):5-13.

[23]何瑛,于文蕾,杨棉之.CEO复合型职业经历、企业风险承担与企业价值[J].中国工业经济,2019(9):155-173.

[24]王治,彭百川.企业ESG表现对创新绩效的影响[J].统计与决策,2022,38(24):164-168.

[25]陈金勇,汤湘希,孙建波.管理层持股激励与企业技术创新[J].软科学,2015,29(9):29-33.

[26]Luo X.,Du S. Exploring the relationship between corporate social responsibility and firm innovation[J]. Marketing Letters,2015,26(4):703-714.

[27]Yang Y. Research on the impact of environmental regulation on China's regional green technology innovation: Insights from threshold effect model[J]. Polish Journal of Environmental Studies,2022(2 Pt.1):31.

[28]Zhang N.,Liang Q.,Li H.,et al. The organizational relationship-based political connection and debt financing:Evidence from Chinese private firms[J]. Bulletin of Economic Research,2022:74.

[29]Dang V. Q. T.,Otchere I.,So E. P. K,et al. Does the nature of political connection matter for corporate social responsibility engagement? Evidence from China[J]. Emerging Markets Review,2022.

[30]Rouine I.,Ammari A.,Bruna M. G. Nonlinear impacts of CSR performance on firm risk:New evidence using a panel smooth threshold regression[J]. Finance Research Letters,2022:47.

[31]Zhang F., Qin X., Liu L. The interaction effect between ESG and green innovation and its impact on firm value from the perspective of information disclosure[J]. Sustainability, 2020, 12(5):1866.

[32]Hadlock C. J., Pierce J. R. New evidence on measuring financial constraints: Moving beyond the KZ index[J]. Review of Financial Studies, 2010, 23(5):1909—1940.

[33]Hansen B. E. Threshold effects in non-dynamic panels: Estimation, testing, and inference[J]. Journal of Econometrics, 1999.

# 第七章 企业 ESG 融入社会治理的政策工具选择研究

## 第一节 问题的提出

环境、社会和治理(ESG)是一种综合考量企业可持续发展的框架,自 2017 年前后被引入中国后,ESG 概念迅速取代企业社会责任(CSR),成为投资机构判断企业非财务指标的关键性标准。与此同时,《中共中央国务院关于加强基层治理体系和治理能力现代化建设的意见》明确提出,企业是经济和社会发展的重要主体,是营造"共建共治共享"治理格局的必然要求。政府相继出台了一系列文件,如《政策性金融支持"万企帮万村"精准扶贫行动战略合作协议》《关于营造更好发展环境支持民营企业改革发展的意见》等,激发企业创新发展活力,引导更多市场资源共同参与到社会治理当中。

企业参与社会治理具有诸多益处。首先,作为社会的一部分,企业在日常运营中积累了丰富的资源和经验,能够提供独特的视角和创新的思路,从而为社会治理提供更加多元化的解决方案。其次,企业参与社会治理有助于促进资源的有效配置和利用,通过引导更多市场资源共同参与到社会治理中,实现资源的优化配置,提高资源利用效率,进而更好地解决社会问题。此外,企业参与社会治理还能够增强社会的凝聚力和向心力。当企业与政府、社会组织等多方合作,能够共同承担社会责任、共同推动社会发展,将会凝聚更多的社会力量,促进社会的和谐稳定。总的来说,企业参与社会治理不仅有助于促进企业自身的发展,而且能够为解决社会问题提供更加多元化的解决方案,促进资源的有效配置和利用,增强社会的凝聚力和向心力,构建多赢格局。因而,分析市场主体作为社会公民所能扮演的社会治理角色,探讨 ESG 如何成为共同富裕和社会治理高质量发展的重要推动力量,并据此帮助实现多元共建共享良好局面,具有深刻的理论与现实意义。

然而,作为以谋求利润为首要目标的市场主体,企业在组织运作上按照市场逻辑展开自身的功能结构。企业制度作为社会体制的一部分,其功能结构也必然受到社会环境压力的影响。例如,随着人本主义和可持续发展等社会观念逐渐兴起,企业为了应对社会压力,不得不寻找方法将这些外部因素内化,形成了所谓的企业 ESG 的社会演化背景。企业在面对政府采取的直接激励或间接监管时,经常会权衡自身利益,以成本和收益的综合考量为基础,来决定是否践行ESG并参与社会治理,因为企业可能担心这些举措会损害其竞争力。相对而言,政府以社会总体福利为主导,是社会制度的主要构建者,拥有各种制度设计和配置的权力,可以通过直接激励或间接兼管引导企业的社会行为。企业在面对政府的直接激励或间接监管时,也可能采取消极的策略。例如,一些企业可能选择暂时性地减少或隐藏其社会治理行为,以避免政府对其实施过度监管或制定更为严格的法规。这种策略可能是企业对过度管制的回应,以保护自身的竞争优势和利润。在这种制度环境下,如何驱动企业确定社会责任策略?以追求利润为本的企业又应该如何与政府所强调的公共目标相协调?系统地分析政府与企业之间的博弈路径和稳定策略,探索在政府不同的介入方式下企业社会治理的策略选择,为我国完善市场主体参与社会治理的制度设计提供了重要的理论指导意义。

  这种博弈关系对社会治理产生了深远影响。政府的监管作用不仅能够督促企业更加关注员工权益、社区互动等方面,从而增强其社会责任感,而且可以促进企业更广泛地参与社会治理,推动社会秩序的稳定和公共利益的实现。然而,过度的法规限制可能产生反效果,导致企业仅仅为了应付监管而敷衍社会治理行为,甚至激发逆反心理,造成资源的浪费和社会问题的加剧。因此,政府在监管企业时需要审慎权衡,既要确保企业的自由发展,又要督促其履行社会责任。在这个过程中,政府与企业之间的互动关系至关重要,需要不断探索并找到双方共赢的平衡点。在社会结构多元化、公共需求多样化的新阶段,推动企业有效地嵌入社会治理成为经济与社会高质量发展的重要议题。行动主体间的互动关系、治理机制间的互补嵌入以及使之相得益彰是社会治理的核心内容。然而,目前大多数学者在探析影响企业社会责任制度的因素时,主要关注单一制度因素,很少涉及制度环境中不同逻辑互动的共同作用,以及由制度压力异质性和信息不对称所导致的社会治理多元主体间的博弈与影响机理。因此,有必要对企业社会责任利益相关者的整合研究进行深入,同时加强对实证解释与检验的研究。本书将聚焦企业ESG驱动的制度因素,借助演化博弈思想探究制度场域中企业参与社会治理的行动逻辑,并提出政府有效规制其行为的路径建议,为促进企业更好地参与公共治理提供新的思路和方向。

## 第二节　文献回顾

**一、ESG披露政策的跨区域比较分析**

  在全球范围内,欧盟、美国和中国都意识到环境、社会和治理(ESG)因素对企业的长期可持续发展及投资者的决策具有重要影响。因此,它们都采取了积极的举措,通过相关政策和法规促进企业对ESG因素的披露。这一共同点反映了对可持续性发展的共识,以及对企业在其经营活动中承担责任的重视。不论是欧盟、美国还是中国,都认识到 ESG 披露对于提高市场透明度、降低投资风险、吸引长期投资以及推动企业更加负责任地经营的重要性。通过这些政策举措,欧盟、美国和中国都试图在全球可持续发展的道路上发挥引领作用,为投资者和企业提供更好的信息基础,从而推动经济社会的可持续发展。

尽管欧盟、美国和中国都在 ESG 披露方面采取了积极的措施,但在政策的具体实施和执行方面存在显著的差异。首先,在法规性质方面,欧盟倾向于采取强制性的法规措施。例如,《非金融报告指令》等法规要求企业强制性地披露 ESG 信息;而美国则存在不同的州和市级政府制定自身 ESG 披露要求的情况,导致标准的多样性和碎片化,ESG 披露更多的是基于自愿性质,受到企业自身意愿和投资者压力的影响。中国政府虽然也有相关法规,但其执行力度和标准相对较为模糊。其次,在标准和框架方面,欧盟制定了统一的 ESG 披露标准和指导框架,注重定量指标与质性信息的结合;而美国和中国的标准相对分散和模糊,缺乏统一性和权威性。最后,在监管力度方面,欧盟对 ESG 披露的监管力度较强,而美国和中国的监管力度相对较弱,更多地依赖于市场自律和投资者的压力。这些差异反映了不同地区在 ESG 披露政策上的立法和监管优先事项以及市场环境的差异。

虽然各国在推动可持续发展方面存在不同的方法和重点,但这些差异也为各国提供了相互学习和合作的机会,共同推动全球可持续发展的目标。

**二、政策对 ESG 的效应评估**

公共部门颁布了一系列旨在推动 ESG 发展的政策和法规。这些政策的实施不仅对于解决气候变化、社会不平等和企业治理等全球性挑战至关重要,而且对各国经济和社会发展产生了深远影响。因此,对 ESG 政策效应进行评估成为一项迫切而重要的任务。以往 ESG 相关研究侧重于市场对企业 ESG 行为的回应以及企业 ESG 行为对自身价值的影响,而关注影响企业 ESG 表现的相关因素的研究则相对较少。现有研究也主要围绕企业的内部因素,包括企业管理者的能力和意识(Welch et al.,2023)、企业规模(Drempetic et al.,2020),以及企业数字化转型的需要(赵文平等,2024)等。对此,笔者尝试从外部宏观环境以及微观政策两个维度对影响企业 ESG 表现的外部因素相关文献进行简要梳理。

宏观环境,涵盖政治、经济、文化、法律、社会、经济等多方面因素,对塑造企业责任行为的社会规范具有重大影响。Aguilera 等(2007)指出,社会、经济和法律环境从宏观角度影响着企业履行社会责任的程度。而 Cai 等(2016)的研究表明,在人均收入高、公民自由政治权利强、以自治为导向的国家中,企业的社会表现更为出色,因为公民足够强大可以抵制偏见,迫使公司转向 CSR,使社会成员能够通过非政府组织等组织表达他们的关切和动员行动主义。Oren 等(2022)的研究表明,民主和政治稳定性低但监管质量较高的国家,企业 ESG 绩效更高;Baldini 等(2018)基于制度理论与合法性理论研究了政治(如法律框架和腐败)、劳动(劳动保护和失业率)和文化(社会凝聚力和机会平等)等因素对企业 ESG 的影响。

此外，还有学者从国家的法律起源（是判例法系还是大陆法系）、宗教信仰程度等角度出发研究企业的ESG表现（Liang et al.，2017；Terzani et al.，2021），进一步凸显宏观环境因素对企业社会责任的塑造作用。

而在微观政策方面，本书分为政策稳定性和特定政府政策进行梳理，探讨其对企业ESG表现的影响。陈铭婧等（2022）的研究发现，稳定的经济政策环境更有利于提升企业的ESG表现。经济政策的不确定性可能导致企业遭遇生产经营和资金运转方面的困境，从而导致企业的ESG表现恶化。在企业信息披露层面，也有学者认为，经济政策的不确定性可能增加企业进行盈余管理（Dhole et al.，2021）、财务舞弊（Hou et al.，2021）的机会，降低披露质量。然而，也有学者得出相反的结论，认为当经济政策不确定性上升时，企业的社会责任信息披露意愿和披露质量可能随之提高（刘惠好等，2020）。但是，这种正向效应并不意味着经济政策不确定性是积极的驱动因素。一方面，经济政策不确定性的增加可能导致分析师关注的减少，进而减弱分析师的外部监督效应和信息传递效应；另一方面，即便是来自利益相关者的正向效应，也可能是在经济政策不确定性带来的不利经济冲击下做出的权衡利弊后的决策结果，而并非从根本上改善了公司的社会责任信息披露水平。

在绿色发展理念和"双碳"目标的背景下，国内学者也开始关注碳排放交易权制度对企业ESG表现的影响。研究经常以我国实施的碳排放权交易试点政策为准自然实验，利用多期双重差分模型等方法考察试点政策对企业ESG表现的影响及其内在作用机制。研究发现，碳排放权交易试点政策通过强化高管的可持续发展意识（孙晓旭等，2024）、缓解企业融资约束、促进企业增加研发投入（苏丽娟等，2023）来提高企业履行ESG的积极性。类似地，《环境保护税法》的出台也被证明能够达到激励重污染企业开展污染治理、提升绿色创新水平、增加环保投入、完善内部绿色治理体系的效果（王禹等，2022）。也有学者基于政府工作报告文本，采用政策文本分析，发现政府对环境的注意力配置主要影响企业在环境领域的ESG表现，对社会领域和治理领域ESG表现的影响并不显著（孟祥慧等，2023）。此外，庄莹等（2021）针对国企混合所有制改革政策研究发现，国企混改能够通过减负效应和治理效应提升企业社会责任信息披露。国企混改通过缓解国企承担的政策性义务并且监督约束管理层降低代理成本，以此提升企业社会责任行为。

综上所述，这些研究展示了政府政策对企业ESG表现的重要影响，同时凸显了政府在推动企业社会责任履行方面的潜在作用。从长远来看，频繁变化的经济政策总体上不利于营造良好、稳定的市场环境，也不利于微观公司的经营发展。而政府在政策制定和实施过程中，需要平衡各方利益，以确保经济政策的稳定性和预测性，从而为企业提供更有利的发展环境，推动其更好地履行社会责任。尤其是在环境保护和碳减排等领域，政府政策的制定和实施对企业的ESG表现产生了直接而深远的影响。因此，政府在制定相关政策时需要充分考虑企业的社会责任履行情况，以引导企业朝着更加可持续的方向发展，共同推动社会和经济的可持续发展。

## 第三节　ESG 与政府合作的演化博弈分析

### 一、政府驱动下企业 ESG 的行动逻辑理论分析

公共治理理论强调了社会治理的多元参与和良性互动,企业践行环境、社会和治理(ESG)是其参与社会治理的重要方式。在这一背景下,制度因素发挥着关键的作用,稳定了主体利益格局,促进了合法的利益互动过程。针对企业社会责任行为的异化和缺失现象,组织制度理论提出了企业应当根植于其所处的制度环境中,受制度压力的约束并采取应对性策略,同时促进制度的演化与更新,强调了组织制度间的紧密互动关系。在这个过程中,制度逻辑成了制度的基本构成要素之一,复杂制度理论认为,制度逻辑之间的冲突和互补关系构成了组织所面临的复杂制度环境,从而影响着企业的响应。根据 Grennwood 等(2011)的研究,制度逻辑之间的互动关系形成了一种演化博弈,决定着企业在不同制度环境下的行动选择。Friedland(1991)等最早提出制度逻辑概念,认为社会是由多重制度逻辑构成的制度间系统,其中包含多个价值领域,每个领域都与一种独特的"制度逻辑"相联系。

演化博弈理论进一步阐述了博弈规则对参与主体行动策略组合的制约作用,强调博弈的演化过程形成最终的稳定结果。这意味着任何博弈规则的微小变化都可能引发全新的动态博弈,进而重新定义原有的均衡状态。这一观点促使我们更深入地审视制度逻辑对组织行为的塑造作用。在多重制度环境下,每种制度逻辑都具备各自的压力源和传导通道。制度环境被视为规则、行为、习俗和信念的复杂混合物,而制度逻辑的分类则有助于在不同情境下深入探讨不同制度环境对企业社会责任的作用机制。Thornton(2002)详尽地概括了 7 种理想型制度逻辑,包括家庭、宗教、行政、市场、职业、公司和社区制度逻辑(Lounsbury,2020)。这些不同的制度逻辑不仅影响着企业的内部运作和决策过程,也在很大程度上塑造了企业对待社会责任的态度和行为。因此,深入理解和分析这些制度逻辑的运作方式以及它们之间的相互作用,对于有效推动企业践行社会责任、促进社会治理具有重要意义。

本书从行政逻辑以及市场逻辑出发,旨在探究企业进行 ESG 策略选择的影响机理,以此明晰多重制度逻辑对企业行为的微观路径。我们将政府监管和企业经营状况选为制度压力传递渠道的特征变量,同时考虑企业运行机制的内在约束。这一综合视角有助于更深入地解释企业在不同制度环境下对 ESG 的策略选择。通过深入分析行政逻辑和市场逻辑对企业 ESG 策略选择的影响,我们可以更好地理解企业在不同制度环境下的行为动因和决策过程。此外,考虑到企业运行机制的内在约束,我们能够更全面地评估企业在制度压力下的行为反应,并提出相应的管理建议,以促进企业更加积极地参与社会治理,并实现经济与社会的双重效益。

### (一)行政逻辑:政府监管

行政逻辑体现在政府以国家整体发展为出发点,全面把握政治合法性及相关政治任务和多元目标,具体体现在制定并实施国家层级政策的过程中,以解决国家发展过程中的多方面问题。例如,政府要求企业承担具有政策性的投资和冗余雇员等职责,或者监督企业履行社会责任,通过采用财税激励、发放补贴等行政手段来调控市场资源配置活动。由于政府拥有不可比拟的特殊地位和优势,因此在社会制度中扮演主要设计和配置权的角色,既是制定社会博弈规则的主体,也是制度环境的主要构建者。政府出台的一系列规制措施,包括具有外在强制力的法律法规、更注重规范引导的激励政策以及内含价值导向的宣传活动等,都体现了行政管理方对企业、公众、非营利组织等治理主体在当前经济社会发展问题上的积极作为。政府的规制措施不仅仅是外在的法律约束,更是对企业在当前社会治理中承担责任的期望。特别是当这种期望被赋予仪式性的象征意义时,对企业施加的强制性或规范性压力将加大,会在一定程度上塑造企业的行为和决策过程。在这种情况下,企业基于自身利益为获取合法性资源而积极参与社会治理,并根据政策实际情况采取战略性反应。

### (二)市场逻辑:企业利润

市场逻辑又称为效率逻辑或商业逻辑,指的是组织以绩效为导向,以追求自身迅速成长为目标的实践方式。对于企业而言,市场逻辑即以利润最大化为终极目标,以自利为基本规范,将股东视为关键制度裁判的一种制度逻辑(吴波等,2021)。作为制度环境的一部分,企业的社会责任行为在内部资源条件的制约下发挥作用。因此,在考虑外部制度因素的同时,必须认识到企业普遍具有追求经济利益的市场性质。随着市场竞争的激烈化,那些经营困难的企业首要任务是解决生存问题,因此,承担社会责任无疑会增加人力、物力和财力资源的紧张程度。换言之,市场逻辑往往与社区、国家等逻辑秩序对组织提出相互冲突的需求。只有在企业绩效卓越、资源充足、在行业内具有较大话语权的情况下,企业管理者才可能将更多的注意力投入社会问题治理中,以获取政治性资源和良好的社会声誉。而另一方面,内部管理层的压力实质上是在追求提升企业的经营绩效。企业内部的利益相关者可以通过畅通的信息沟通渠道以及完善的保障机制,积极扮演公共治理体系中责任型和服务型政府的角色。这样,最终实现了企业参与社会治理的外在约束内化为企业自发产生的战略行为,达到真正意义上的企业社会责任。

### 二、演化博弈分析框架

经典决策理论赋予行动者"经济人"与"完全理性"的假定。但随着行为科学的进步,许多经济学家和心理学家开始质疑这一观点,现实中企业参与社会治理问题的复杂性、信息的不完全和认知水平限制,在政府与企业行为的博弈过程中,政府对企业履行社会责任的意愿缺乏了解,企业掌握政府政策和监管力度等信息也十分有限,这样,政府和企业双方的行为策略都是基于有限理性而做出的(潘峰等,2017)。由此可见,政府与企业都不能通过一次博弈找到最优策略,而是通过试错、总结和模仿,不断寻找较优策略,最终形成稳定策略(王琦,2019)。因此,传统博弈理论并不能真实地描述政府与企业双方的行为特征,而基于演化博弈理论的政府与企业的行为策略研究则会更加符合实际情况。

演化博弈论就是在传统博弈论的基础上,吸收达尔文生物进化论、基因论等演化思想,以有限理性行为理论作为博弈分析的基础来探讨经济与社会现象。演化博弈强调动态的均衡,群体规模和策略频率的演化过程是着重考察的内容,博弈参与人为有限理性主体,群体间采取的不同策略和行为,在相互制约和相互影响的依存关系中,根据对方的策略不断学习、修正现有策略追求实现利益最大化目标,最终趋向于系统稳定的状态。

## (一)问题假设

通过对企业 ESG 策略选择过程中,政府和企业博弈行为概念分析框架的确定,构建两方治理主体的演化博弈模型,借此探究影响企业参与社会治理的制度因素和行为逻辑。假设政府采取直接激励的概率为 $p(0 \leqslant p \leqslant 1)$,则间接监管的概率为 $1-p$。直接激励和间接监管是两种政府引导企业参与社会治理的方式。在直接激励的情况下,政府可能采取各种奖励措施,如税收优惠、补贴或奖励金,以鼓励企业采取符合 ESG 标准的行为。这种方式直接影响了企业的经济利益,使其更倾向于积极参与社会责任和治理活动。相反,在间接监管的情况下,政府通常通过制定法律法规、行业标准或监管机制等手段来引导企业行为。这种方式并不直接给予企业奖励,而是通过设定规则和监管机制来限制或引导企业的行为,以确保其符合 ESG 标准。

相应地,企业的策略选择也有积极参与,获取合法性资源,与当地政府达成合作共识,聚焦产业振兴、环境保护、劳动就业、慈善捐赠等领域积极承担相应的政治和社会任务,本书设此概率为 $q(0 \leqslant q \leqslant 1)$;而设企业组织在合作中消极作为或直接不参与社会治理,退出与政府的资源交换行为的概率为 $1-q$。在博弈过程中,企业和政府都是有限理性,企业以追求自身利益最大化为目标,而政府考虑的则是社会整体福利以及产业发展的稳定性与可持续性,代表整个社会的利益

假设政府基准收益为 $R$,企业基准收益为 $W$;政府选择激励策略的成本为 $g$,例如补贴资金、税收减免或奖励金的支出,以及相关管理和监督的成本。企业受到激励后积极践行 ESG,参与社会治理,将会带来社会整体福利的提升,社会收益增加为 $a$。政府选择间接监管策略需要采取强制许可制度,由双方自主协商进行,但是,有可能出现双方无法达成合作的结果,此时由政府介入进行监管,根据一方的申请进行强制许可,成本为 $k$。在此情形下,企业参与社会治理也会带来额外的社会福利的提升,假设为 $b$。

企业积极参与社会治理的成本为 $d$,包括资源投入、管理费用、宣传和沟通成本。在政府采取直接激励策略的情况下,企业积极参与社会治理将能够获取政府补贴或税收优惠等收益 $m$。在政府采取间接监管策略的情形下,企业积极参与社会治理能获得的许可费用为

$n$。此外,积极参与社会治理还有助于企业更好地理解和适应社会、环境和政策的变化,提升企业的长期竞争力和可持续发展能力。因此,企业参与社会治理不仅可以实现经济利益,还能获得品牌价值、降低风险、拓展机会和提升竞争力等多重额外收益 $v$。

当然,企业在积极参与社会治理时还可能面临操作风险,如治理措施执行不到位、社会投资项目管理不当等问题,可能导致资源浪费、投资损失等风险的出现,本书假设这部分的损失为 $h$。

### (二)支付矩阵建立

表 7—1　　　　　　　　　政府与企业的博弈支付矩阵

|  |  | 企业 | |
|---|---|---|---|
|  |  | 积极($q$) | 消极($1-q$) |
| 政府 | 直接激励($p$) | $R+a-g, W+m+v-d-h$ | $R-g, W$ |
|  | 间接监管($1-p$) | $R+b-k, W+n+v-d-h$ | $R, W$ |

1. 政府的平均期望收益

政府采取直接激励模式的期望收益为:
$$\theta_{11}=q(R+a-g)+(1-q)(R-g) \tag{7-1}$$

政府采取间接监管模式的期望收益为:
$$\theta_{12}=q(R+b-k)+(1-q)(R)=R-m \tag{7-2}$$

政府采取混合策略的平均期望收益为:
$$\overline{\theta_1}=p\theta_{11}+(1-p)\theta_{12} \tag{7-3}$$

2. 企业的平均期望收益

企业采取"积极"策略的期望收益为:
$$\theta_{21}=p(W+m+v-d-h)+(1-p)(W+n+v-d-h) \tag{7-4}$$

企业采取"消极"策略的期望收益为:
$$\theta_{22}=pW+(1-p)W \tag{7-5}$$

企业采取混合策略的平均期望收益为:
$$\overline{\theta_2}=q\theta_{21}+(1-q)\theta_{22} \tag{7-6}$$

根据 Malthusian 动态方程原理,只要采取某项策略的个体收益比群体的平均收益高,那么这个策略就会逐渐增长,从而可以得到政府和企业策略选择的演化博弈的复制动态方程表达式。

政府策略的复制动态方程为:
$$F(p)=p(1-p)(\theta_{11}-\theta_{12})=p(p-1)[g-q(a-b+k)] \tag{7-7}$$

企业策略的复制动态方程为:
$$F(q)=q(1-q)(\theta_{21}-\theta_{22})=q(1-q)[p(m-n)+W+n+v-h-d] \tag{7-8}$$

### 三、政府与企业调整均衡点及其演化路径分析

上述复制动态方程描述了企业和政府演化系统的群体动态。为进一步考察政府与企业系统的稳定性,令 $F(p)=0$ 和 $F(q)=0$,在平面 $M=\{(m,n)|0\leqslant m\leqslant 1, 0\leqslant n\leqslant 1\}$ 上可得两方演化博弈的五个均衡点分别为 $E_1(0,0), E_2(0,1), E_3(1,0), E_4(1,1), E_5(m^0, n^0)$。其中,$0<m_0, n_0<1$,且 $m_0=\dfrac{d+h-W-n-v}{m-n}$,$n_0=\dfrac{g}{a-b+k}$。根据稳定性分析方法,上述五个系统均衡点并不一定是该复制动态系统的演化稳定策略,需通过对微分方程组 $F(p)$、$F(q)$ 分别求关于 $p$ 和 $q$ 的偏导数,建立雅克比矩阵 $J$ 进行局部稳定分析,通过判断其行列式 $\det J$ 和迹 $\text{tr} J$ 的符号来确定复制动态系统均衡点的演化稳定状态,进而判断政府和企业的演化稳定策略。

$$J=\begin{bmatrix} \dfrac{\partial F(p)}{\partial p} & \dfrac{\partial F(p)}{\partial q} \\ \dfrac{\partial F(q)}{\partial p} & \dfrac{\partial F(q)}{\partial q} \end{bmatrix}=\begin{bmatrix} (1-2p)[q(a-b+k)-g] & p(1-p)(a-b+k) \\ q(1-q)(m-n) & (1-2q)[p(m-n)+W+n+v-h-d] \end{bmatrix}$$

矩阵 $J$ 的行列式值 $\det J$ 为:

$$\det J=(1-2p)[q(a-b+k)-g](1-2q)[p(m-n)+W+n+v-h-d] \\ -p(1-p)(a-b+k)q(1-q)(m-n) \tag{7-9}$$

矩阵 $J$ 的迹 $\text{tr} J$ 为:

$$\text{tr} J=(1-2p)[q(a-b+k)-g]+(1-2q)[p(m-n)+W+n+v-h-d] \tag{7-10}$$

此时,雅克比矩阵行列式和迹存在以下几种情况:若 $\det J>0$ 且 $\text{tr} J<0$,说明该系统均衡点演化为稳定点;若 $\det J>0$ 且 $\text{tr} J>0$,说明该系统均衡点为不稳定点;若 $\det J<0$,则该系统均衡点为鞍点。现将五个均衡点代入,各均衡点的 $\det J$ 和 $\text{tr} J$ 如表 7-2 所示。

表 7-2　　　　　　　　　　　均衡点的雅克比矩阵的迹与行列式

| 均衡点 | $\det J$ | $\text{tr} J$ |
| --- | --- | --- |
| $E_1(0,0)$ | $-g(n+W+v-h-d)$ | $(n+W+v-h-d)-g$ |
| $E_2(0,1)$ | $-(a-b+k-g)(n+W+v-h-d)$ | $(a-b+k-g)-(n+W+v-h-d)$ |
| $E_3(1,0)$ | $g(m+W+v-h-d)$ | $g+m+W+v-h-d$ |
| $E_4(1,1)$ | $(a-b+k-g)(m+W+v-h-d)$ | $-(a-b+k-g)-(m+W+v-h-d)$ |
| $E_5(m^0,n^0)$ | $\dfrac{-g(d+h-W-n-v)(m-d-h+W+v)(a-b+k-g)}{(m-n)(a-b+k)}$ | 0 |

结合对政府和企业相对净支付的比较,可得出下列四种情景,具体分析如表 7-3 所示。

表 7—3　　　　　　　　　　　　　均衡点的稳定性分析

| 情景 | 稳定性 | (0,0) | (0,1) | (1,0) | (1,1) | $(m^0, n^0)$ |
|---|---|---|---|---|---|---|
| 1 | $\det J/\text{tr}J$ | −/± | −/± | +/+ | +/− | −/0 |
| | 稳定性 | 鞍点 | 鞍点 | 不稳定点 | ESS | 鞍点 |
| 2 | $\det J/\text{tr}J$ | +/− | −/± | +/+ | −/± | ±/0 |
| | 稳定性 | ESS | 鞍点 | 不稳定点 | 鞍点 | 鞍点 |
| 3 | $\det J/\text{tr}J$ | −/± | +/− | −/± | +/+ | ±/0 |
| | 稳定性 | 鞍点 | ESS | 鞍点 | 不稳定点 | 鞍点 |
| 4 | $\det J/\text{tr}J$ | +/− | +/+ | +/+ | +/− | ±/0 |
| | 稳定性 | ESS | 不稳定点 | 不稳定点 | ESS | 鞍点 |

演化策略稳定性分析：

在情景 1 中，$n+W+v>d+h$ 且 $m+W+v>d+h$、$0<b-k<a-g$ 时，即无论初始 $p$、$q$ 取何值，系统最终均会演化收敛于 (1,1) 点。对于企业而言，积极参与社会治理不仅可以获得政府给予的许可费用或财税激励等直接利益，更重要的是，能够提升企业的声誉，增加其在社会中的认可度，这种声誉提升所带来的额外收益往往远远超过了仅仅考虑经济成本和风险的计算。事实上，积极参与社会治理对企业而言是一种长远的战略投资，可以为企业树立良好的企业形象，赢得消费者的信任，进而推动销售和业务增长。从政府的角度来看，与企业合作促进社会治理不仅可以提升社会总福利，还可以降低政府在治理过程中的成本，相较于单纯依靠间接监管策略，直接激励策略能够更加有效地激发企业的积极性，进而加速社会治理的进程，政府通过直接激励策略不仅能够获得更为明显的福利提升，而且能够避免因企业选择消极策略而导致的潜在风险损失。在这样的背景下，双方的利益趋于一致，都倾向于选择直接激励和积极参与的策略，企业愿意主动承担社会责任，以获取更多的经济和声誉收益，而政府则愿意通过提供激励措施来引导企业行为，从而实现社会治理的目标，因此，双方的演化博弈将稳定在直接激励和积极参与的策略上。

在情景 2 中，$n+W+v<d+h$ 且 $m+W+v>d+h$、$0<a-g<b-k$ 时，点 (0,0) 为系统的演化稳定点(ESS)。对政府而言，选择间接监管策略所需付出的相对净支付大于直接激励策略，因此，政府倾向于选择间接监管来管理企业的行为。这种策略相对保守，更侧重于制定规则和标准，以约束企业的行为，减少政府监管的成本和资源投入。而对于企业而言，尽管积极参与社会治理可能带来一定的收益，但往往无法完全弥补所需承担的成本和风险。特别是当政府采取间接监管策略时，企业感受到了更大的成本压力，因为其选择参与社会治理所需付出的相对净支付为负，导致企业更倾向于采取消极的策略以规避不必要的成本和风险。这种稳定的博弈模式在一定程度上确保了社会治理的顺利进行，但也可能限制了创新和发展的空间，需要在政府与企业之间寻求更加有效的合作模式。

在情景 3 中，$n+W+v>d+h$ 且 $m+W+v<d+h$、$0<a-g<b-k$ 时，点 $(0,1)$ 为系统的演化稳定点(ESS)。对政府而言，间接监管所带来的福利提升效应更加显著，表现在模型中，即选择间接监管策略所产生的相对净支付大于直接激励策略。这意味着政府更倾向于通过设立规则和标准等间接手段来引导企业行为，因为这种方式不仅能够提升社会总体福利，还能够减少政府的监管成本和资源消耗。相对应地，对企业而言，即便是在政府采取间接监管策略的情况下，积极参与社会治理仍然能够为企业带来明显的收益，这一收益大于企业可能承担的成本和损失。换言之，企业在积极参与社会治理方面所做出的投入和努力具有积极的回报，因此企业更倾向于选择积极策略，与政府进行合作，以实现共同的社会治理目标。在这种情形下，双方的演化博弈策略趋向于稳定在政府采取间接监管、企业采取积极策略的情况下。

在情景 4 中，$n+W+v<d+h$ 且 $m+W+v>d+h$、$0<b-k<a-g$，即系统的演化稳定点(ESS)处于 $(0,0)$ 和 $(1,1)$ 的情况，在此情形下，政府和企业的策略选择呈现一种微妙的平衡状态。对政府而言，由于间接监管可能引发协调困难而带来额外的成本，因此直接激励所产生的复利效应更加显著。换言之，政府倾向于选择直接激励策略，因为这种策略能够更有效地激发企业的积极性和合作意愿，进而降低社会治理的成本并提高效率。在政府选择直接激励策略的情况下，企业选择积极策略所带来的相对净支付大于 0，因此企业也会倾向于选择积极参与社会治理，以获取更多的经济和声誉收益。而当政府选择间接监管策略时，企业选择积极合作所产生的相对净支付小于 0，这意味着企业此时更倾向于选择消极策略，以规避可能的不确定性和成本。在这种情形下，双方的演化博弈策略趋于稳定在政府选择直接激励和企业选择积极共享，或者政府选择间接监管和企业选择消极共享的情况下。

## 第四节　数值仿真

为了更直观、更深入地探索政府与企业在 ESG 策略动态调整中的互动机制，本书运用 Matlab 进行了情景模拟，并对模型进行了参数赋值。通过不断地调整参数取值，我们模拟了在不同情景下双方的博弈演化路径。进一步地，我们进行了定量分析，探究不同参数取值对政府和企业策略选择的影响。这一过程有助于揭示初始状态下演化的动态过程以及关键因素的敏感性，从而提供更深入的理解。

假设在初始阶段，政府和企业在选择各自策略时的概率均为 50%。通过考虑各变量之间的相关关系，我们将参数设置为 $R=8,W=4,g=7,a=15,k=3,b=6,d=11,m=8,n=3,v=5,h=3$（符合情景 4 的条件）。在这种情况下，政府和企业的策略演化经过仿真模拟，结果如图 7-1 所示。双方的策略选择最终趋于两个均衡点，即 $(0,0)$ 和 $(1,1)$。本书将以此图作为演化比较分析的基础。

(a)

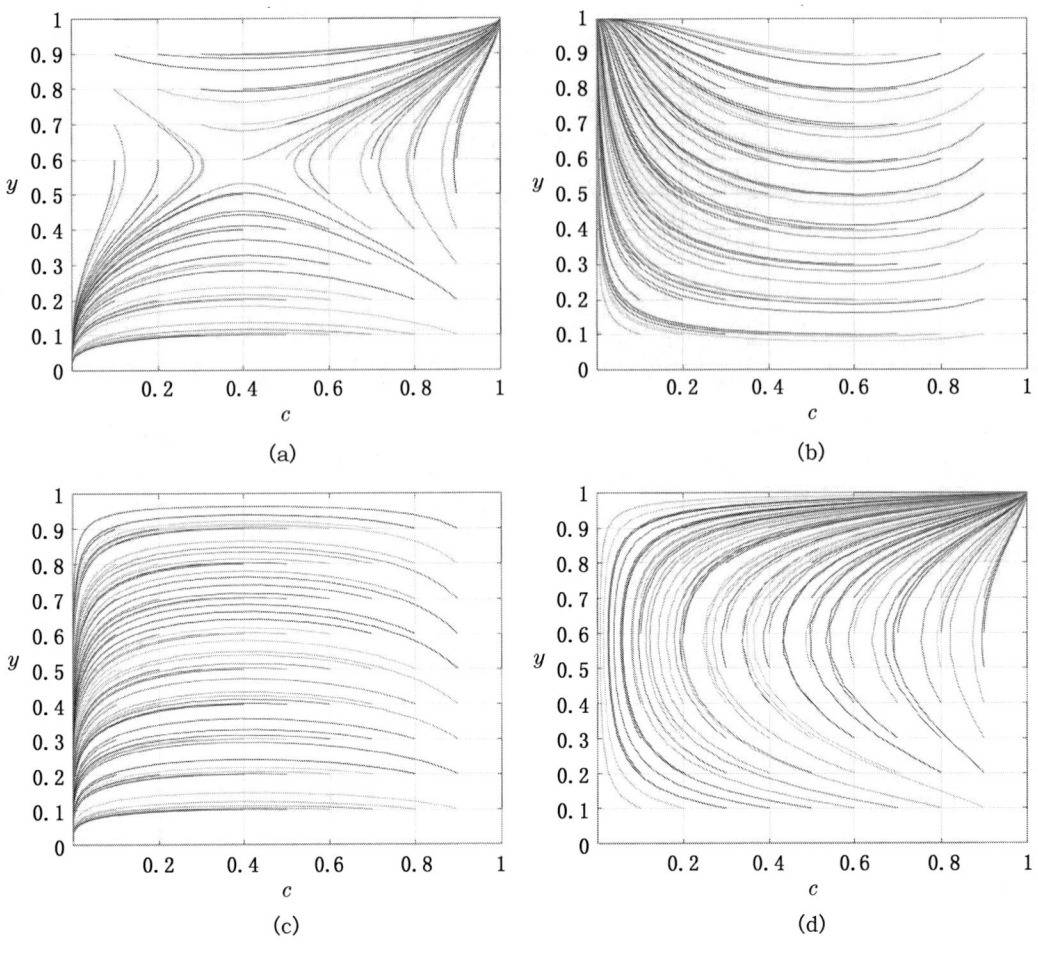

(b)

(c)

(d)

**图 7—1　数值仿真图**

在情景 4 的基础上,本书继续假设在政府直接激励的情况下,企业积极策略的社会收益降低,我们将参数设定为 $a=10$。与此同时,间接监管可能导致的合作难以达成,从而造成额外的成本降低,使得 $k=2$。除此之外,企业获得的财税优惠等直接激励减少,表现为 $m=3$,而间接监管下的许可费用提升,表示为 $n=8$。在其他变量保持不变的情况下,符合情景 3 的假设,政府和企业的合作稳定策略由图 7—1(a)变为图 7—1(b)。在这种变化中,双方的策略选择不再具有两个均衡点,而是统一收敛到了均衡点(0,1)。在这一点上,政府选择间接监管,而企业则选择积极策略。

在情景 4 的基础上,当政府直接激励的成本提升,且此时企业积极策略的社会效益也降低,我们假设 $g=9,a=10$。同时,间接监管可能导致额外成本降低,使得 $k=2$。在这种情况下,变量满足情景 2 的假设。政府和企业的合作稳定策略由图 7—1(a)变为图 7—1(c),这表明双方的策略选择不再具有两个均衡点,而是统一收敛到了最劣均衡点(0,0)。

在情景 4 的基础上,如果政府在间接监管下提供给企业的许可费用等同于在直接激励下的财税优惠等,即 $m=n=8$,并且其他变量保持不变,则满足情景 1 的假设条件。在这种情况下,政府和企业的合作稳定策略将由图 7—1(a)变为图 7—1(d)。这意味着双方的策略选择不再具有两个均衡点,而是统一收敛到了一个新的均衡点,即最优均衡点(1,1)。这一情况可以被视为帕累托最优解。在帕累托最优解中,无法通过改变分配方案来使任何一方获得更多的利益,同时又不损害其他方的利益。在这种情况下,政府和企业的合作策略达到了最优的效果,最大化了整体的社会效益。

通过建立政府与企业双方的支付矩阵,求得复制动态方程,并根据 Jacobian 矩阵的稳定性判定准则,我们可以清晰地描绘出政府介入策略和企业社会治理策略的选择过程。这一过程是充满动态演化的博弈,双方在其中不断调整自己的行为以适应对方的反应。在这个过程中,不同策略的相对净支付将决定双方最终形成的稳定策略。然而,我们必须谨慎对待这一过程中可能出现的问题。如果政府仅仅以自身相对净支付最大化为出发点,可能导致企业采取消极治理的策略,这并不符合社会治理的目标。因此,政府在博弈过程中应该调整思维,不再仅从自身利益出发,而是更加注重改善企业积极参与社会治理的相对净支付,并根据这一考量做出合适的策略选择。这种做法不仅有助于促进企业更积极地参与社会治理,也有利于实现社会治理的双赢局面。

## 第五节　结论与启示

### 一、研究结论

在当今复杂多变的社会环境下,企业在制定 ESG 策略时面临着来自行政逻辑和市场逻辑的双重压力。从行政逻辑的角度来看,政府作为社会治理的主体,在推动企业履行社会责任和参与社会治理方面发挥着至关重要的作用,能够通过制定法律法规、激励政策和宣传活动等手段,督促企业承担社会责任,参与到社会治理过程之中。市场逻辑则强调企业以利润最大化为目标,将股东利益放在首位。行政逻辑与市场逻辑之间的张力,使得企业在承担社会责任和最大化获取经济利益之间面临着艰难的选择。

我们认为,政府与企业之间的互动并非简单的对立关系,而是一个动态演化的博弈过程。政府在选择间接监管和直接激励两种策略时,需要考虑到社会治理的成本、效率以及企业的反应。相应地,企业则在社会治理和经济利益之间权衡取舍,通过积极参与社会治理来获取政治性资源和良好的社会声誉。具体而言,笔者通过对政府和企业在 ESG 策略选择中的多种情景进行分析,得出以下结论:第一,在政府提供直接激励策略的情况下,企业更倾向于选择积极参与社会治理,以获取经济和声誉收益。政府选择直接激励策略能够有效激发企业的积极性,实现社会治理的目标。第二,当政府选择间接监管策略时,企业选择积极参与社会治理所带来的相对净收益变小,导致企业更倾向于采取消极策略以规避成本和风险,从而限制了社会治理的发展空间。第三,当政府采取间接监管策略时,企业积极参与社会治理仍然能够为企业带来明显的收益,这一收益大于企业可能承担的成本和损失。因此,企业更倾向于选择积极策略,与政府进行合作,以实现共同的社会治理目标。第四,在政府和企业的策略选择中,存在一个微妙的平衡状态。当政府选择直接激励策略时,企业选择积极参与社会治理的相对净收益大于零,因此,企业也会选择积极策略。而当政府选择间接监管策略时,企业选择积极参与社会治理的相对净收益小于零,导致企业更倾向于选择消极策略。在这种情况下,双方的策略选择趋于稳定在政府选择直接激励和企业选择积极共享,或者政府选择间接监管和企业选择消极共享的情况下。进一步地,笔者运用Matlab进行了情景模拟,并对模型进行了参数赋值,发现当政府直接激励的成本提升,且企业积极策略的社会效益降低时,双方的合作稳定策略可能收敛到最劣均衡点。而当政府在间接监管下提供给企业的许可费用等同于在直接激励下的财税优惠时,则可以达到帕累托最优解,最大化整体的社会效益。

综上所述,政府与企业在 ESG 策略选择中的互动是一个动态演化的博弈过程。企业在制定 ESG 策略时,需要在行政逻辑和市场逻辑之间寻求平衡,既要满足政府监管的要求,又要追求经济利益的最大化。政府应当通过制定合理的政策和激励措施,引导企业积极履行社会责任,从而实现社会治理的目标。在政府和企业之间的互动中,双方应该摒弃短期的利益诉求,以实现社会治理的共同利益作为出发点,在行政逻辑和市场逻辑之间寻求平衡,共同推动国家治理体系与治理能力现代化以及社会经济的可持续发展,实现经济与社会的双重效益。

### 二、研究启示

首先,政府在制定 ESG 相关政策过程中,应积极协调好行政逻辑与市场逻辑之间的关系。在避免过度干预市场主体自由发展的同时,保障市场的公平竞争环境。进一步地,政府应尽快建立健全清晰的 ESG 政策体系,为企业 ESG 战略提供清晰的发展方向和预期,减少因政策不确定性而导致的额外成本。特别地,建立健全的 ESG 标准和评估体系至关重要,它能够引导企业合规经营,提高社会治理的效率和透明度,从而形成有利于企业 ESG 发展的政策环境。

其次,企业在制定 ESG 战略时也需要兼顾行政逻辑和市场逻辑,将社会责任视作企业长期发展的战略性目标,并推动社会效益与经济利益之间的相统一。这意味着企业在制定ESG 战略时,需要考虑如何通过社会责任的履行来提高企业的长期价值,而不仅仅是为了满足政府的监管要求或者获得短期经济利益。这表明企业需要审视其业务模式和运营方式,寻找将社会责任与经济利益相结合的创新路径,在长期发展中实现可持续性增长。

最后,政府与企业应加强合作、形成合力,共同推动 ESG 发展。加强对企业 ESG 战略制定与落实的引导和支持,为企业提供政策指导和资源支持,共同营造有利于 ESG 发展的外部环境。例如,通过建立常态化"政社企"ESG交流机制,与企业开展定期交流和磋商,倾听企业在ESG领域的需求和挑战,并进一步改进相关政策和措施,提供更精准、更有效的支持。同时,加强对ESG标准和认证机构的监管,确保其权威性和公正性,为企业及其利益相关者提供可信赖的参考和指导。政府还可以通过税收优惠、财政补贴等方式,激励企业投资于实质性ESG项目和创新,鼓励企业积极履行社会责任,推动ESG发展取得更大成效。

## 参考文献

[1] 陈铭婧,李原驰.试析经济政策不确定性对ESG评级的影响[J].商讯,2022(11):167-170.

[2] 刘惠好,冯永佳.经济政策不确定性与公司社会责任信息披露[J].北京工商大学学报(社会科学版),2020,35(5):70-82.

[3] 孟祥慧,李军林.地方政府绩效考核与企业ESG表现:一个政策文本分析的视角[J].改革,2023(8):124-139.

[4] 潘峰,王琳.环境治理中的政府监查与企业治污行为研究[J].运筹与管理,2017,26(2):93-99.

[5] 孙晓旭,张新旭,唐晓萌.碳排放权交易试点政策对企业ESG表现的影响[J].统计与决策,2024,40(3):174-178.

[6] 苏丽娟,田丹.环境权益交易市场能否诱发重污染企业更好的ESG表现——基于碳排放权交易的经验证据[J].西北师大学报(社会科学版),2023,60(3):134-144.

[7] 王禹,王浩宇,薛爽.税制绿色化与企业ESG表现——基于《环境保护税法》的准自然实验[J].财经研究,2022,48(9):47-62.

[8] 王琦.政府监管与企业社会责任行为的演化博弈研究[J].西南政法大学学报,2019,21(1):133-142.

[9] 吴波,陈盈,郭昊男,李元祯.制度压力的组织响应机制实证研究:离散身份的调节效应[J].南开管理评论,2021,24(4):96-102+127.

[10] 赵文平,张闻功.企业数字化转型、ESG表现与非效率投资[J].会计之友,2024(5):46-52.

[11] 庄莹,买生.国企混改对企业社会责任的影响研究[J].科研管理,2021,42(11):118-128.

[12] Aguilera R. V., Rupp D. E. Williams C. et al. Putting the S back in corporate social responsibility: A multi-level theory of social change in organizations[J]. Working Papers,2007,32(3):836-863.

[13] Baldini M., Maso L. D., Liberatore,G. et al. Role of country-and firm-level determinants in environmental, social, and governance disclosure[J]. Journal of Business Ethis. 2018, 150(1), 79-91.

[14] Cai Y. Pan C. H. Statman M. Why do countries matter so much in corporate social performance? [J]. Journal of Corporate Finance,2016(41):591-609.

[15] Dhole S., Liu L.,Loboetal G. J. Economic policy uncertainty and financial statement comparability[J]. Journal of Accounting and Public Policy,2021,40(1):1068.

[16] Drempetic S.,Klein C.,Zwergel B. The influence of firm size on the ESG score:Corporate sustainability ratings underreview[J]. Journal of Business Ethics,2020(2):333-360.

[17] Hou X., Wang T., Ma C. Economic policy uncertainty and corporate fraud[J]. Economic Analysis

and Policy,2021(7):97—110.

[18]Greenwood R., Raynard M., Kodeih F., Micelotta E. R., Lounsbury M. Institutional complexity and organizational responses[J]. Academy of Management Annals, 2011, 5(1):317—371.

[19]Friedland R., Alford R. R. Bringing society back in: Symbols, practices, and institutional contradictions[C]. In: Powell W W, DiMaggio P. J. (Eds.). The new institutionalism in organizational analysis. Chicago: University of Chicago Press, 1991:232—263.

[20]Liang H., Renneboog L. On the foundations of corporate social responsibility[J]. Journal of Finance,2017,72(2):853—910.

[21]Lounsbury M., Wang M. S. Into the clearing:Back to the future of constitutive institutional analysis [J]. Organization Theory,2020,1(1):355959421.

[22]Oren M., Subhash A., Naushad K. M. The influence of the country governance environment on corporate environmental,social and governance (ESG) performance[J]. Sustainability Accounting,Management and Policy Journal,2022,13(4):953—985.

[23]Terzani S., Turzo T. Religious social norms and corporate sustainability:The effect of religiosity on environmental,social,and governance disclosure[J]. Corporate Social Responsibility and Environmental Management,2021,28(1):485—496.

[24]Thornton P. H. The rise of the corporationina craft industry:Conflictand conformity in institutional logics[J]. Academy of Management Journal,2002,45(1):81—101.

[25]Welch K., Yoon A. Do high-ability managers choose ESG projects that create shareholder value? Evidence from employee opinions[J]. Review of Accounting Studies,2023(28):2448—2475.

## 第四部分

## ESG 实践与公共生活建构

# 第八章　ESG背景下碳普惠的社会治理模式研究[①]

## 第一节　问题的提出

党的二十大报告中将双碳、能源革命、乡村振兴、共同富裕、绿色金融等ESG核心议题列为国家战略核心目标。2022年以来,中国人民银行、市场监管总局、银保监会联合发布《金融标准化"十四五"发展规划》,银保监会发布《银行业保险业绿色金融指引》,上交所和深交所出台ESG指导手册和披露指标。上述政策尝试通过制度保障和标准设置来确保企业在ESG领域有所实践,进而在环境信息披露、评价体系、绿色金融领域实现全覆盖。上述工作为企业参与碳排放的相关工作提供了重要基础。

本章尝试以碳普惠制度设计作为切入点,分析和探讨企业作为ESG实践参与至公共事务中的可能性。随着二氧化碳减排工作的推进,国际层面逐渐认识到消费端及个人生活对二氧化碳排放的重要影响。政府间气候变化专门委员会(IPCC)第六次评估报告指出,如果落实了正确的政策、基础设施和技术,改变我们的生活方式和行为,到2050年可以使温室气体排放量减少40%~70%。中国科学院2021年发布的《中国"碳中和"框架路线图研究》显示,我国居民消费产生的碳排放量占全社会碳排放总量的53%。由此可见,加快转变公众生活方式已成为减缓气候变化的必然选择。

碳普惠是以生活消费为场景,为公众、社区、中小微企业绿色减碳行为赋值的激励机制。作为生活消费端减碳的重要方式,碳普惠实施对引导公众参与绿色生活、落实中国"双碳"目标愿景具有重要作用。已有相关研究大多分为政府主导型和企业主导型两类,围绕特定区域和特定产业对碳普惠成功实践进行经验总结(刘海燕、郑爽,2018;刘国辉、陈芳,2022;邱巨龙等,2020)和特征梳理(刘航,2018;彭军霞、聂兵,2020;卢乐书、姚昕言,2022),鲜有研究关注政府干预强度与政策工具选择问题。

本章从政府环保职能出发,对现有碳普惠制进行分类讨论和对比分析,试图回答在碳

---

[①] 本部分系宋程成与中南财经政法大学副教授杨柳青青合作完成,部分内容与发表于《中国行政管理》2024年第1期的文章有所重合。

普惠的实施机制中,政府应该采取何种工具干预以及干预强度如何这两个问题。在下文中:首先对政府主导型碳普惠机制的理论进行逐步梳理,同时从干预方式和具体措施的角度对市场化工具和非市场化工具进行分类阐释;其次,从政策工具市场化程度和政策执行强度两个维度对现有模式进行分类,选取成功实践进行适用性分析,并基于交易动机、激励模式和运行模式等要素对比总结;最后,围绕碳普惠政策的动态演变,提出政府主导、多元主体共建的优化路径,为碳普惠制度可持续发展提供有效参考。

## 第二节　碳普惠相关理论

### 一、碳普惠概念

意识到消费端减排的必要性之后,学术界开始关注碳减排的普惠制度。靳国良(2014)指出,可以通过量化积累的方法鼓励公众低碳行为。聂兵等(2016)则提出科学量化公众低碳行为减碳量的方法,建立了碳普惠减碳量赋值交换的正向激励机制。碳普惠概念的明确界定是由广东省发展和改革委员会在2015年提出的:碳普惠制是指为小微企业、社区家庭和个人的节能减碳行为进行具体量化和赋予一定价值,并建立起以商业激励、政策鼓励和核证减排量交易相结合的正向引导机制。

尽管对碳普惠的定义还未完全统一,但总体来说,碳普惠制具有三种属性:第一,实施对象为个人和小微企业,实施范畴为公众低碳绿色行为;第二,以一定的标准和方法学对减排量进行计量与核准;第三,参与者可获得一定奖励,包括商品优惠和环保荣誉。

碳普惠机制是消费端减排的市场化探索,是对现有碳市场交易制度的延伸、拓展和重要补充,对加快形成绿色生产和生活方式具有重要意义。从政策属性来说,碳普惠制是市场型和公众参与型环境政策工具的组合创新,一方面,碳普惠本质上是一种基于市场信号的激励机制;另一方面,碳普惠制能充分调动公众践行绿色低碳行为的能动性。除了温室气体减排之外,还追求资源节约和低碳消费等目标,具有经济层面、社会层面和环境层面多重效应。

根据项目主导方和参与主体不同,可以分为政府主导的碳普惠机制和企业主导的碳普惠机制。企业主导的碳普惠机制用户众多、应用场景丰富,实时记录反馈,但由于平台的自我封闭运营,故存在"数据孤岛"和激励方式不可持续等不足。政府主导的碳普惠机制公益性强、有公信力、对社区和企业具有号召力,但是对其模式分类和应用场景缺乏系统性讨论。

### 二、政府主导型碳普惠制

国内多个省市对政府主导型碳普惠制展开积极探索。一方面,加大政府介入深度,优化顶层设计。例如,江苏省积极拓展碳普惠积分消纳场景,建立政府部门、公共机构、商业机构、实体营收相结合的可持续化的商业运营模式,打造碳普惠生态产业链;山西省"三晋绿色生活"由"碳账本"作为第三方绿色生活减碳计量底层平台提供技术支持,多家"碳普惠合作网络"单位积极参与平台建设,提供多种减排场景和激励机制,打通了企业合作壁垒,实现减排数据滤重汇总。另一方面,创新政策工具,构建多元激励机制。例如,从2017年开始,广东省允许配额管理单位按照碳排放权交易相关规定,购买一定比例的个人和小微企业碳减排项目的省级碳普惠核证减排量(PHCER)以进行履约。武汉市政府创新生态环境损害赔偿机制,推动企业通过购买碳普惠减排量开展替代性修复;同时,将支持碳普惠建设经费纳入年度预算,逐步建立国有资本、社会资本共同参与的资金投入模式。

与此同时,许多学者围绕方法学设计、数据互通、碳市场衔接和成效评估,为碳普惠制度优化出谋划策。例如,黎炜驰等人(2016)借鉴CCER方法学对公共自行车项目的个人减排量核算方法进行了设计。黄莹等人(2017)构建了替代法和均值法两种市民乘坐地铁出行的核算方法,认为均值法较为可观,更适用于作为碳普惠制中市民地铁出行的计算方法。彭军霞和聂兵(2020)基于区块链技术构建了双循环碳普惠绿色通证的生态模型,使生态系统内各参与主体在隐私保护的前提下更便利地共享减排信息。潘晓滨和都博洋(2021)以广东省碳普惠制度为例,阐释以碳积分为制度核心、国家立法与地方立法相结合的碳普惠立法路径。李强(2021)借鉴计划行为理论,从行为态度、主观规范和直觉行为控制三个层面对抚州碳普惠公共服务平台的公众引导效果进行评估,发现生态积分机制具有可信的个人绿色行为引导功能。

## 第三节 政府主导型碳普惠的分类探讨

### 一、政府主导型碳普惠运行机制及干预强度

图8-1展示了政府主导型碳普惠运行机制,该机制主要由两个平台、三类主体和五个环节组成:(1)政府制定减排方法学和标准,建设数据收集平台;(2)个人或者小微企业的绿色消费或者出行汇总于数据收集平台,进一步转化为减排量供给进入价值转化平台,包含非市场交易和市场交易两种转化方式;(3)政府设计价值转化平台的激励机制并完善相关法律法规,明确涉及的产权问题以及解决与碳交易市场的衔接问题;(4)企业出于强制履约责任和自愿减排动机,作为减排量的需求方直接购买或者提供补偿;(5)个人或者小微企业获得减排收益或者商品优惠,实现对公众绿色低碳行为的正向引导。

政府干预强度由干预环节、干预主体和干预平台的数量决定。在实践中,由于现实条件需要或者管理权限、财政预算所限等因素,仅少数政府实现了全过程覆盖和深度主导。

### 二、政府主导型碳普惠机制政策工具

除顶层设计以外,政府还佐以多种政策工具以提高碳普惠的减排效率,分为市场型工具和

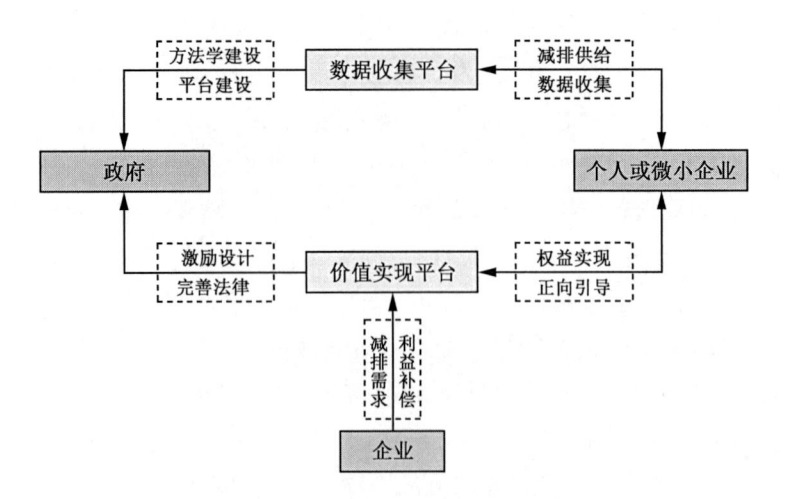

**图 8—1 政府主导型碳普惠运行机制**

非市场型工具两种。市场型政策工具是纠正因外部性导致的市场失灵的有效工具,其核心在于通过市场机制实现外部成本内部化,是实现碳普惠可持续性的重要手段。碳普惠实践中涉及的市场化工具包括碳排放强制交易和自愿交易、绿色信贷等。同时,非市场手段也是必不可少的,例如政府作为需求方进行低碳采购、出台相关政策、政企合作以及宣传引导。

目前,政府可以结合现实需求和特定碳交易市场发展现状设计自身偏好的政策工具,其中,具体的工具涉及市场化手段和非市场化手段。相关政策工具的干预方式和具体措施如表 8—1 所示。

**表 8—1  碳普惠政策工具分类**

| 分类 | 政策工具 | 干预方式 | 具体措施 |
| --- | --- | --- | --- |
| 市场化工具 | 许可证交易 | 以减少碳排放量为目标,完善交易机制 | 对接强制减排市场,对接自愿减排市场 |
| | 补贴 | 参照生态系统服务供给的成本或效益对价格进行调整 | 发放补贴,提供绿色信贷 |
| | 消除市场摩擦 | 减少信息不对称,增加市场运作效率 | 制定碳普惠相关标准和方法学,促进公众在各账户减排量的融合汇总,实现公众、企业和政府之间的数据互通 |
| 非市场化工具 | 规制 | 颁布法律法规、制定方案规划并要求落实 | 明晰碳减排量产权归属 |
| | 共同治理 | 建立与企业、公益组织长期合作机制 | 构建政企共建的绿色合作关系网络,建立国有资本、社会资本共同参与的资金投入模式 |
| | 政府供给 | 进行公共物品购买 | 以财政预算支持平台运营管理以及用户减排激励 |
| | 宣传教育 | 运用思想政治工作或激励方式,使目标对象得到进一步提高和发展 | 开展相关主题宣传活动,对积极的减排主体给予一定荣誉进行鼓励 |

## 第四节 政府主导型碳普惠模式的比较分析

通过系统回顾我国各地的碳普惠运行模式,可以发现,总体上分为四类可能的成功实践。具体而言,政策工具的选择和具体的干预程度(或政策执行强度)均对特定行为主体的碳减排行为产生深刻影响,最终导致差异化的干预效果和传导机制。下文将系统探讨这四种政策类型的详细情况。

### 一、第一类碳普惠运行模式及典型实践

此类模式的对象主要是环保市民和减排企业的消费者。政府作为倡导者参与顶层设计部分环节,如方法学和标准确定、激励机制设计和明确产权制度等。进一步开展碳普惠宣传推广工作,引导公众了解参与碳普惠。在此模式中,政府并未单独建立碳普惠平台,而是通过商业联盟、发放补助、金融授信等方式吸引企业参与政企共建的绿色合作关系网络,使用自身已有平台或第三方建设平台,对用户的低碳场景进行数据收集、碳积分计算。出于扩大用户使用场景、增加用户黏性以及企业社会责任感等多种动机,给予用户商品优惠或者环保荣誉。但归集后的碳减排量既不能核准进入碳市场交易,也不能用于冲抵企业排放指标。此类碳普惠财政支出较少,利用市场手段就可实现经济和环保双重效应。

2021年1月27日发布的《北京市国民经济和社会发展第十四个五年规划和二〇三五年远景目标纲要》提出"低碳领跑者计划",面向家庭和个人,打造低碳生活送普惠,通过搭建碳普惠平台,让低碳行为及时"变现"。2022年8月9日发布的《北京市"十四五"时期应对气候变化和节能规划》提出,在碳普惠机制、碳金融产品、生态补偿机制等方面大力创新,扩大市场机制的覆盖范围。在此背景下,2022年8月10日,在北京市发改委的指导下,北京节能环保中心推出北京市绿色生活碳普惠平台暨个人碳账本"绿色生活季"。平台以"政府引导、全民参与、市场运作、绿色生活"为原则,由"碳账本"作为第三方绿色生活减碳计量底层平台提供技术支持。绿色生活季采用生态环境部出台的《公民绿色低碳行为温室气体减排量化导则》和北京市生态环境局制定的《北京市低碳出行碳减排方法学》作为减排标准,联合商超、外卖、银行等26家各行业企业,覆盖了各大互联网平台践行的食、衣、住、行、办公、数字金融等七大类别多种绿色低碳行为,并提供包括电影院代金券、停车券、地铁乘坐卡等商品在内的多手段激励方式。同时,自成立以来,每年以"绿色生活联合推广机制"统筹品牌宣传资源、活动资源、推广渠道和平台,开展为期一个月的宣传活动,向全市深入普及节能环保低碳知识理念,倡导市民选择绿色低碳产品,促进北京市绿色低碳生活方式转型,营造并形成市民乐于选择低碳产品、追求简约低碳绿色生活的氛围。平台上线一个月,为超过636万市民建立了碳账本,带动减排行为超8 800万次,形成减排量约4万吨,初步测算拉动绿色消费1.53亿元。

## 二、第二类碳普惠运行模式及典型实践

此类模式的碳普惠项目对象主要是个人。除参与顶层设计之外,政府对归集至平台的减排量进行授权,允许核证后的减排量投入碳排放市场进行自由交易。碳排放交易分为强制碳市场的场内交易和自愿碳市场的场外交易。前者的参与需要地方碳市场和相关部门的支持与协调,因此在政府部分参与的模式下,主要运作模式为碳普惠项目与场外的自愿交易市场对接。鼓励企业和大型活动的组织者积极参与自愿碳市场交易建设,并给予一定的资源倾斜。同时,组织国有企业和公益机构通过主动购买碳普惠减排量塑造减排模范,引导社会关注减排效益。

为了减轻我国随着经济快速发展、国民生活水平提高而带来的城市交通压力,推出了"出行即服务"(Mobility as a Service,MaaS)。同时,随着"碳中和""经济高质量发展"等新概念的提出,交通运输近年来围绕此方面的改革正在不断进行,MaaS被公认为未来城市交通变革探索的主要方向。

2020年9月8日,北京市交通委、市生态环境局联合高德地图、百度地图共同启动"MaaS出行绿动全城"行动,这是国内首次以碳普惠方式鼓励市民践行绿色低碳出行。"北京MaaS平台"作为交通领域的"碳普惠"平台,其运营模式具有特殊性。不同于一般碳普惠项目依托于单个平台实体或者App,北京MaaS是一个由政府、交通行业企业、互联网平台企业、金融科研机构等共同构建的服务体系。其中,公交、地铁等交通行业企业主要负责公共交通数据采集与运力服务;市交通委、市生态环境局等政府部门主要负责公共交通数据的汇聚、处理、开放和行业运营监管;高德、百度等互联网平台企业主要负责应用政府开放的交通数据向社会提供出行信息服务。2020年,基于MaaS平台的绿色出行碳普惠机制,北京市生态环境局发布了《北京市低碳出行碳减排方法学(试行)》,同时授权高德地图、百度地图为代表的碳交易商将其平台上的集约碳减排量在自愿碳市场上进行交易,所得金额以公共交通优惠券、购物代金券等多种方式全额返还给绿色出行者。截至2023年5月,北京通过MaaS平台自愿减排的注册用户超过330万人,累计碳减排量达到39万吨,已经完成2.45万吨北京认证自愿减排量(PCER)碳交易。

## 三、第三类碳普惠运行模式及典型实践

政府针对个人用户,以出台相关规划纲要和法律法规鼓推动碳普惠机制普及,并通过财政预算拨款进行碳普惠平台建设、实施末端激励,奖品大多为公共设施使用权和环保荣誉。除政府和公益组织外,企业受社会责任感和政策鼓励驱动,也可以购买归集后的减排量。但此模式下用户减排量不可进入碳排放交易市场,只能在平台内部流转。

2021年6月8日,浙江省印发了《浙江省碳达峰碳中和科技创新行动方案》,就统筹推进绿色低碳技术创新、推动绿色低碳循环发展、促进经济社会全面绿色转型做出具体部署。

2021年12月,浙江省委、省政府印发了《关于完整准确全面贯彻新发展理念做好碳达峰碳中和工作的实施意见》,为"双碳"目标实现规划了细致可行的时间表和路线图。

2022年3月29日,由浙江省发改委牵头开发建设的"浙江碳普惠"应用正式上线。作为全国首个省级碳普惠应用,"浙江碳普惠"以"浙里办"平台为依托,涵盖绿色出行、线上办理、绿色消费、绿色社区和普惠公益五大低碳场景。同时,为吸引市民积极参与,还设置了丰富多样的趣味玩法,例如,可以在工业区、商业区从事"低碳生产""绿色装修"等活动,解锁相应的个性化勋章,还可在"低碳排名""低碳资讯"中查看自己在全省几十万用户中的排名以及与低碳相关的新闻资讯。按照碳积分数量可兑换全省自然保护地、耀眼明珠景区景点门票等特色商品以及计量仪器校准服务、机场贵宾室休息服务等相关权益,由各地方发改委财政拨款支持碳普惠的激励实现。截至2022年底,"浙里办"用户已超过100万人。

**四、第四类碳普惠运行模式及典型实践**

此类模式的碳普惠项目对象主要是个人。政府在选用较为成熟的碳排放计量方法学的同时,需要获得地方碳交易市场的强力支持,允许符合减排量额外性核证标准的碳普惠项目申报核证并在强制碳市场上进行出售,所得收益可用于支付平台运营与激励实现。企业购买的减排量可用于碳履约,但存在一定的比例限制。

深圳市作为全国第一批碳排放权交易试点城市,率先探索推进应对气候变化的普惠性工作。2021年7月,深圳市公布了国内首部生态环境保护全链条法规,即《深圳经济特区生态环境保护条例》,条例指出政府应当建立碳普惠机制,推动建立本市碳普惠服务平台,对小微企业、社区家庭和个人的节能减排行为进行量化,施行政策鼓励与市场激励。2021年11月,深圳市正式发布《深圳碳普惠体系建设工作方案》。

2021年12月17日,由深圳市生态环境局主导,联合《光明日报》全媒体、深圳排放权交易所、腾讯公司共同出品的"低碳星球"小程序正式上线,这是一个面向公众的碳普惠互动平台。"低碳星球"是深圳碳普惠授权运营平台,着眼于打造贯穿交通绿色出行场景的创新模式。该程序是以深圳市生态环境局发布的《深圳市低碳公共出行碳普惠方法学(试行)》为依据,由腾讯提供技术和运营支持,并进一步对接强制碳市场建立兑付机制。2022年12月12日,"低碳星球"小程序宣布完成首次碳普惠核证减排量交易,这也是深圳市民个人碳普惠减排量的首次交易。在深圳市生态环境局的监管下,经第三方核查机构核证后,"低碳星球"将用户积累的减排量挂牌至深圳排放权交易所完成交易,所得将全额返还给用户。

对于用户端来说,通过相应的碳积分积累和成长奖励机制鼓励和引导用户实现低碳行为,形成正向循环。用户在微信搜索"低碳星球"小程序,或在使用腾讯地图App和乘车码微信小程序后,即可点击进入"低碳星球"建立个人碳账户。随着用户公共出行次数和微信步数的增加,小程序中的"低碳星球"小游戏将不断累积成长值,解锁不同的主题形态。同时,用户个人碳账户也将相应累计碳积分,兑换商品包括腾讯视频VIP卡、乘车券和公益荣誉等,激励成本由减排量参与碳交易所得收益和腾讯公司共同承担。截至2022年8月,"低碳星球"上线以来的总访问量已超过150万,用户超过100万。

总的来说,我国现有政府主导型碳普惠在不同的干预强度和政策工具下形成了多样化模式,不同细分模式下采用的运作机制、减排量交易(消纳)双方、交易动机和可交易性均存在差异(见表8-2)。

表8-2　　　　　　　　　　　四种碳普惠模式对比

| 模式分类 | 模式一 | 模式二 | 模式三 | 模式四 |
| --- | --- | --- | --- | --- |
| 干预强度 | 较弱 | 较强 | 较弱 | 较强 |
| 政策工具 | 非市场化工具:<br>宣传教育<br>共同治理 | 市场化工具:<br>许可证交易 | 非市场化工具:<br>规制<br>政府供给 | 市场化工具:<br>消除市场摩擦<br>许可证交易<br>补贴 |
| 运作机制 | 企业自有平台/<br>第三方建设平台 | 政企共建平台<br>+自愿碳交易市场 | 政府建设平台 | 政企共建平台<br>+强制碳交易平台 |
| 典型案例 | 绿色生活季 | MaaS | 浙江碳普惠 | 低碳星球 |
| 减排量买方 | 自愿减排企业<br>公益组织 | 自愿减排企业 | 政府<br>公益组织 | 履约企业<br>自愿减排企业 |
| 买方动机 | 增加用户黏性<br>企业社会责任<br>政府优惠政策 | 企业社会责任 | 政府环保职能<br>企业社会责任 | 企业履约责任<br>企业社会责任<br>政府优惠政策 |
| 减排量卖方 | 个人 | 个人、小微企业 | 个人 | 个人、小微企业 |
| 卖方激励 | 环保荣誉<br>商品优惠 | 公共设施使用权<br>商品优惠 | 公共设施使用权<br>环保荣誉 | 公共设施使用权<br>商品优惠 |
| 可交易性 | 不可交易 | 可交易 | 不可交易 | 可交易 |
| 适用场景 |  | 碳市场发育<br>成熟地区 |  |  |

模式一为政府作为引导者,通过优惠政策吸引企业共建绿色合作网络以推动个人参与碳减排的模式。企业是平台运营和激励成本的承担者,同时收获社会责任感认同和政府给予的荣誉或资源倾斜。但由于其减排量不可交易性,因此获益渠道不畅、可持续性较差;同时,政策参与深度有限,故各企业平台之间存在"数据孤岛"问题。

模式二为通过利用自愿碳市场构建兑付机制,直接体现了用户减排行为的经济效益。自愿交易市场与强制交易市场相比,形式更加灵活多样,但目前关于自愿碳市场的各项规定尚待完善,公众认知了解有限,市场主体积极性欠佳,亟须进一步完善交易体制建设。

模式三为政府通过环境规制、财政预算和国有资本支持平台运营与激励支付,此种模式可信度高、号召性强,对社区、企业和个人都有较好的引导宣传作用。但是,相对企业平台而言,用户数量较少,数据收集能力有限,同时持续提供物质激励增加财政压力。

模式四为政府建立政企合作关系,确认平台归集减排量的产权归属,引导企业申报碳普惠核证减排项目,允许通过碳普惠项目申报核证的碳减排量进入强制碳市场进行交易。但此种模式需要当地政府与地方碳交易市场的深度参与合作,并对碳普惠的方法学和碳减排量核证提出严格要求。

## 第五节　进一步探讨

传统的碳普惠项目运作常常采用单个静态模式,在实践中面临可持续性低和适应性差等问题。新型的碳普惠项目则综合使用多种模式并依具体情况进行动态演变。成都市"碳汇天府"运用市场化工具和非市场化工具,采用"双路径"模式,同时根据公众低碳行为、企业参与积极性和重大公开活动等因素进行适时调整。

2017年,成都市获批成为国家低碳试点城市,制定发布了《成都低碳城市试点实施方案》,将"碳惠天府"计划作为推动经济建设和社会生活的低碳转型的重要制度创新。2019年3月,成都市出台《成都市推进绿色经济发展实施方案》,全面部署绿色经济发展的目标和重要任务,再次将实施碳普惠示范工程作为扩展城市绿色经济应用场景的重要工程之一。同年7月,成都市召开低碳城市建设专题会,强调不断完善低碳发展制度,强化碳排放管理,建立完善会议碳中和、社会责任企业购买、低碳航线等消纳机制,建立碳排放考核机制。①

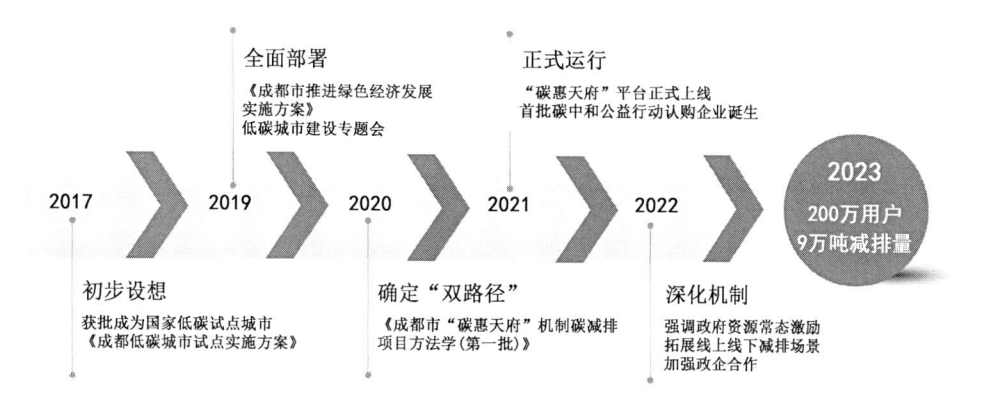

**图 8—2　成都市"碳惠天府"机制的动态演变**

在此背景下,2020年3月,成都市发布了减排量核算标准《成都市"碳惠天府"机制碳减排项目方法学(第一批)》,提出"双路径"碳普惠建设思路。2021年5月13日,"碳惠天府"绿色公益平台正式上线运行,首批碳中和公益行动认购企业诞生,认购根据方法学开发完成的碳减排量7 900吨。2022年11月7日,成都市发布了《成都市深化"碳惠天府"机制建设行动方案》,着重强调了政策鼓励:在政府资源常态激励方面,各大景区和文化场馆每年

---

① 参见 https://www.cdtanpuhui.cn/about_us.html。

将各提供 5 000~10 000 张免费电子门票,成都交投集团每年提供 20 万张 5 元停车优惠券用于公众碳积分兑换;同时,拓展了 7 个线上场景和 30 个线下场景,使场景更多元、覆盖范围更广,公众获取碳积分的途径更丰富。此外,市生态环境局还与美团公司签订了城市合作伙伴协议,共同投入 400 万元消费券,以丰富碳积分场景,助力提升"碳惠天府"机制使用普及率。为响应大运会赛事碳中和目标,"碳惠天府"平台增设了"低碳大运"专区,从 2023 年 5 月起,陆续推出知识竞答、公众碳积分捐赠、城市文化点位展示等七项活动,同时,赛事筹备、举办、赛后全过程产生的 37 万吨碳排放量由"碳惠天府"机制等方式进行全部抵消,充分践行大运会"绿色、节俭、必须"办赛原则。"碳惠天府"的亮点在于创新性结合市场交易和内部消纳,建立"双路径"碳普惠机制(见图 8－3),即一方面通过碳积分兑换的方式,对个人节能减碳以及相关环保行进行激励;另一方面,运用相关方法学开发项目碳减排量,并通过自愿碳市场交易的方式进行消纳,使碳减排项目兼具环境效益和经济效益。其亮点在于:一是开发地方特色的低碳场景,结合"三城三都"城市品牌塑造,创新制定餐饮、商超、A 级旅游景区、星级旅游酒店、绿色旅游饭店、展会等场景低碳评价标准;二是设置丰富的价值转换项目,以突出程度作为公园城市的价值转换作用,具体包括能源替代类项目、资源节约类项目、生态保护类项目、大型活动碳中和、拓展碳减排量消纳方式;三是推进市场化运营,依托专业运营实体开展低碳场景建设、碳减排项目申报、碳减排量消纳,加大力度建设公益性运营平台的同时,充分对接交易平台,实现碳减排量登记和交易数据双向链接、同步交互。

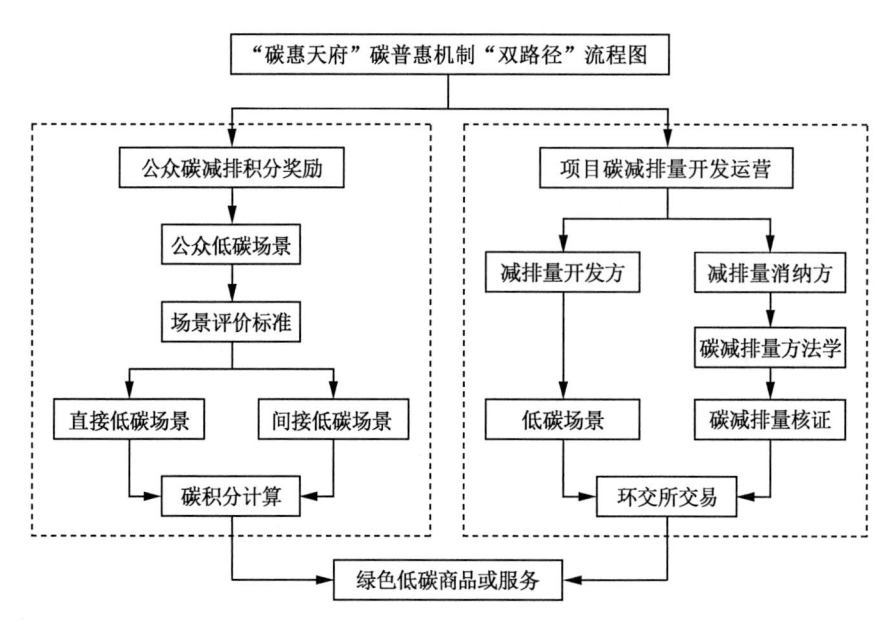

**图 8－3　成都市"碳惠天府"双路径运行机制**

2022 年 9 月 28 日,新网银行通过购买成都市"碳惠天府"机制碳减排量 11 185.20 吨,一次性对历史经营活动产生的全部碳排放进行了抵销处理,成为国内首家实现经营活动全面碳中和的法人银行机构。截至2023年11月,"碳惠天府"双路径碳普惠机制已引导超过70万用户践行低碳行为,23家单位开发碳减排项目40余个。

## 第六节 碳普惠模式优化建议

当前在政府的积极引导下,各类碳普惠平台及应用纷纷涌现,但缺乏系统性的运作协调和创新性的机制设计。为推动碳普惠实现全局化、体系化和标准化发展,本书提出以下建议:

### 一、优化碳普惠机制顶层设计

一方面,增强平台整合能力。利用多元主体合作网络和第三方减碳计量底层平台,如"碳普惠合作网络""绿普惠云—碳减排数字账本",解决各平台上的减排"数据孤岛"问题。增进政府碳普惠平台和企业碳普惠平台的有效链接,形成政府平台跨区联动,企业之间互动合作,形成以点带面,发挥市场的整体性和规模性效应。另一方面,明晰相关法律法规。经由平台归集的碳减排量需出台相关产权办理办法进行产权确立。特别是在涉及碳市场交易的模式中,有多处需要从立法层面对碳减排量的权利归属进行认证,使履约抵消、交易转让和激励兑付等环节有法可依,推动碳普惠标准体系出台。

### 二、推动碳普惠标准体系出台

一方面,建立多层级减排标准。由政府主导、社团组织、行业协会和企业支持,出台碳普惠领域国家标准、行业标准、团体标准和地方标准,并逐步探索与VCS标准、黄金标准等国际标准的对接渠道,用于指导碳普惠平台的建设。另一方面,完善碳普惠标准体系。鼓励企业与相关机构参考各省市碳减排核算标准和原则进行调整,将前置生产端、生活消费端和后续资源回收端串联起来,实现供应链各个节点减碳核算规则联通,形成减碳工作的全过程闭环,为个人和企业广泛参与碳减排提供标准依据。

### 三、促进碳减排多元机制消纳

一方面,探索创新激励模式。以"个人碳账本"形式突出个人减排量的碳资产和金融属性,如碳普惠平台的个人碳账本与数字人民币接轨,将减排量作为"碳钱包"进行使用,实现碳普惠减排量收益变现。当时机成熟时,可将碳普惠减排量纳入全国碳市场,同时允许生活消费端形成的碳资产进行抵押、交易、赠予等奖励活动。另一方面,加强政策倾斜力度,综合使用税收优惠、低碳补贴等多重手段,吸引更多主体参与碳普惠机制建设,打通企业碳排放和个人碳普惠资产的转换,把个体行为汇聚成社会性整体行为,把个体的零散、小额的碳资产规模化形成社会的经济利益。这也是构建"健全党委领导、政府主导、企业主体、社会组织和公众共同参与"的新型环境治理体系的重要体现。

## 参考文献

[1] 刘海燕,郑爽.广东省碳普惠机制实施进展研究[J].中国经贸导刊(理论版),2018(8):23—25.

[2] 刘国辉,陈芳.碳普惠制国内外实践与探索[J].金融纵横,2022(5):59—65.

[3] 邱巨龙,陈仁坦,陈霞.江苏省碳普惠机制路径研究[J].低碳世界,2020,10(11):6—7+10.

[4] 刘航.碳普惠制:理论分析、经验借鉴与框架设计[J].中国特色社会主义研究,2018(5):86—94+112.

[5] 彭军霞,聂兵.碳普惠绿色通证生态模型研究[J].环境科学与管理,2020,45(5):20—24.

[6] 卢乐书,姚昕言.碳普惠制理论与制度框架研究[J].金融监管研究,2022(9):1—20.

[7] 靳国良.碳交易机制的普惠制创新[J].全球化,2014(11):45—59+134.

[8] 聂兵,史丽颖,任捷,等.碳普惠制的创新及应用[C]//国际清洁能源论坛(澳门).温室气体减排与碳市场发展报告(2016).北京:世界知识出版社,2016.

[9] 曾红鹰,陶岚,王菁菁.建立数字化碳普惠机制,推动生活方式绿色革命[J].环境经济,2021(18):57—63.

[10] 黎炜驰,曾雪兰,梁小燕,等.基于碳普惠制的城市公共自行车个人碳减排量计算[J].中国人口·资源与环境,2016,26(12):103—107.

[11] 黄莹,郭洪旭,谢鹏程,等.碳普惠制下市民乘坐地铁出行减碳量核算方法研究——以广州为例[J].气候变化研究进展,2017,13(3):284—291.

[12] 潘晓滨,都博洋."双碳"目标下我国碳普惠公众参与之法律问题分析[J].环境保护,2021,49(Z2):69—73.

[13] 李强.引导绿色生活,生态积分成效有多大?——基于抚州碳普惠公共服务(绿宝)平台的政策设计和实施效果分析[J].中国生态文明,2021(6):65—69.

[14] Climate Change 2022:Mitigation of Climate Change. Working Group Ⅲ Contribution to the IPCC Sixth Assessment Report.

# 第九章　新型农村集体经济促进乡村共同富裕

## 第一节　集体经济作为 ESG 的特殊案例

党的二十大报告中指出:"共同富裕是中国特色社会主义的本质要求……要着力促进全体人民共同富裕。"促进共同富裕,最艰巨、最繁重的任务在于不断缩小城乡发展差距,切实提高我国农民与农村的富裕程度(陈锡文,2022)。2018 年,习近平总书记在十九届中央政治局第八次集体学习时指出,"发展新型集体经济,走共同富裕道路"为推动乡村共同富裕指明了前进方向。相较于所有权与经营权高度统一、组织形式单一化、经营管理能力较弱以及侧重于促进集体事业发展的传统农村集体经济(赵意焕,2021),新型农村集体经济能够在落实平等协商、民主管理与利益共享原则的基础上,通过劳动联合与资本联合的方式创新发展农村集体经济实现形式,推动农村公有制经济形态向着产权关系更为明晰、"权责利"更为明确(陆雷、赵黎,2021)、内部治理结构与利益分享机制更为合理的方向不断发展(高鸣等,2021)。前者向后者转型的过程,实质上就是农村集体经济的中国式现代化,进而让人民群众更多、更好地共享农村改革发展成果。由此,发展壮大新型农村集体经济已经成为扎实推进乡村共同富裕的题中应有之义,二者呈现紧密的内在逻辑关系,并统一于中国特色社会主义现代化建设。

进一步地,从 ESG 实践的标准和实践来看,农村集体经济的建设关键在于践行社会价值共创的总体环境,社会价值创造是企业通过解决社会问题带来社会变革或创造社会影响(产出)的过程。在这样一个生态系统中,不仅有企业家个体、村民以及参与到经济活动中的受助群体,同时包括政府、社会组织以及公益基金等其他商业机构的参与,其已逐渐形成一种全新的社会结构。因而,从某种角度看,通过农村集体经济企业的建设,企业以一种特殊 ESG 实践的方式进行运作。

那么,新型农村集体经济如何促进乡村共同富裕?本章将致力于通过深入研究并回应这一研究问题,以期推动新型农村集体经济高质量发展与乡村共同富裕同频共振,为我国发展新型农村集体经济、促进乡村共同富裕提供理论支持。

## 第二节 文献回顾

随着实务界对新型农村集体经济促进乡村共同富裕的政策设计与实践探索逐渐展开,理论界也对此展开了思考,主要聚焦于以下两个方面。

### 一、新型农村集体经济促进乡村共同富裕的缘由阐述与机制构建

从经济制度来看,我国作为社会主义国家,公有制经济是社会主义制度的根本特征,其发展规模与贫富差距之间存在负相关关系(徐传谌、翟绪权,2015)。新型农村集体经济中所包含的集体经济增长、经营、积累与分享机制,一方面能够不断强化公有制经济在农村经济中的主体地位(舒展、罗小燕,2019),为推动乡村共同富裕提供基础性支撑;另一方面与共同富裕的发展、激励与分配环节相契合(杨洋,2020),对增加农民收入、缩小城乡收入差距提供超过1%的直接贡献(丁忠兵、苑鹏,2022),是实现乡村共同富裕的必由之路。从思想理念来看,共同富裕的实现必然离不开对贫困问题的解决。马克思和恩格斯认为,只有通过"合作生产",才能使劳动附属于资本的私有制,向自由平等的生产者联合集体所有制转变,进而摆脱贫困。在全面消除农村绝对贫困后,我国脱贫攻坚的举措逐步调整为对"低收入人口帮扶"治理,这不仅是我国贫困治理命题的延伸,还是党和国家对贫困认知从一般化逻辑向精细化逻辑转换的重要体现(唐文浩、张震,2022)。以合作、联合为本质的新型农村集体经济是对马克思和恩格斯关于"合作生产"思想理念的继承与发展,能够通过强化乡村内在"造血能力"的方式(王娜、胡联,2018),构建"低收入人口帮扶"的长效治理机制,是我国巩固脱贫与乡村振兴有效衔接、走向乡村共同富裕道路的根本遵循(罗必良,2020)。然而,新型农村集体经济和乡村共同富裕之间的耦合难以自然发生,农村集体经济组织和其他村级组织之间存在功能交叉、权能关系混乱的问题,容易滋生基层权力腐败的隐患,进而增加了农村集体经济沦为"乡村干部经济"的风险(陆雷、赵黎,2021)。

### 二、新型农村集体经济促进乡村共同富裕经验的机制提炼

例如,有学者基于对典型案例的研究后发现,建立以村民福祉为导向,通过不断完善内部动力机制(王海英、夏英,2022),形成有效激发、凝聚村民对集体经济的认同与向心力的内源式新型农村集体经济发展机制是持续促进乡村共同富裕的关键所在(李人庆、芦千文,2022)。新型农村集体经济的"抱团发展"经营模式能够有效整合乡村资源优势,提高资源集约利用水平(屠霁霞,2021),进而缩小城乡、村村之间的发展差距,营造多元共赢局面(郝文强等,2022)。新型农村集体经济自身蕴含着经济性和社会性,有学者认为,在集体价值观的引导下,通过统筹建设总体性组织与利益共同体,可以有效均衡农村集体经济双重属性,进而推动乡村共同富裕(卢祥波,2022)。此外,"党建在场"是新型农村集体经济促进乡

村共同富裕重要因素的观点,得到了学者们的普遍认同。村党组织通过权力引领(江宇,2022)、资源嵌入(李想、何得桂,2022)、赋能乡村治理的方式(何得桂、韩雪,2022),将党的全面领导嵌入新型农村集体经济发展过程之中,持续激发新型农村集体经济发展的内生动力,促进乡村共同富裕。

由此可见,既有研究从新型农村集体经济促进乡村共同富裕"何以可行""何以必要""何以促进"的角度,形成了"新型农村集体经济可以促进乡村共同富裕"的普遍共识,为后续相关研究提供了重要的理论基础和实践经验。但仍有一定的不足与研究空间:现有研究大多依照"描述现状—分析问题—提出对策"的研究逻辑,聚焦于规范性分析与描述性讨论,或以个案分析的方式,从微观层面对单一要素价值进行探讨,而从中观理论层面的阐释却一直较为"模糊",使得结论具有一定的情景色彩和碎片化倾向,未能形成具有中国本土特色的理论框架;或着重关注发展新型农村集体经济对乡村共同富裕的影响,缺少对"新型农村集体经济何以促进乡村共同富裕"这一问题的系统性解答,对于相关理论的边际知识拓展也尚待进一步加强,为本章提供了潜在的研究空间。我国地域广阔,各地区资源禀赋不一,这使得新型农村集体经济促进乡村共同富裕的多案例研究必不可少,一方面能够尽可能从社会实践的零散经验中归纳共性因素,另一方面能够为各地区发展新型农村集体经济、促进乡村共同富裕提供更多的经验与理论支持。鉴于此,本章尝试借助程序化扎根理论方法,通过提炼和归纳新型农村集体经济促进乡村共同富裕的本土实践样态,以深化新型农村集体经济发展与乡村共同富裕之间的关联认知,总结其背后的内在机制。

## 第三节 研究设计

### 一、研究方法

以 Glaser 和 Strauss 为代表提出的扎根理论研究方法,强调通过对资料不断进行浓缩、归纳的方式,构建理论框架(Glaser and Strauss,1967)。该研究方法在发展过程中逐渐分化为经典扎根、程序化扎根和建构主义扎根三种方法分支,其中,Strauss 与 Corbin 提出的程序化扎根理论更加强调人的主观能动性,认为研究者要尽可能了解资料,才能解释资料的内在逻辑(Strauss and Corbin,1990)。本章之所以选取程序化扎根理论作为研究方法,是因为乡村改革的实践情景中蕴含着新型农村集体经济促进乡村共同富裕的内在机制,对于这类问题的研究,不适宜采用预先放置研究框架的逻辑思维(吴肃然、李名荟,2020),而是应该运用以探索性和理论构建性为特征的程序化扎根理论,从丰富的情景视角"捕获"内在机制的创造过程,进而提升理论与情景的互动性与契合性,增强理论框架的现实诠释力。基于此,本章运用程序化扎根理论,借助 Nvivo12,通过开放式编码、主轴编码、选择性编码以及理论饱和度检验四个步骤,对相关文本资料逐句进行提炼与归纳,在概括和比较的过程中,逐渐聚焦研究问题,使新型农村集体经济促进乡村共同富裕的内在机制得以从中涌现。

## 二、资料选取

资料选取的典型性、真实性和多样性是运用扎根理论,展开归纳性思维构建科学模型的重要前提(Mom et al.,2009)。江苏省农村集体经济具备发展基础好、经营模式广、政策支持多的特征。2018年,江苏省被农业农村部确定为全国首批农村集体产权制度改革整省试点之一,并于2020年顺利完成全省试点任务,全面建立健全村级集体经济组织。截至2021年10月,江苏省村级集体资产规模超过4 000亿元,集体经营性资产总量超过2 000亿元,村均集体经营性收入突破200万元。江苏省以发展新型农村集体经济作为促进乡村共同富裕的着力点,颁布了《关于发展壮大新型农村集体经济 促进农民共同富裕的实施意见》《进一步加强农村集体资产监督管理 促进新型集体经济高质量发展的意见》等一系列政策,为高质量发展新型农村集体经济、走乡村共同富裕道路提供了强有力的政策支持。

## 三、资料来源

本章资料包括以下三类:一是政策资料。选取江苏省无锡市、徐州市、苏州市、盐城市、镇江市、泰州市、宿迁市和连云港市关于发展新型农村集体经济促进乡村共同富裕的8份相关政策法规及规范性文件参与编码,并预留1份政策文本进行理论饱和度检验。二是线上访谈资料。对案例所在地区的市农业农村局工作人员及农村基层干部共计4人,开展线上半结构化访谈,访谈文本约1.8万字,用于补充和验证相关资料。三是案例资料。来源于江苏省"新型农村集体经济高质量发展表率村十佳案例"与"新型农村集体经济引领共同富裕示范村十佳案例",共计20个案例,一方面囊括了江苏省北部、中部、南部地区,具有一定的代表性;另一方面涵盖了产业发展型、飞地抱团型、党建引领型等不同发展模式,具有显著的差异性。该案例由江苏省委农办与省农业农村厅联合评选,以公正、公开、公平为原则,以现实成效为标准,通过各地政府推荐、省农业农村厅遴选、网络投票与专家评审相结合的方式,择优选出,具有权威性和科学性。案例分析文本主要来源于政府推介和权威媒体报道,并在与其他资料交叉比对的过程中,剔除了部分可信度较低的案例文本资料,最终共计63份,约4.8万字。

## 第四节 范畴提炼与模型建构

在编码之前,笔者用A、B、C分别对案例、政策与访谈的文本资料进行了标记,并以"A01-1"的形式表示第一个案例文本的第一条原始资料,从而识别与记录不同编码的归属。

## 一、开放式编码

开放式编码是通过对原始资料拆分、检视与比较的方式,得出初始概念,并使其范畴化的过程。将分析文本资料导入 Nvivo12,以剔除重复、合并同类、删除低频概念为原则,共得到 66 个初始概念,进一步归纳得到 12 个初始范畴,如表 9—1 所示。

表 9—1　　　　　　　　　　　开放式编码(节选)

| 序号 | 原始资料(初始概念) | 初始范畴 |
| --- | --- | --- |
| A01—3 | 村党员牵头成立合作联社,为种植大户提供育秧、插秧、收割、烘干等全方位服务。(党员带头) | 带动机制 |
| A06—3 | 形成"支部引领、党员带头、群众参与"的全方位立体农村集体经济模式。(党支部带动) | |
| A05—4 | 街道党组织成立村级财务监管中心,对村会计实行垂直管理,并设置村级集体资产监管平台。(制度保障) | 规范机制 |
| B02—3 | 切实加强农村基层干部队伍和党员队伍建设,选优配强基层班子特别是村党组织带头人。(组织机构保障) | |
| A01—5 | 村"两委"积极引导多元社会主体参与村集体经济,多次引进外来优秀人才与企业。(争取外部资源) | 联系机制 |
| C01—4 | 我们就像是"麦克风",将党和政府支持新型农村集体经济发展的政策与福利有效落实到村民手里。(政策传导) | |
| A13—2 | 企业入驻农村社区,安置社区及周边近千人就业。(拓展就业机会) | 经济关联 |
| A09—5 | 成立农村集体股份经济合作社,鼓励引导村民入股,每年年底按股分红。(股权分红) | |
| A08—4 | 与农业科研院所展开合作,利用先进农业技术,打造高效农业园区,提升低产土地效益。(村院合作) | 组织关联 |
| A01—5 | 村集体合作社让村民成为新型农村集体经济发展的积极参与者和直接受益者。(村民参与) | |
| A09—7 | 拿出部分村集体经济收入,慰问本村学习成绩优秀、家庭困难的 11 名学生。(走访慰问) | 情感关联 |
| A17—3 | 召开村集体经济组织成员代表大会,将部分集体经济收益,用作村内困难农户临时救济金。(临时救济) | |
| A14—7 | 计划通过 3 年时间,逐步对工业园进行业态调整,加快"退二进三"工作力度,推进工业园区"腾笼换凤"。(产业结构优化) | 发展产业 |
| A10—2 | 形成以荷花、荷叶、莲藕等特色农产品为代表的优势莲藕种植产业,全村莲藕种植面积达到 1 300 亩以上。(特色产业建设) | |
| A13—4 | 农村社区居民作为股份经济合作社成员,可享受每年集体收入的红利分配以及医疗费报销、健康福利等。(提升公共福利水平) | 改善分配 |
| A06—4 | 建立镇村联合发展平台,由街道与 6 个村作为股东共同参与经营与管理,所得收益按出资比例反馈至村集体,作为"福利费",用于奖励、慰问与补贴。(设置村集体福利费) | |

续表

| 序号 | 原始资料(初始概念) | 初始范畴 |
|---|---|---|
| B01—9 | 深化村民自治,规范村务公开,健全村级集体经济组织成员代表大会、理事会、监事会"三会"治理机制。(村民参与自治) | 优化治理 |
| C03—2 | 村里开展人居环境整治的工作,需要一定的经济投入,而村集体经济的发展,为村里开展治理活动提供了资金支持,也进一步提高了村民的生活质量。(人居环境整治) | |
| A04—5 | 村内缺少可持续发展的优质产业与可主导的特色产业。(产业支撑能力薄弱) | 发展挑战 |
| C01—4 | 村"两委"的工作人员年纪都比较大,没有精力也没有能力考虑发展新型农村集体经济了。(村干部能力不足) | |
| C02—3 | 市里出台了专项政策,为村里面发展新型农村集体经济开了'绿灯',尤其是解决了审批难题,有了政策保障,我们干起来也充满信心。(政策支持) | 高位推动 |
| A04—2 | 在市、镇政府的支持与督促下。(任务压力) | |
| A07—6 | 村党组织把发展集体经济、解决居民就业、带领居民致富作为第一要务。(以人民为中心) | 动机驱动 |
| C03—5 | 我是生长在这里的人,既能建设家乡,又能带着街坊邻居一起致富,对我来说就是天大的好事。(主人翁意识) | |

## 二、主轴编码

主轴编码是在开放式编码的基础上,依据因果、现象、结构等编码范式模型,进一步探索初始概念与初始范畴之间的关系,并以客观事实为基础,通过聚类与区分的方式,提取出能够统筹副范畴和初始概念的主范畴,为构建理论框架提供核心因素(贾哲敏,2015)。本章共凝练出4个主范畴和12个副范畴,如表9—2所示。

表9—2　　　　　　　　　　　主轴编码

| 主范畴 | 副范畴 | 初始概念 |
|---|---|---|
| 党建引领机制 | 带动机制 | 党员带头、党支部带动、党组织领办、宣传引导、激励调动 |
| | 联系机制 | 政策传导、了解诉求、决议传达、争取外部资源、盘活内部发展要素、党员联户 |
| | 规范机制 | 组织机构保障、制度保障、监督管理、道德规范、说服教育 |
| 利益联结机制 | 经济关联 | 拓展就业机会、股权分红、工资收入、租金收入、保底收购 |
| | 组织关联 | 村企联合、村院合作、村民参与、社会组织参与、专家参与、联合经营、搭建平台、资源整合 |
| | 情感关联 | 走访慰问、临时救济、沟通交流 |

续表

| 主范畴 | 副范畴 | 初始概念 |
| --- | --- | --- |
| 发展成果转换机制 | 发展产业 | 产业结构优化、特色产业建设、打造乡村产业品牌体系、拓展乡村产业链、培育产业化龙头企业 |
|  | 优化治理 | 民主协商议事、村民参与自治、治理结构优化、人居环境整治、乡风文明建设、制定村规民约 |
|  | 改善分配 | 设置村集体福利费、提升公共服务供给能力、提升公共福利水平 |
| 动力机制 | 发展挑战 | 村集体经济组织定位模糊、产业支撑能力薄弱、村干部能力不足、人才短缺、配套制度不完善、资源制约、村民参与度较低、漠视长远收益、村两委权威弱化 |
|  | 高位推动 | 政党使命、统筹规划、任务压力、政策支持、资金扶持、村集体经济项目供给 |
|  | 动机驱动 | 乡土情怀、主人翁意识、以人民为中心、乡风民约、晋升激励 |

### 三、选择性编码

选择性编码需要从主范畴中精炼出核心范畴,并以"故事线"的形式将核心范畴与其他范畴串联起来,促使理论框架逐渐浮现。经过选择性编码后,明确本章的核心范畴为"新型农村集体经济促进乡村共同富裕的内在机制",并形成了清晰的故事线索:首先,涵盖发展挑战、高位推动和动机驱动在内的"动力机制"是触发新型农村集体经济推动乡村共同富裕的前因要素。其次,村党组织作为发展新型农村经济促进乡村共同富裕的责任主体,在过程中充分发挥"党建引领"作用,通过带动、联系和规范的方式,将共同富裕主体结构的个体性和群体性有机统一,形成了主体间的利益联结。再次,"利益联结机制"从经济、组织和情感层面上建立了利益主体之间的关联,并通过构建激励相容性的多元主体关系,形成了乡村利益共同体。最后,共同体从共建、共治、共享维度,构建"发展成果转换机制",并通过发展产业、优化治理和改善分配的方式,将新型农村集体经济的经济收益转换为村民收入与福祉,让发展成果惠及全体村民,进而推动乡村共同富裕的实现,其实质是从"共有"迈向"共富"的过程,如图 9-1 所示。

### 四、理论饱和度检验

为了验证模型构建的完整度,本章从已经去除前文所选案例的江苏省"共同富裕百村实践"案例库中随机抽取的 10 个案例,并加入 1 份政策文本,重复开展前文的编码与分析工作,结果没有出现新的概念与范畴。因此,该模型具有相对良好的理论饱和度。邀请其他两位行政管理专业博士对文本资料进行独立编码,并利用 Nvivo12 计算 Pearson 相关系数,系数越高,代表不同编码者之间的共识性越好。如图 9-2 所示,主范畴、副范畴和初始概念之间的相关系数皆大于 0.8,说明相关要素与新型农村集体经济促进乡村共同富裕的内在机制之间是强相关关系,其中,党建引领机制相关系数(0.984 4)最高,是最为关键的机制。

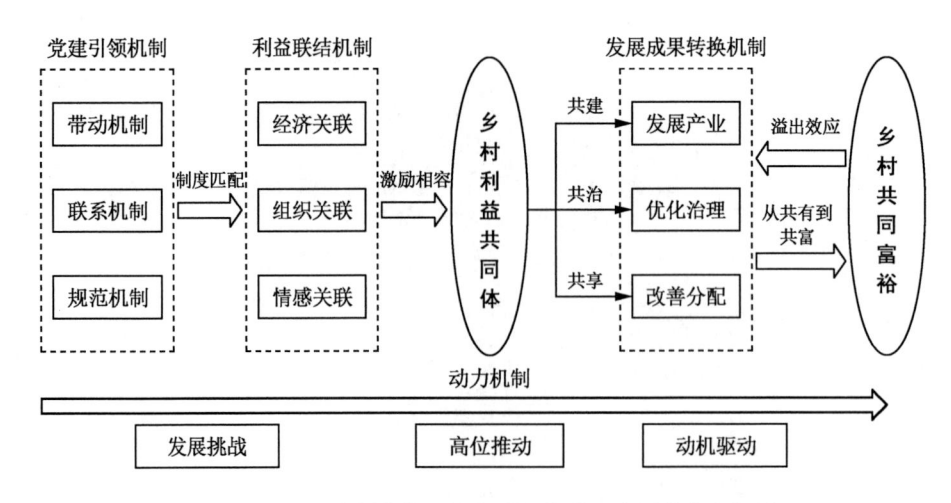

图 9—1 新型农村集体经济促进乡村共同富裕的内在机制

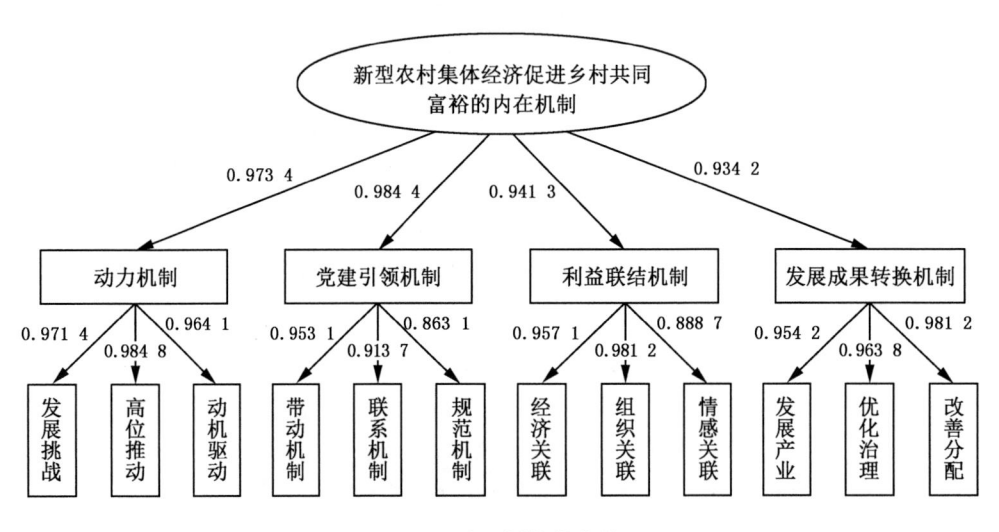

图 9—2 编码树状节点关系

## 第五节 新型农村集体经济促进乡村共同富裕的内在机制

**一、动力机制:触发新型农村集体经济促进乡村共同富裕的前因要素**

历史制度主义认为,政府等权威力量通过改变制度变迁的路径依赖性质,破除了制度路径依赖对制度变迁的束缚,强调了政治力量对制度创新的推动作用(郭忠华,2003)。在中国情景下,制度创新的动力主要体现在两个方面:一是激发政府创新意愿的外部力量,包括强制性动力与诱致性动力;二是政府基于"成本—收益"分析后所产生的制度创新行为

（郁建兴、黄亮，2017）。据此，发展新型农村集体经济、促进乡村共同富裕的制度创新动力源自基于"成本—收益"分析后对现实发展挑战的回应与解决，以及政治力量的推动和能够激发、指引与维持人们行为的内在驱动力。

一是发展挑战。问题是，当前社会发展与制度安排产生冲突的具体表现，同时是制度创新的外生性动力。由于部分村"两委"班子软弱涣散、资源禀赋先天不足以及村集体经济组织定位模糊，导致发展新型农村集体经济面临村民参与积极性不高、产业支撑能力薄弱等现实挑战，削弱了村集体经济可持续发展的内生动力，难以为推动乡村共同富裕提供物质基础。此外，受"奥尔森困境"影响，村民只关注村集体经济所产生的眼前利益，一次性将集体收益"分光吃光"，这种杀鸡取卵的行为严重制约了村集体经济的长远发展。

二是高位推动。自上而下的政治势能是推动内在机制形成的顶层驱动力，决定了其发展方向和路径，呈现显著的政治主导性（薛澜、李宇环，2014）。在中央的政治导向和统筹规划下，江苏省政府通过出台政策法规及规范性文件的方式，向下施加任务压力，引导各级党委和政府以落实任务为目标，配置好注意力资源，并促使其通过资源倾斜、政策支持和项目供给的方式，为新型农村集体经济促进乡村共同富裕提供实质性的支撑。

> 我们村没有什么资源，一直发展不起来集体经济，自从2021年政府为我们提供了60万元扶持补助资金以及相关税收减免优惠政策后，村里就有能力就把集体经济搞"活"了。（访谈记录C04）

三是动机驱动。公共服务动机理论认为，人们具备在公共领域开展有利于维护公共利益和提升他人福祉水平工作的利他精神与动机（James and Annie，2008）。动机驱动源自基层党员干部基于对人民利益的关切、对家乡的热爱以及满足自身社会需要等心理倾向，在与外界环境互动的过程中，获得了来自人民群众认可、上级赏识和自身能力提升等方面的价值反馈，进一步激发了自身责任认同与乡土情怀，进而形成了发展新型农村集体经济促进乡村共同富裕的内生性动力。"民有所需、我有所为""为家乡谋发展"成为案例中大部分乡村基层党员干部的工作信念，并在实际工作中将满足人民需求、增进人民幸福感与获得感以及建设家乡作为工作开展的首要考量，为促进乡村共同富裕汇聚强大动能。

## 二、党建引领机制：引导新型农村集体经济促进乡村共同富裕的重要引擎

党建引领是新型农村集体经济促进乡村共同富裕的"掌舵者"，其实质在于，通过有机融合党组织政治功能、服务功能、组织功能和规范功能的方式，将党的集中统一领导转换为发展新型农村集体经济促进乡村共同富裕的集体行动。

一是带动机制。由于村民存在认知水平较低、主观能动性不强以及组织观念较为薄弱的问题，难以自发走上乡村共同富裕道路。因此，需要通过发挥党员模范带头作用、政策激励调动以及媒体宣传动员等方式，拉近村党组织、党员与其他主体之间的空间距离和情感

距离,塑造主体间亲密关系,进而提升多元利益主体对发展新型农村集体经济,促进乡村共同富裕的认同感与参与度。例如,晶桥镇芝山村党组织领办农民合作社综合社,以"党建+担保"的形式将党支部的组织优势与农民合作社综合社、企业的经济优势相结合,借助政治信任,将村民、农村集体经济组织与企业融合到利益联结机制的形成过程之中,发挥聚合作用,切实激发了各类主体的参与积极性和主观能动性。

二是联系机制。首先,村党组织作为联系人民群众的"桥头堡",通过走访调查、线下接访与党员联户等方式,了解社情民意,充分发挥向上反映群众诉求、向下传达上级政策与农村集体经济组织成员代表大会决议的作用,实现了利益主体之间的信息对称。其次,村党组织一方面能够积极联系、承接技术、资金与人才等外部资源嵌入,另一方面能够有效盘活乡村资产、资源与劳务等内部发展要素,为发展新型农村集体经济、促进乡村共同富裕提供动态资源支持。例如,骆驼山街道狮子山社区党支部在深入基层调查研究后,先后引进东兴、诗阳等千万元级大型企业,在弥补发展新型农村集体经济的技术、产业缺口的同时,激活了当地劳动力,为利益联结机制的形成提供了联结主体。

三是规范机制。村党组织通过运用强制性政策工具与柔性治理工具,将约束多元利益主体行为以及规范新型农村集体经济发展方向的治理目标转化为实际行动与制度,从而实现促进乡村共同富裕的政策目标。一方面,惠萍镇东兴镇村党组织以"有形之手"的形式,指导农村集体经济组织不断健全自身组织结构与制度体系,加强对农村集体经济组织规范运作的监管,保障新型农村集体经济促进乡村共同富裕的过程中有章可循、有规可依,尽可能化解"恃强凌弱"的"精英俘获"现象(梁剑锋、李静,2015);另一方面,基层干部采用具备人性关怀和情感特征的行动策略,以道德劝说、说服教育为途径,强化村集体经济组织追求利益最大化的集体理性,引导其走向合作与互助。二者合力确保村民在新型农村集体经济促进乡村共同富裕过程中的主体地位,保障多元利益主体的合理权益与利益,加强了利益联结机制的稳定性、可持续性和约束力。

### 三、利益联结机制:构建乡村利益共同体的关键链条

在党建引领机制的影响下,村民与其他行为主体之间相互联系、作用及调节等行为,在经济、组织与情感层面上形成了关联,构成了利益联结机制。该机制能够将个体理性与集体理性有机融合,构建以激励相容为导向的多元主体关系,并在不同主体之间实现了利益与情感的共振,进而形成了利益共享、责任共有、风险共担的乡村利益共同体。

一是经济关联。曾任美国政治学会主席的罗伯特·阿克塞尔罗德教授认为:"合作不源于友谊,或者至少不源于友谊,而是与合作双方是否具有长期交往的利益关系有关。"(罗伯特·阿克塞尔德,2017)经济关联主要表现为企业与村集体经济组织,通过股权分红、劳务薪酬、就业带动等方式,拓宽村民收入渠道,与村民共享新型农村集体经济的利益增值,通过塑造有效的利益激励,激发村民参与集体行动的行为动机,进而增强利益联结机制的

紧密程度。例如,临湖镇灵湖村引入旅游企业开发"玖树森林的秘密"乡村度假项目,企业按固定资产投资比例,分季度向村集体缴纳租金,为村民提供稳定的租金收益;同时,通过订购特色农产品、雇佣临时劳务等方式,与村集体建立稳定合作关系,带动村民围绕产业链就业增收。

二是组织关联。对于个体而言,为其提供发展平台与基本保障是组织的重要功能。组织关联表现为社会组织与村级组织通过村企联合、村院合作以及联合经营等方式,在乡村成立农民专业合作社、农业专业化社会化服务社、农村股份经济合作社等,为组织与村民之间的利益联结提供平台。平台一方面通过发挥"上通下联"的作用,引导企业带动村民共建共富,助力村民共享全产业链增值收益;另一方面,通过增进乡村内部以及村企之间沟通的方式,提升村民的组织化程度,进而推动新型农村集体经济的发展走向规模化与集约化。以板桥街道张氇村为例,该村推行"企业+合作社+农户"的股份合作制,积极引入华乐合金集团。企业以项目、技术、人才等方式入股农村集体合作社,村级组织则以土地、资金、劳务等方式入股,二者以农村集体合作社为平台,整合内外资源,推动发展模式由"小而散"向"大而优"转型,有效弥补了新型农村集体经济促进乡村共同富裕过程中资源不足与组织基础薄弱的问题。

三是情感关联。情感是将人们联系在一起的"黏合剂",是可以推动社会发展的重要因素(乔纳森·特纳、简·斯戴兹,2007)。当人们意识到互助利他行为比极端利己行为更有利于产生最大效益时,就会形成带有责任意识和奉献精神特点的"亲社会情感",进而引发互利互惠的行为动机。情感关联在利益联结机制中具体表现为企业及村级组织通过走访慰问、临时救济、沟通交流等方式,向村民传递出以情感为代表的柔性资源,并在这一过程中逐渐积累主体间的信任,使社会焕发"温情效应",不仅有利于帮助利益联结机制实现良序运转,增进更为持久、稳定的乡村社会整体效益,而且有利于接近"帕累托最优",缩小社会整体贫富差距(唐任伍、李楚翘,2022)。

> 为了搞好企业、村级组织和村民之间的关系,我们会通过在村里走访慰问的方式,关心大家的生活情况,并发放一些生活必需品。另外,村民家里有什么急事、难事,村里面也会提供一些临时性救济。这些方法拉近了大家之间的心理距离,让我们也能更好开展推进乡村共同富裕的相关工作。(访谈记录C02)

**四、发展成果转换机制:实现新型农村集体经济促进乡村共同富裕的必要条件**

乡村利益共同体在共建、共治、共享三重维度下,坚持以人民为中心的发展思想,形成发展成果转换机制,并通过发展产业、改善分配与优化治理的方式,将新型农村集体经济的经济收益转换为能够惠及全体村民的发展成果。

一是发展产业。解放和发展生产力是实现共同富裕的关键因素,没有先进生产力和经济发展作为支撑,乡村共同富裕就会沦为"一纸空谈"。产业兴旺作为促进乡村先进生产力与经济发展的根本要求(唐任伍、许传通,2022),同时是新型农村集体经济促进乡村共同富裕的重要形式。新型农村集体经济以实现产业高质量发展为引领、以产村融合为原则,通过产业结构优化、发展特色产业、拓展乡村产业链等方式,提升了乡村产业结构的合理化与高级化程度,激发了乡村共同富裕的内生发展动力,为将经济收益转换为改善民生与提高公共服务均衡性、可及性,提供了高产出—投入比的保障手段(刘培林等,2021)。例如,南渡镇庆丰村以品牌战略为导向,打造了"妈妈味稻"等庆丰特色大米品牌,并以此大力发展稻麦加工产业和特色餐饮业,形成了线上线下、多元产业融合发展的"农商旅"综合体。2021年,庆丰村集体经济年总收入为248万元,村民人均收入达到3.3万元,极大地加强了新型农村集体经济的"造血功能",提高了全体村民的整体生活水平。

二是优化治理。切实发挥农民在乡村治理中的主体作用,是乡村治理有效的必然要求(陈松友、卢亮亮,2020)。乡村利益共同体显现了"集中力量办大事"的价值取向,一方面加强了村民对集体主义文化的认同,使其能够将集体和组织目标置于首位,并以此指导自身行为逻辑,提高了参与乡村治理的积极性,突出了村民的主体性地位;另一方面,深化了村民对合作、互惠、信任等价值的认知与理解,并能够在参与民主协商、制定村规民约、开展乡风文明建设的过程中,积极寻求个体利益与集体利益的契合点,和谐人与人之间的关系,为形成多元主体合作共治的乡村自治结构提供社会资本,提升了乡村治理效能。在此基础上,将新型农村集体经济的经济收益转换为村民的幸福感和获得感,让新型农村集体经济发展所带来的乡村治理成果更多、更好、更公平地惠及全体村民。

三是改善分配。分配制度是促进全体人民共同富裕的基础性制度,改善分配能够有效扩大"富裕"的实现范围、提高共同富裕的实现程度,是新型农村集体经济促进乡村共同富裕的重要内涵。以市场为导向的新型农村集体经济虽然能够充分发展乡村生产力,为促进乡村共同富裕提供强劲动力,但是,集体经济自身的市场实现机制使其难以在理论与现实中跨越从"共有"到"共富"的鸿沟。因此,需要乡村利益共同体通过提高公共服务供给能力、设置村集体福利费等方式,尽可能让新型农村集体经济发展成果与福祉及时惠及全体村民,实现乡村共同富裕的理性预期。城北街道平园池村将新型农村集体经济发展与公共服务基础设施建设相结合,依靠村集体发展农旅产业的契机,大力建设公共服务基础设施,包括农居改造、道路硬质化与亮化全覆盖,并新建了雨污管网、文化活动中心、户外运动场地,且相关费用均由村集体经济承担。东山街道章村社区在南京市首创"农村退休金制度",截至2022年,累计向村民发放养老金超过3 000万元。上述行政村通过改善乡村基础设施与提升公共福利水平的方式,对发展成果进行再分配,进而解决了由于资本的逐利性、市场失灵所导致的收益分配不均以及村民在集体收益分配中居于弱势地位的问题,推动新型农村集体经济收益分配更加趋于合理与公平,使村民成为新型农村集体经济高质量发展的真正受益人。

**五、新型农村集体经济促进乡村共同富裕内在机制的实践逻辑**

自上而下的政治势能高位推动是新型农村集体经济促进乡村共同富裕的顶层驱动力，体现了党对历史使命的追求；村组织应对新型农村集体经济发展挑战、化解实现乡村共同富裕的压力风险，是从发展新型农村集体经济到促进乡村共同富裕的外部驱动力；基层干部基于公共服务动机理论，积极发挥担当作为精神，不断满足人民群众对美好生活的需要成为内部驱动力。"三位一体"的动力机制贯穿于新型农村集体经济，促进乡村共同富裕的全过程，成为触发内在机制的前因要素，并深刻影响着其他机制的后续开展。

政党力量以村级党组织为媒介，通过党建引领机制，将政治权威扩展到发展新型农村集体经济促进乡村共同富裕的全过程，并着重于促进利益联结机制的形成以及对其开放性与包容性的维护。村党组织一方面运用联系、带动机制，积极发挥"协调型"基层政权作用，成为组织与个人之间的协调耦合主体（付伟、焦长权，2015），聚集各方利益主体，提高了利益联结机制的开放性；另一方面，通过规范的方式，借助强制性政策工具和柔性治理工具，对多元利益主体进行约束，使其在追求经济利益的过程中产生社会责任感和使命感，并帮助处于弱势地位的村民实现利益主体之间的"权利平衡"，让工具理性和价值理性能够在形成利益联结机制的过程中得以共存，以互利共惠为原则，引导各方利益主体达成共识，增强了利益联结机制的包容性。该机制的实质在于，通过整体性和系统性机制设计，将推动共同富裕的政策设计嵌入乡村当前政治、社会以及文化的现实情境中，并且在目的和手段上相互兼容，进而遵循了共同富裕机制设计的制度匹配原则（郁建兴、任杰，2021）。

奥尔森认为，通过强制或独立的选择性激励，如制度、规章、机制设计等，可以引导理性个体趋向于集体理性选择，达到走出集体行动困境的目的（曼瑟尔·奥尔森，2014）。主体间利益与情感的割裂是发展农村集体经济过程中个体理性与集体理性发生矛盾的根源所在（吴春梅、靳雯，2021），制约了共同富裕的实现。赫维茨在机制设计理论中首次提出激励相容原则，他认为，激励相容反映的是制度或机制同时兼容个体和集体利益的程度（Hurwicz，1973）。利益联结机制以经济利益激励为引导，将利益主体纳入"组织化"轨道，并通过情感交流的方式，向利益主体传递出"温情信号"，促进了主体间的对话与信任，进而构建了激励相容性的多元主体关系。不同利益偏好被重组为"共容性利益"，促使多元主体在追求自身利益最大化的同时实现集体行动的目标，进而形成了乡村利益共同体，实现了增进乡村集体性利益和利益共享的预期。

虽然新型农村集体经济和乡村利益共同体的发展与壮大是实现乡村共同富裕的重要保证，但是，二者并非必然会对乡村共同富裕产生促进作用（李人庆、芦千文，2022）。而是需要建立一个与新型农村集体经济的市场实现机制相叠加的乡村共同富裕转换机制以及科学、合理的"分利秩序"，才能将新型农村集体经济的经济收益从多维度转换为可由全体村民共享的发展成果,确保新型农村集体经济与乡村共同富裕实现协同共进的良性循环。发展成果转换机制将乡村共同富裕过程中"发展""共享"两个目标相统一,将促进乡村共同富裕的目标和途径相统一,进而真正将高质量发展新型农村集体经济与乡村利益共同体置于促进乡村共同富裕的远景目标中统筹推进,促使二者在逻辑与实践中相互融合。

## 第六节 总结与讨论

发展新型农村集体经济是党中央立足于我国乡村发展实际,着眼于实现农业农村现代化、解决发展不平衡不充分问题、扎实推进农民农村共同富裕所做出的重大战略决策。作为一项探索性研究,本章的贡献可能在于以下几个方面:首先,本章基于江苏省新型农村集体经济发展经验,以程序化扎根理论作为研究方法,发现新型农村集体经济促进乡村共同富裕的内在机制中包含动力机制、党建引领机制、利益联结机制和发展成果转换机制四个核心要素,并在助推、发起、整合、反馈的动态过程中相互作用,由此构成了新型农村集体经济促进乡村共同富裕的实践逻辑。其次,本章是对中国发展新型农村集体经济促进乡村共同富裕场景的初步探索,尝试突破既有文献对乡村共同富裕的宏观理论研究和微观应用研究,明晰了新型农村集体经济在促进乡村共同富裕过程中的动因、主体、机制和途径,进而拓展了学界对于推进乡村共同富裕研究的中观视角,同时进一步丰富了程序化扎根理论可能的应用领域。

虽然本章对新型农村集体经济如何促进乡村共同富裕这一问题进行了有益探索,但仍存在以下不足:首先,不同地区的新型农村集体经济发展水平不同,其促进乡村共同富裕的内在机制也不尽相同。本章作为一项探索性研究,以农村集体经济发展态势较好的江苏省作为研究对象,得出结论的可推广程度仍需要深入讨论。虽然江苏省推进乡村共同富裕所选择的方向与发展路径符合我国推进农业农村现代化的发展趋势,但也应当认识其内在仍然存在诸多不确定因素。因此,未来需进一步推动我国其他地区新型农村集体经济促进乡村共同富裕的内在机制。其次,本章尝试打开新型农村集体经济促进乡村共同富裕的"黑箱",结论涵盖了多元利益主体、影响因素以及作用路径,存在"大而全"的局限性。因此,未来对新型农村集体经济促进乡村共同富裕的研究中,应尝试聚焦于某一理论,推进该问题向纵深方向不断拓展。

## 参考文献

[1] 陈松友,卢亮亮. 自治、法治与德治:中国乡村治理体系的内在逻辑与实践指向[J]. 行政论坛,2020,27(1):17—23.

[2] 陈锡文. 充分发挥农村集体经济组织在共同富裕中的作用[J]. 农业经济问题,2022(5):4—9.

[3] 丁忠兵,苑鹏. 中国农村集体经济发展对促进共同富裕的贡献研究[J]. 农村经济,2022(5):1—10.

[4]付伟,焦长权."协调型"政权:项目制运作下的乡镇政府[J].社会学研究,2015,30(2):98-123.

[5]高鸣,魏佳朔,宋洪远.新型农村集体经济创新发展的战略构想与政策优化[J].改革,2021(9):121-133.

[6]郭忠华.新制度主义关于制度变迁研究的三大范式[J].天津社会科学,2003(4):82-86.

[7]郝文强,王佳璐,张道林.抱团发展:共同富裕视阈下农村集体经济的模式创新——来自浙北桐乡市的经验[J].农业经济问题,2022(8):54-66.

[8]何得桂,韩雪.引领型协同治理:脱贫地区新型农村集体经济发展的模式选择——基于石泉县"三抓三联三保障"实践的分析[J].天津行政学院学报,2022,24(4).

[9]江宇.党组织领办合作社是发展新型农村集体经济的有效路径——"烟台实践"的启示[J].马克思主义与现实,2022(1):126-132.

[10]贾哲敏.扎根理论在公共管理研究中的应用:方法与实践[J].中国行政管理,2015(3):90-95.

[11]李人庆,芦千文.农村集体经济促进农民共同富裕的实现机制——基于山东即墨鳌角石村案例研究[J].当代经济管理,2022,44(11):1-8.

[12]李想,何得桂.制度同构视野下党建引领新型农村集体经济发展的过程与机制——基于"三联"促发展工作实践的分析[J].党政研究,2022(4):72-83.

[13]梁剑峰,李静."精英俘获":农民专业合作社成长之困[J].宏观经济研究,2015(3):58-62.

[14]刘培林,钱滔,黄先海,董雪兵.共同富裕的内涵、实现路径与测度方法[J].管理世界,2021,37(8):117-127.

[15]卢祥波.共同富裕进程中的农村集体经济:双重属性与平衡机制——以四川省宝村为例[J].南京农业大学学报(社会科学版),2022,22(5):23-32.

[16]陆雷,赵黎.从特殊到一般:中国农村集体经济现代化的省思与前瞻[J].中国农村经济,2021(12):2-21.

[17]罗必良.相对贫困治理:性质、策略与长效机制[J].求索,2020(6):18-27.

[18]舒展,罗小燕.新中国70年农村集体经济回顾与展望[J].当代经济研究,2019(11):13-21.

[19]唐任伍,李楚翘.共同富裕的实现逻辑:基于市场、政府与社会"三轮驱动"的考察[J].新疆师范大学学报(哲学社会科学版),2022,43(1).

[20]唐任伍,许传通.乡村振兴推动共同富裕实现的理论逻辑、内在机理和实施路径[J].中国流通经济,2022,36(6):10-17.

[21]唐文浩,张震.共同富裕导向下低收入人口帮扶的长效治理:理论逻辑与实践路径[J].江苏社会科学,2022(1):150-158.

[22]屠霁霞.抱团发展模式促进农村集体经济发展——基于浙江的经验分析[J].河南社会科学,2021,29(1):42-48.

[23]王海英,夏英.共同富裕视角下农村集体经济的有效实现形式——理论逻辑和案例证据[J].内蒙古社会科学,2022,43(5):118-125.

[24]王娜,胡联.新时代农村集体经济的内在价值思考[J].当代经济研究,2018(10):67-72.

[25]吴春梅,靳雯.利益与情感共同体建设:农民经济互助的中国方略[J].理论探讨,2021(1):46-53.

[26]吴肃然,李名荟. 扎根理论的历史与逻辑[J]. 社会学研究,2020,35(2):75-98.

[27]徐传谌,翟绪权. 所有制结构中公有制经济规模对贫富差距的影响——基于《中国统计年鉴》数据的实证研究[J]. 社会科学研究,2015(3):30-38.

[28]薛澜,李宇环. 走向国家治理现代化的政府职能转变:系统思维与改革取向[J]. 政治学研究,2014(5):61-70.

[29]杨洋. 农村集体经济振兴的蕴含价值、现实困境与实现路径[J]. 农村经济,2020(9):27-33.

[30]郁建兴,黄亮. 当代中国地方政府创新的动力:基于制度变迁理论的分析框架[J]. 学术月刊,2017,49(2):96-105.

[31]郁建兴,任杰. 共同富裕的理论内涵与政策议程[J]. 政治学研究,2021(3):13-25.

[32]赵意焕. 合作经济、集体经济、新型集体经济:比较与优化[J]. 经济纵横,2021(8):20-28.

[33]Hurwicz L. The design of mechanisms for resource allocation[J]. American Economic Review,1973,63(2):1-30.

[34]Glaser B. G. ,Strauss A. L. The discovery of grounded theory:strategies for qualitative research[M]. New York:Aldine,1967.

[35]Strauss A. ,Corbin J. J. Basics of qualitative research:Grounded theory procedures and techniques[M]. Newbury Park:Sage,1990.

[36]Mom T. J. M. ,van den Bosch F. , Volberda H. Understanding variation in managers ambidexterity:Investigating direct and interaction effects of formal structural and personal coordination mechanisms[J]. Organization Science,2009,20(4):812-828.

[37]Perry J. , Hondeghem A. Building theory and empirical evidence about public service motivation[J]. International Public Management Journal,2008,11(1):3-12.

# 第五部分

## 新议题与新趋势

# 第十章　数字治理转型与企业 ESG 宏观态势

## 第一节　问题的提出

企业的环境、社会与治理(ESG)表现一直是学术界与实务界关注的焦点,提高企业 ESG 表现对于促进企业的可持续、高质量发展,以及推动我国碳中和进程具有重要的战略意义。要提高企业 ESG 表现,关键在于理顺其相关的影响因素。政府不仅是配置关键要素资源、营造营商环境的重要力量,同时是引导企业实践与发展的重要主体,其自身行政体制变革与行为对于企业乃至全社会的变化与发展具有重要影响。对此,已有不少学者对政府改革或行为与企业活动之间的关系展开了深入研究。例如,从政府自身改革来看,于文超、王丹(2024)基于 2016—2019 年中国 A 股上市公司数据,使用大数据发展"政用指数",刻画各地区数字政府建设水平,评估了数字政府建设对企业非生产性支出的影响及其机制。研究发现:数字政府建设显著降低了企业非生产性支出。张曾莲、邓文悦扬(2022)则基于政府投融资视角,探讨地方政府债务对企业 ESG 的影响效应及作用机理,经过倾向得分匹配、两阶段最小二乘法回归、改变样本范围、替换变量等一系列稳健性测试后,发现地方政府债务能够显著降低企业的 ESG 表现。在政府行为和注意力配置方面,孟祥慧、李军林(2023)根据地方政府工作报告文本,将环境关注度和经济增长目标作为政府绩效考核的替代指标,研究其对企业 ESG 表现的影响机制,发现政府加强对环境问题的关注显著促进了企业的绿色转型,二者呈现倒 U 型关系。类似地,姜爱华等(2023)则探讨了政府采购行为对企业 ESG 表现的影响,发现政府采购对提升企业 ESG 表现具有积极的激励效应。异质性分析显示,这种正向激励效应在规模较大、重污染行业和成熟期企业中更为显著。从作用机制来看,政府采购通过缓解企业融资约束、改善企业内部控制以及提升企业市场关注度等途径,为企业提升 ESG 表现提供了内在激励和外在动力。

数字政府建设是我国进入新发展阶段后,政府实现自身改革创新以及建设数字中国的基础性工程。数字政府建设不仅提高了政府对企业的监管效率,还进一步完善了信息披露和公示制度,使得企业信息更加公开化与透明化,深刻地影响了企业的行为与发展(许乐、孔雯,2023)。但是,现有研究并未将研究视角拓展到数字政府建设对企业 ESG 表现的影响。那么,随着数字政府建设的不断推进,数字政府建设是否会对企业的 ESG 表现产生影响?影响的机制又将受到何种因素影响?这些都是值得进一步深入探讨的问题。为此,本章旨在通过对上市公司披露的 ESG 表现数据的统计分析,来探讨数字政府假设之于其的潜在影响,并提出具有相应的政策建议。这些分析与建议为促进企业实现高质量发展、改善政府与企业的互动关系以及推动国家可持续发展战略的实施提供一定的参考。

## 第二节 文献回顾与研究假设

2022 年 6 月,《国务院关于加强数字政府建设的指导意见》(国发〔2022〕14 号)指出:"以数字政府建设为牵引,拓展经济发展新空间,培育经济发展新动能,提高数字经济治理体系和治理能力现代化水平。准确把握行业和企业发展需求……更好满足数字经济发展需要。"由此可以看出,数字政府作为信息技术革命的阐述,数字政府的建设是公共治理理论与数字技术深度融合的发展趋势,强调以需求为导向推动政府内部治理理念、治理手段以及体制机制发生数字化变革,进而促进政府主体与市场主体之间的有效互动(刘淑春,2018)。从数字政府的内涵来看,当前学界对数字政府概念以及推进路径的解读主要包括技术工具、机构改革、质量模式等多重视角(叶战备等,2018;蒋敏娟、黄璜,2020)。例如,黄璜(2020)指出,数字政府建设的关键在于形成"平台驱动"模式,即基于"政务平台体系",构建能够广泛联系公众、企业与政府部门的数字基础设施平台。类似地,郭明军等(2023)认为,实现算力分布式部署、政企数据有效融合、公共数据授权运营以及政府全天候泛在服务四层基本架构体系,是我国推动"整体性政府"向"智能体政府"转变的重要路径。总体而言,数字政府是政府通过数字化思维、理念、战略、资源、工具以及规则等治理信息,提供优质政府服务、增强公众服务满意度的过程(戴长征、鲍静,2017)。数字政府建设的工作重心在于打破公共服务供给的"数据壁垒",推动公共服务供给由以政府机构为中心的"供给导向"逐渐转向以企业、市民等社会主体为中心的"需求导向",切实实现"数智惠民、优政慧治"的目标(王伟玲,2019)。

数字政府建设与企业行为密切相关,笔者尝试从公共服务供给、政府行政监管与政府廉政建设三个角度进行梳理。首先,从公共服务供给的角度来看,数字政府建设能够打破政府层级间的信息不对称和政府部门间的信息壁垒,实现跨层级和跨部门的行政资源统筹使用和业务协同(江文路、张小劲,2021)。也有学者发现,"大数据云""一网通办"等数字政府实践模式能够显著降低企业的制度性交易成本(范合君等,2022)。其次,从政府行政监管的角度来看,一般而言,数字政府事实上重构了政府内部以及政府与企业之间的信息界面,使得政府作为平台形态来与企业进行互动,并做出相应的监管,这就意味着政府能够运用信息通信技术,超越时空限制,在打造"无缝隙式的服务"的同时,更加容易监测评估企业的行为,这使得企业对于政策的遵循变得更加迫切。具体来说,数字政府建设所形成的数字基础设施能高效收集、分析、整合经济社会运行信息,实现对企业经营活动的精准智慧监管,避免不规范的行政监管给企业带来的行政负担(李季、王益民,2021)。类似地,地方政府构建的政务大数据共享交换平台能提升政府部门协同监管效能。政府数字化转型还有助于公众通过多元化渠道参与政府监管活动,提升执法部门信息搜集能力(赵云辉等,2019)。最后,从政府廉政建设的视角来看,数字政府建设推动了政府信息的数字化和在线化,使政府的运作更加透明和公开。通过数字化平台,政府可以实现信息的公开和公示,包括财政预算、行政审批流程、公共资源分配等,增强了政府的公信力,减少了腐败和滥用职权的可能性(郑跃平等,2022)。作为一种数字化工作平台,政府可以实现审批、管理等工作的标准化和自动化,在提高工作效率的同时,减少了人为干预和主观判断的空间,降低了腐败风险(南日,2023)。特别地,政务信息平台能鼓励公众更多监督政府行为,降低腐败治理的信息搜集成本,减少企业寻租活动产生的非生产性支出(张军、倪星,2020)。

可见,数字政府建设作为国家治理体系和治理能力现代化的重要举措,对企业的环境、社会和治理(ESG)表现可能产生显著影响。具体而言,数字政府建设推动了政府信息的数字化和在线化,使政府相关政策、法规、监管措施等信息更加透明和公开。这种信息透明度的提升使企业能够更容易地获取并了解政府对ESG方面的要求和期望,从而更加明确自身的责任和义务。在此基础上,政府通过数字化技术更加及时、全面地监测企业的环境影响、社会责任履行和治理水平,提升了政府对企业ESG实践的监管能力,能够有效发现和纠正不合规行为。这使得企业面临着更高的合规压力,被迫更严格地遵守相关法律法规和社会责任准则,进而提升其ESG表现。基于上述分析,笔者提出研究假设。

**研究假设:数字政府建设会显著提升企业的ESG表现。**

## 第三节 研究设计

### 一、数据来源

沪深A股上市公司是指在中国上海证券交易所(以下简称上交所)和深圳证券交易所(以下简称深交所)上市交易的股票,属于A股市场。A股市场是中国证券市场中的主要股票市场之一,主要面向境内投资者。这些上市公司是按照中国证监会的相关法规和规定,在中国境内注册并发行股票,通过在沪深交易所上市,以公开发行的方式向投资者出售股票,从而融资并实现股权交易。本书以2009—2021年沪深A股上市公司作为研究样本。具体而言,2008年的全球金融危机对我国资本市场产生了重大影响,因此本书参考赵烁(2023)的研究,将样本的起始年选在2009年,并且由于工具变量的数据限制,本书样本最终截止到2021年。考虑到变量极端值可能带来的回归偏误,笔者对全部连续变量左右两端均进行了 1% 的缩尾,并且剔除了金融业相关企业、ST 企业和观测值缺失较多的企业。最终获得 2009—2021 年共 28 200 个企业年度观测样本。

## 二、变量测量

### (一)被解释变量

上海华证指数信息服务有限公司成立于 2017 年 9 月,是一家专业从事指数与指数化投资综合服务的公司。华证指数集聚了证券、基金、银行、监管机构等领域的优秀人才,并拥有丰富的金融证券、指数研发以及指数化投资的实战经验,致力于为各类资产管理机构提供全方位的指数和指数化投资综合服务,重点专注于指数和指数化投资的研发。如表 10-1 所示,华证 ESG 评级体系涵盖一级指标 3 个、二级指标 16 个、三级指标 44 个以及超过 300 个底层数据指标,相较境外市场融入了更多贴合国内当前发展阶段的指标,如信息披露质量、证监会处罚、精准扶贫等。底层指标自下而上按照行业权重矩阵加总,即可得到公司的 ESG 评分以及从"AAA"至"C"的九档评级。

表 10-1　　　　　　　　　　华证 ESG 评价体系

| 一级指标 | 二级指标 | 三级指标 |
| --- | --- | --- |
| 环境<br>(E) | 气候变化 | 温室气体排放,碳减排路线,应对气候变化,海绵城市,绿色金融 |
| | 资源利用 | 土地利用及生物多样性,水资源消耗,材料消耗 |
| | 环境污染 | 工业排放,有害垃圾,电子垃圾 |
| | 环境友好 | 可再生能源,绿色建筑,绿色工厂 |
| | 环境管理 | 可持续认证,供应链管理,环保处罚 |
| 社会<br>(S) | 人力资本 | 员工健康与安全,员工激励和发展,员工关系 |
| | 产品责任 | 品质认证,召回,投诉 |
| | 供应链 | 供应商风险和管理,供应链关系 |
| | 社会贡献 | 普惠,社区投资,就业,科技创新 |
| | 数据安全与隐私 | 数据安全与隐私 |
| 公司治理<br>(G) | 股东权益 | 股东权益保护 |
| | 治理结构 | ESG 治理,风险控制,董事会结构,管理层稳定性 |
| | 信披质量 | ESG 外部鉴证,信息披露可信度 |
| | 治理风险 | 大股东行为,偿债能力,法律诉讼,税收透明度 |
| | 外部处分 | 外部处分 |
| | 商业道德 | 商业道德,反贪污和贿赂 |

华证 ESG 评价指标体系利用市场公开信息和发行人提供的正式文件等对上市公司主

体进行评价,适用于除国债、央票、地方政府债、资产支持证券以外的中国证券市场发行主体。基于此,本书采用上海华证ESG评价指标体系衡量企业的ESG表现,并将9个等级从低到高分别赋值为1~9(见表10-2)。

表10-2　　　　　　　　华证ESG指标评级与ESG得分对应表

| ESG评级 | ESG得分 | 赋值 |
| --- | --- | --- |
| AAA | 得分≥95 | 9 |
| AA | 90≤得分＜95 | 8 |
| A | 85≤得分＜90 | 7 |
| BBB | 80≤得分＜85 | 6 |
| BB | 75≤得分＜80 | 5 |
| B | 70≤得分＜75 | 4 |
| CCC | 65≤得分＜70 | 3 |
| CC | 60≤得分＜65 | 2 |
| C | 得分＜60 | 1 |

### (二)解释变量

省级数字经济政策文件通常是政府为推动数字经济发展而制定的重要指导性文件,其中可能包含了关于数字政府建设的相关内容。通过词频统计,不仅可以较为直观地反映数字政府建设在省级政府政策中的重要程度和关注程度,还能够反映地方政府在数字政府建设方面的具体举措和政策方向。因此,采用省级层面的数字经济政策词频统计作为代理变量,可以更好地反映数字政府建设在地方层面的情况和水平。基于此,笔者参考张森等(2023)的研究,采用省级层面的数字经济政策词频统计作为数字政府建设水平这一变量的代理。

### (三)控制变量

公司层面控制变量包括:企业规模(企业年末固定资产的自然对数)、营业收入增长率、董事会规模(董事会人数的自然对数)、两职合一(若企业董事长与总经理为同一人,则赋值为1,否则为0)、独立董事比例、环境规制力度等。行业层面的控制变量包括:是否属于重污染行业(若企业为重污染企业,则赋值为1,否则为0)、是否属于高技术行业(若企业为高技术行业,则赋值为1,否则为0)。主要变量的描述性统计如表10-3所示。

表 10—3　　　　　　　　　主要变量的描述性统计(N＝28 200)

| | 变量 | 均值 | 标准差 | 最小值 | 中位数 | 最大值 |
|---|---|---|---|---|---|---|
| 因变量 | 企业ESG表现 | 4.107 4 | 1.092 | 1.00 | 4.00 | 6.00 |
| 自变量 | 数字政府建设 | 19.171 9 | 12.171 | 1.00 | 17.00 | 48.00 |
| | 企业年龄 | 2.166 3 | 0.827 | 0.00 | 2.30 | 3.37 |
| | 企业规模 | 22.112 2 | 1.312 | 19.66 | 21.92 | 26.19 |
| | 营业收入增长率 | 1.387 2 | 0.997 | 0.35 | 1.14 | 8.10 |
| | 资产负债率 | 0.428 7 | 0.204 | 0.06 | 0.42 | 0.90 |
| | 独立董事比例 | 0.378 5 | 0.065 | 0.00 | 0.36 | 0.80 |
| 控制变量 | 两职合一 | 0.292 1 | 0.455 | 0.00 | 0.00 | 1.00 |
| | 股权集中度 | 34.841 3 | 15.048 | 8.79 | 32.73 | 75.71 |
| | 董事会规模 | 2.307 4 | 0.214 | 1.79 | 2.30 | 2.89 |
| | 重污染企业(是＝1) | 0.272 8 | 0.445 | 0.00 | 0.00 | 1.00 |
| | 高技术产业(是＝1) | 0.319 8 | 0.466 | 0.00 | 0.00 | 1.00 |

## 第四节　实证分析

具体的回归检验结果如表 10—4、表 10—5 所示。表 10—4 的结果表明,地方政府的数字政府建设在一定程度上削弱了企业的 ESG 表现。原因可能是,数字政府建设的实施提高了地方政府面向企业的政务处理效率,为企业营造良好的营商环境,降低制度性成本,从而使得企业无须通过 ESG 表现来向政府表明自身的社会和经济价值,即传统文献所强调的社会责任作为"信号"的功能正在消失。可见,企业应在很大程度上重新理解和定义自身的 ESG 实践及其真正的内涵。

表 10—4　　　　　　　　数字政府建设对企业 ESG 表现的影响

| | (1)<br>企业 ESG 表现 | (2)<br>企业 ESG 表现 | (3)<br>企业 ESG 表现 |
|---|---|---|---|
| 数字政府<br>(省级指数) | | −0.002**<br>(−2.122) | −0.002**<br>(−2.018) |
| 企业年龄 | −0.333***<br>(−9.961) | −0.332***<br>(−9.861) | −0.333***<br>(−9.871) |
| 企业规模 | 0.279***<br>(21.751) | 0.278***<br>(21.475) | 0.285***<br>(21.763) |
| 营收增长率 | 0.000<br>(0.027) | −0.002<br>(−0.364) | −0.004<br>(−0.601) |

续表

|  | (1)<br>企业 ESG 表现 | (2)<br>企业 ESG 表现 | (3)<br>企业 ESG 表现 |
|---|---|---|---|
| 资产负债率 | −0.907*** | −0.912*** | −0.924*** |
|  | (−17.242) | (−17.185) | (−17.369) |
| 独立董事比例 | 0.579*** | 0.587*** | 0.589*** |
|  | (5.908) | (5.932) | (5.954) |
| 两职合一 | −0.050*** | −0.057*** | −0.057*** |
|  | (−2.935) | (−3.291) | (−3.312) |
| 股权集中度 | 0.003*** | 0.003*** | 0.003*** |
|  | (3.488) | (3.098) | (3.326) |
| 董事会规模 | −0.165*** | −0.161*** | −0.156*** |
|  | (−5.086) | (−4.935) | (−4.777) |
| 重污染业<br>(是=1) | 0.002 | 0.002 | 0.028 |
|  | (0.058) | (0.064) | (0.627) |
| 高科技产业<br>(是=1) | −0.021 | −0.026 | −0.055 |
|  | (−0.580) | (−0.698) | (−1.286) |
| 固定效应 | N | N | Y |
| _cons | −1.071*** | −1.014*** | −0.735** |
|  | (−3.768) | (−3.537) | (−2.107) |
| N | 28 200 | 27 707 | 27 707 |

注：括号内为 $t$ 值，$^* p<0.1$，$^{**} p<0.05$，$^{***} p<0.01$。

为进一步探讨上述趋势在不同企业情况下的影响大小，按照环境规制力度、融资约束强弱、政治关联强弱等标准，对于企业样本进行了分组回归检验，表 10—5 的结果表明，在环境规制力度较低、融资约束较弱和政治关联较弱时，企业会因为政府的数字化而弱化自身的 ESG 表现。各地数字政府政策的实施，既促进了政府内部不同部门间的内部合作，也提高了企业与地方政府间的信息透明度，缓解了信息不对称，从而使得政府对于企业的监管能力有所加强。因此，随着政府信息能力的强化和活动透明化，环保处罚等越来越规范化，企业采取传统的应对措施并不能"糊弄"和"诱导"监管部门。这表明数字治理的转型可能迫使企业更加注重对于自身技术或者其他方面资源的实质性投入，反而使其失去了通过传统社会责任履行或 ESG 表现等方式显示自身运营情况的动力。

表 10—5　　　　　　　　　企业 ESG 表现的分组分析

|  | (4)<br>环境规制<br>力度高组<br>企业 ESG | (5)<br>环境规制<br>力度低组<br>企业 ESG | (6)<br>融资约束<br>高组<br>企业 ESG | (7)<br>融资约束<br>低组<br>企业 ESG | (10)<br>政治关联<br>强组<br>企业 ESG | (11)<br>政治关联<br>弱组<br>企业 ESG |
|---|---|---|---|---|---|---|
| 数字政府 | 0.000 | −0.004*** | −0.002 | −0.003*** | 0.001 | −0.002* |

续表

|  | (4)<br>环境规制<br>力度高组<br>企业 ESG | (5)<br>环境规制<br>力度低组<br>企业 ESG | (6)<br>融资约束<br>高组<br>企业 ESG | (7)<br>融资约束<br>低组<br>企业 ESG | (10)<br>政治关联<br>强组<br>企业 ESG | (11)<br>政治关联<br>弱组<br>企业 ESG |
|---|---|---|---|---|---|---|
| 省级指数 | (0.322) | (−3.322) | (−1.394) | (−2.591) | (0.571) | (−1.674) |
| 企业年龄 | −0.355*** | −0.334*** | −0.365*** | −0.396*** | −0.271*** | −0.336*** |
|  | (−7.049) | (−6.084) | (−4.954) | (−9.098) | (−3.903) | (−6.911) |
| 企业规模 | 0.310*** | 0.284*** | 0.354*** | 0.206*** | 0.261*** | 0.286*** |
|  | (15.554) | (13.996) | (16.603) | (10.229) | (8.749) | (15.687) |
| 营收增长率 | −0.012 | 0.003 | −0.014 | −0.003 | −0.001 | −0.008 |
|  | (−1.237) | (0.338) | (−1.499) | (−0.336) | (−0.081) | (−0.978) |
| 资产负债率 | −0.985*** | −0.880*** | −1.108*** | −0.561*** | −0.878*** | −0.894*** |
|  | (−12.600) | (−10.396) | (−11.204) | (−6.765) | (−7.653) | (−12.524) |
| 独立董事比例 | 0.639*** | 0.484*** | 0.806*** | 0.412*** | 0.835*** | 0.489*** |
|  | (4.595) | (3.102) | (4.558) | (3.278) | (4.400) | (3.709) |
| 两职合一 | −0.029 | −0.092*** | −0.084*** | −0.031 | −0.134*** | −0.034 |
|  | (−1.174) | (−3.286) | (−2.656) | (−1.409) | (−3.558) | (−1.469) |
| 股权集中度 | 0.003* | 0.001 | 0.001 | 0.003** | 0.002 | 0.002* |
|  | (1.956) | (0.953) | (0.455) | (2.188) | (1.183) | (1.850) |
| 董事会规模 | −0.214*** | −0.103** | −0.131** | −0.152*** | −0.111* | −0.189*** |
|  | (−4.612) | (−2.029) | (−2.290) | (−3.589) | (−1.709) | (−4.387) |
| 重污染业 | 0.040 | −0.014 | 0.003 | 0.077 | 0.007 | 0.073 |
|  | (0.551) | (−0.210) | (0.038) | (1.163) | (0.067) | (1.209) |
| 高科技产业 | −0.091 | 0.002 | −0.138* | 0.033 | 0.049 | −0.055 |
|  | (−1.417) | (0.034) | (−1.936) | (0.538) | (0.481) | (−1.003) |
| 固定效应 | Y | Y | Y | Y | Y | Y |
| _cons | −1.015* | −1.026* | −1.831*** | 0.666 | −1.022 | −0.376 |
|  | (−1.770) | (−1.929) | (−3.207) | (1.255) | (−1.394) | (−0.718) |
| N | 15 406 | 12 301 | 10 247 | 17 460 | 8 211 | 16 585 |

注:括号内为 $t$ 值,* $p<0.1$,** $p<0.05$,*** $p<0.01$。

## 第五节 结论与启示

研究表明,数字政府建设的推进在一定程度上影响了企业的 ESG 表现。数字化的政府运作提高了效率,降低了企业的制度性成本,改变了企业与政府之间的互动方式。此举可能导致企业不再需要依赖 ESG 表现来向政府证明自身的社会和经济价值,因为数字化的政府能够更加有效地了解企业的运营状况。而根据分组回归检验结果显示,在环境规制力度较低、融资约束较弱和政治关联较弱的情况下,企业因政府的数字化而削弱了自身的 ESG 表现。这表明数字治理的转型可能迫使企业更加注重对技术和其他方面资源的实质性投入,而不再依赖于传统的社会责任履行或 ESG 表现来展示自身运营情况。因此,企业需要重新审视和定义其 ESG 实践,以适应数字化环境下的新形势,实现可持续发展的目标。

### 一、加强企业 ESG 自律监管能力建设

数字政府建设提高了政务处理效率,为企业创造了更好的营商环境,降低了制度性成本,使得企业在向政府展示其社会和经济价值方面不再过于依赖 ESG 表现。因此,企业需要重新理解和定义自身的 ESG 实践,并着重加强企业 ESG 自律监管能力建设。(1)建立健全 ESG 内部管理体系,明确责任部门和人员,制定明确的 ESG 政策和目标,并建立监测和评估机制,确保 ESG 实践与企业战略目标的一致性。例如,企业管理层应尝试建立企业 ESG 实践反馈与优化机制,及时调整企业的 ESG 行为,以适应外部环境的变化和利益相关者的需求,确保 ESG 实践能够持续改进和提升。特别地,为了确保 ESG 实践与企业战略目标的一致性,企业还应当将 ESG 因素纳入绩效考核体系,与企业的经营绩效和财务绩效相结合,形成完整的绩效评价体系。这样可以确保 ESG 实践与企业的长期价值创造相一致,推动企业在社会、环境和治理方面持续改进,提升企业的整体竞争力和可持续发展能力。(2)提高员工对 ESG 重要性的认识和理解,注重培养员工的社会责任意识和环境保护意识。例如,组织专门的 ESG 培训和教育活动,向员工传达 ESG 的基本概念、意义和价值,引导他们意识到 ESG 实践对企业长远发展的重要性。或者通过案例分析、会议讨论等形式,分享 ESG 实践的成功经验和挑战,激发员工的学习兴趣和积极性,提升其在 ESG 领域的专业素养和应对能力。此外,企业还可以定期组织 ESG 知识普及和沟通活动,强化员工对 ESG 实践的认同感和责任感。在形成全员参与、共同推动 ESG 实践的良好氛围的同时,实现 ESG 实践与企业文化的有机融合,促进 ESG 理念的深入人心,为企业可持续发展打下坚实基础。

### 二、建立政社 ESG 联动与合作伙伴关系

在当前数字化背景下,政府、社会和企业之间的合作关系变得更加紧密,建立政社 ESG 联动与合作伙伴关系是企业应对数字治理转型和提升 ESG 表现的重要举措之一。(1)企业

应积极与政府部门建立合作伙伴关系,共同制定和实施 ESG 相关政策和标准。政府在制定 ESG 相关政策时,需要充分考虑企业的实际情况和需求,鼓励企业参与政策制定的过程,确保政策的可操作性和有效性。与此同时,企业应积极参与政府组织的 ESG 培训和研讨会,了解最新的政策动态和要求,及时调整企业的 ESG 战略和实践,以满足政府的监管要求和社会的期待。(2)企业之间应积极建立合作伙伴关系,共同探讨 ESG 实践的最佳实践和创新模式,推动行业内 ESG 实践的提升和进步。例如,主动组织、参与 ESG 相关的行业组织和倡议,与利益相关者开展更深入的沟通和合作。通过积极参与行业组织和倡议,企业可以获取更多最新的 ESG 信息和趋势,了解行业内的最佳实践和标准,从而及时调整自身 ESG 策略和实践。企业通过参与行业组织的活动和会议,与其他企业和机构进行交流与互动,分享自身的 ESG 经验和成果,学习他人的成功经验和教训,形成互相借鉴、共同提升的良好局面。进一步地,企业通过行业组织和倡议,与利益相关者开展合作项目和共同倡议,共同解决行业面临的 ESG 挑战,促进行业 ESG 标准不断提高,进而整个行业 ESG 实践持续改进和提升,为全行业乃至社会的可持续发展做出积极贡献。

### 三、促进企业不断提高 ESG 实质性投入

企业切实优化对技术和资源的投入、不断提高 ESG 实质性投入是企业应对数字化浪潮的重要举措之一。企业需要重新评估自身的技术和资源投入情况,并通过优化分配,确保资源得以最有效地利用。这可能包括投资于环保技术、清洁能源、资源回收利用等方面。技术和资源投入优化能够帮助企业更好地履行社会责任,降低环境风险和提高效率,并积极应对政府对企业 ESG 实践的要求。在当前环境法规愈发严格的情况下,企业需要采取积极、切实的 ESG 行为,真正实现"商业向善",以尽可能避免企业运作过程中可能产生的环境污染和违规处罚,提升自身的社会责任形象,增强与政府和社会的良好关系。具体来说,企业应加大对环保技术的研发和应用投入,以减少生产过程中的污染物排放和资源消耗,实现绿色生产和可持续发展。在此基础上,积极引进清洁能源,如太阳能、风能等,以替代传统的化石能源,降低碳排放,减少对环境的不良影响。特别地,企业通过有效地回收和利用废弃物和副产品,可以减少资源的浪费,降低生产成本,实现资源的循环利用,推动企业向循环经济模式转型。

## 参考文献

[1]北京大学课题组,黄璜.平台驱动的数字政府:能力、转型与现代化[J].电子政务,2020(7):2—30.

[2]戴长征,鲍静.数字政府治理——基于社会形态演变进程的考察[J].中国行政管理,2017(9):21—27.

[3]范合君,吴婷,何思锦."互联网+政务服务"平台如何优化城市营商环境?——基于互动治理的视角[J].管理世界,2022,38(10):126—153.

[4]郭明军,陈东,王建冬,等.数字化转型背景下数字政府的建设模式与实践探索——基于琼黔鲁粤等地的调研思考[J].电子政务,2023(1):2-11.

[5]韩春晖.优化营商环境与数字政府建设[J].上海交通大学学报(哲学社会科学版),2021,29(6):31-39.

[6]江文路,张小劲.以数字政府突围科层制政府——比较视野下的数字政府建设与演化图景[J].经济社会体制比较,2021(6):102-112+130.

[7]姜爱华,张鑫娜,费堃桀.政府采购与企业ESG表现——基于A股上市公司的经验证据[J].中央财经大学学报,2023(7):15-28.

[8]蒋敏娟,黄璜.数字政府:概念界说、价值蕴含与治理框架——基于西方国家的文献与经验[J].当代世界与社会主义,2020(3):175-182.

[9]刘淑春.数字政府战略意蕴、技术构架与路径设计——基于浙江改革的实践与探索[J].中国行政管理,2018(9):37-45.

[10]李季,王益民.数字政府蓝皮书:中国数字政府建设报告(2021)[M].北京:社会科学文献出版社,2021.

[11]孟祥慧,李军林.地方政府绩效考核与企业ESG表现:一个政策文本分析的视角[J].改革,2023(8):124-139.

[12]南日.数字政府对腐败的影响及其作用机制研究[J].北京航空航天大学学报(社会科学版),2023,36(6):113-120.

[13]王伟玲.加快实施数字政府战略:现实困境与破解路径[J].电子政务,2019(12):86-94.

[14]许乐,孔雯.数字政府建设背景下政府透明度对企业创新的影响[J].贵州财经大学学报,2023(4):23-30.

[15]叶战备,王璐,田昊.政府职责体系建设视角中的数字政府和数据治理[J].中国行政管理,2018(7):57-62.

[16]于文超,王丹.数字政府建设能降低企业非生产性支出吗?——来自中国上市公司的经验证据[J].财经研究,2024,50(1):124-138.

[17]张曾莲,邓文悦扬.地方政府债务影响企业ESG的效应与路径研究[J].现代经济探讨,2022(6):10-21.

[18]张森,温军,李旭东.城市数字经济发展与企业技术创新[J].经济体制改革,2023(2):60-68.

[19]赵烁.智能制造影响下的企业绩效——基于中国上市公司年报文本分析的经验证据[J].工业技术经济,2023,42(7):95-101.

[20]赵云辉,张哲,冯泰文,等.大数据发展、制度环境与政府治理效率[J].管理世界,2019(11):119-132.

[21]郑跃平,孔楚利,邓羽茜等.需求导向下的数字政府建设图景:认知、使用和评价[J].电子政务,2022(6):2-21.

# 第十一章　政府监管与企业数字责任

## 第一节　问题的提出

《中国数字经济发展报告(2022年)》指出,2021年我国数字经济规模为45.5万亿元,同比增长16.2%,占GDP比重达到39.8%,已在国民经济中占据重要地位。这种信息结构、管理方式和运营机制的根本性重塑势必为企业带来新的资源和能力,但也给现代经济社会带来了诸多负面挑战,如"饿了么"和"携程"均出现过的大数据"杀熟"、谷歌人工智能设备录制用户音频、侵犯用户的隐私等,这不仅会损害企业的声誉,还会阻碍数字产业的成长。正因如此,社会各界纷纷呼吁企业也应承担相应的数字责任,而国家发展改革委等九部委也于2022年联合发布了《关于推动平台经济规范健康持续发展的若干意见》,旨在建立健全平台经济治理体系,但政策效率低下,效果也不理想。根据《企业社会责任蓝皮书(2021)》,数字平台企业的社会责任居于排行榜末尾,大量的社会责任缺失现象与伪社会责任行为依然存在,遏制了消费者对数字产品的接受度,制约了企业的数字化转型。因而,构建数字时代企业社会责任缺失或异化难题的治理新范式是推动"数字中国"建设,促进数字经济健康、可持续发展的关键之举。

传统企业社会责任理论的概念宽泛,更关注对所有利益相关者的责任,以及对环境和社会负责,容易忽视技术对企业的影响(姜雨峰等,2024),为了充分应对数字化带来的挑战,使数字技术的应用遵守一定的道德规范和伦理规则,企业数字责任(Corporate Digital Responsibility,CDR)应运而生。但目前学术界对企业数字责任的概念界定尚未统一,数字产品开发人员在产品的设计和研发时责任边界模糊,导致当企业出现"不负责任"行为时,责任主体难以追溯、治理对象难以确定(Kirsten,2019)。是企业主体,还是算法开发团队?企业管理者和学者都迫切需要一个被广泛接受的定义以及度量体系,以全面系统地认识企业数字责任,并在此基础上探索企业履行数字责任的决策机理以及价值效应。明晰责任主体、前置动因也有利于政府制定针对性的政策建议为企业履行数字责任注入新的动力,并对可能发生的社会风险进行预测,进而有效构建较为全面的治理体系、严格约束企业数字技术的发展,引导企业负责任地开展技术创新和数据应用。

企业作为自负盈亏的经营实体,实现自身利益最大化是其发展的根本目标,也是其做出经营决策的基本标准。企业是否履行数字责任实则也是基于成本效益原则的考量,是自身利益与社会利益的博弈。正确认识企业数字责任决策存在多方利益牵扯,有利于明晰企业履行数字责任面临的困境,然而,由于企业天然的逐利性,依靠其自身道德逻辑下的"自律"难以摆脱数字责任缺失、异化的困局,这就必然要求引入外部治理体系,以促使它们更好地履行数字责任。从政府的角度来看,过往学者只关注政府是否进行监管,而缺乏对政府如何监管的研究,政府以"参与者"或"主导者"的角色介入企业数字责任的治理工作,容易造成监管不足或监管过度两个极端,阻碍数字经济的可持续发展。而面临企业的数字化转型,政府可能同步实现监管模式的数字化革新,也可能"精打细算"地依然采取传统监管模式;与此同时,企业可能针对性地钻政策、法律漏洞进行反监管。企业以自身利益为重、政府以社会总体福利为主,企业数字责任的履行实为政府公共利益和企业利益动态博弈的过程,系统地分析政府监管和企业数字责任行为的演化博弈路径与稳定策略,对化解二者的利益冲突、促进企业履行数字责任、规范政府监管和提高政府监管效率具有重要的理论指导意义。

鉴于以上理论和现实需求,本书要解决的主要问题包括:相较于传统的企业社会责任,如何界定企业数字责任的具体内涵和责任主体?基于责任主体内涵,如何构建政企双方的演化博弈模型,分析政府监管下企业有关数字责任的演化特征和决策机制?如何实证检验政府数字监管对企业数字责任的实际影响效果?通过对这些问题展开系统深入的研究,对完善企业数字责任治理体系、推动数字经济持续健康发展具有重要的现实意义和学术价值。

## 第二节　文献评述

### 一、企业数字责任的内涵

企业数字责任的研究刚刚起步,学术界对其概念、内涵的界定尚未形成统一认识;现有学者的探讨大致分为两种:一种观点是将企业数字责任视为传统企业社会责任的延伸,例如,Herden(2021)依据ESG的框架汇总数字时代下的企业责任研究,Knaut(2017)和Girrbach(2021)的研究均是将数字技术纳入企业社会责任,使社会、经济、环境三重结构转变为四重结构。而随着研究的深入,一些学者也提出企业数字责任不只是传统社会责任的延伸,而是主张将企业数字责任列为与数字技术和数据相关的专项议题(Elliott,2021)。相似地,Lobschat(2019)也认为,企业数字责任应从企业社会责任中分离开,并将其定义为指导组织运营的关于数字技术和数据创建与运营的共享价值及规范的集合。国内学者虽然对企业算法责任（Lobschat，2019）、数字时代企业社会责任（肖红军，2022）的内容深化进行了一定的探讨，但对企业数字责任的研究鲜有学者涉及，尤其是对企业数字责任的构成维度及定量方法研究极度匮乏。

本书认为，企业数字责任是数字时代下，社会针对企业数据开发与运用过程提出的新的伦理与道德规范；与此同时，公众对于生态、社会的关注并未减少，因此企业数字责任必不能脱离传统企业社会责任的理论框架，而是加入对数字化过程的机遇与挑战的考量。因此，本书以传统企业社会责任的金字塔模型为依托，从经济责任、法律责任、道德责任和慈善责任四个角度定义新经济环境下的企业数字责任（阳镇、陈劲，2020）。在经济层面，企业需要创新商业模式，利用数字技术、数据资源降低生产经营成本，提高生产效率，在新的竞争格局下建立新的竞争优势。在法律层面，企业必须遵守现有的与数字技术和数据安全有关的法律法规。在道德层面，企业应有超越法律约束的自律性，未来企业数字技术的发展仍然会出现新型的责任缺失问题，法律政策的滞后性就要求企业有严格的自我监管意识，严守社会科技伦理的底线，避免对利益相关者的损害。在慈善责任层面，从数字技术的可持续发展来看，企业应该在算法透明、技术利他方面对社会做出贡献。虽然企业数字责任的概念呈现多元化研究趋势，但共同的特征都是强调企业必须明确如何在数字时代负责任地运作，同时遵守法律要求并考虑对组织的经济影响。

**二、企业数字责任治理**

面临全新的责任范畴、数字责任的治理体系也应重新构建。数字经济时代的社会责任治理已经集聚了商业生态圈内各类经济体和社会成员，治理体系也从传统的线性式、联动式向商业生态圈式转变（Bradford，1987）。以数字技术为基础的数字责任治理体系与以往任何阶段的社会责任治理体系都不一样，在治理内容、治理过程和治理模式上都体现出全新的特点。因此，需要构建新型的企业数字责任治理体系，提升数字企业的整体治理效能。有学者从治理对象、治理工具和治理模式三个维度入手，构建了企业数字责任的治理框架，提出治理对象应重点关注算法、数据、伦理等内容，而治理工具可以从法律、行业和场景等方面展开，采取敏捷、柔性和弹性的治理模式，从而使整个治理体系呈现动态均衡。也有学者认为，应以算法为核心对数智化时代的企业社会责任进行整体治理（阳镇、陈劲，2020）。但现有研究缺乏对政府功能定位的思考，当"市场失灵"造成责任缺位问题频发时，将政府纳入治理体系便势在必行，而在传统企业社会责任的监管体系中，由于信息不对称以及监管手段的滞后，政府往往采取"出现问题解决问题"的事后被动监管（胡仙芝、李婷，2022），难以有效应对数据时代高度动态化的环境。而在新的数字环境下，如何对政府的功能进行重新定位、提高政府监管效率，也成为亟待研究并解决的问题。

**三、政府数字监管**

政府监管数字化是我国数字政府建设的一个重要方面，是大数据驱动和政府治理能力提升的必然结果。现有关于政府数字监管的讨论主要呈现两种趋势：一种是将数字监管看作监管"数字"的过程，学者们也着力于探讨数字技术如何引发新的监管难题，以及政府在面对这些难题时如何进行监管治理创新和政府职能转型；另一种是将其定义为运用数字技术工具提升监管水平的过程，比如 Coglianese(2004)认为将数字技术应用于监管创新将有利于推动监管政策制定，进而提高监管回应能力。本书则认为数字监管是面向数字的监管，也是运用数字技术进行的监管，更是对数字空间的监管。首先，数字时代下，数据成为新的生产要素，政府的监管对象也理应从物理世界渗透到虚拟世界，数据的保护、信息安全等均迫切需要建立法规制度。其次，是引入新型监管技术，大数据、云计算等数字技术都可以为政府监管进行全方位的"技术赋能"，从技术上改进监管方式和监管手段，提升政府的信息汲取、数据治理、数字规制的能力(Taeihagh,2021)。最后，对数字空间的监管，随着越来越多的经济社会活动数字化运行，迫切需要形成数字空间的监管体系，围绕数字空间的新生社会或公共问题，比如假信息与低劣产品、数字劳工关系等进行有效监管和规范。

不同于问题发生后再进行监管的被动型应对方式，数字监管的目标导向是预防性、精准性和适应性，强调以预防为原则，通过对潜在市场风险的排查和监管，推动监管关口前移，从而更好地保护公众和市场秩序，将危害扼杀在摇篮中(孟天广、张小劲，2018)。因此，政府数字监管理应能较好地解决企业数字责任的缺失和异化行为，即便是面对数字技术的复杂性和变革性、新的社会问题层出不穷，政府也能运用数字技术同步革新，提高应对和处理社会危机的反应速度和敏感程度，从而倒逼企业积极履行数字责任，维护市场秩序，树立良好的信用形象。

## 第三节　演化博弈分析框架

数字经济下，我国政府存在传统监管和数字监管两种模式。政府若采取数字监管，企业将会畏惧其监管成功率高而选择积极履行数字责任。而政府也有可能基于成本—效益原则，为节约监管成本而继续保持传统的事后监管策略。一旦政府采取传统监管，其低成功率会诱发企业漠视数字责任，采取"杀熟"等机会主义行为以谋求利润。政府的监管策略和企业的数字责任策略通常会相互影响，在多次相互博弈过程中形成均衡的策略选择，这是一个有限理性下的博弈过程，会受到信息的有限性、收益成本、以往经验等因素的影响，因此本书采用演化博弈思想来研究政府与企业行为之间的动态演化策略。传统博弈理论是以完全理性为前提，其认为完全理性的博弈参与方能够预见其行为策略的经济后果，并做出最优策略选择，而演化博弈理论假设参与者具有有限理性，并提供了一种在演化语境中进行多重均衡选择的方法，在研究中更能贴近现实情况，在多种决策趋势分析中得到应用，因此本书采用演化博弈来研究政府和企业的博弈。

本书假设政府和企业均为有限理性，其目标都是追求各自利益最大化。参与主体在分析、判断能力等方面存在差异,博弈过程中存在信息不对称,各参与主体的策略选择是随着时间而逐渐调整的,并且在复杂的系统中提高学习和模仿能力,从而实现最符合当前环境的行为决策。

## 一、数字责任困局

在无政府监管的情形下,假设市场上有两家完全同质的企业,两家企业只有履行数字责任和不履行企业数字责任两种策略。假设履行数字责任的概率为 $z(0 \leqslant z \leqslant 1)$,则不履行数字责任的概率为 $1-z$。当两家企业同时选择履行数字责任时,获得的收益均为 $a$;同时选择不履行数字责任时,获得的收益均为 $d$;当有一家商业银行选择履行数字责任而另一家选择不履行数字责任时,选择履行数字责任的企业获得的收益为 $b$,选择不履行社会责任的获得的收益为 $c$。一般认为履行数字责任需要付出额外的成本,因此,不履行数字责任的企业能获得更高的收益,得到 $c>d>a>b$。

### (一)收益矩阵

表 11-1　　　　　　　　　　　无政府监管下的博弈矩阵

|  |  | 企业 1 | |
| --- | --- | --- | --- |
|  |  | 履行数字责任 | 不履行数字责任 |
| 企业 2 | 履行数字责任 | $(a,a)$ | $(b,c)$ |
|  | 不履行数字责任 | $(c,b)$ | $(d,d)$ |

### (二)企业采取不同策略的收益演变的具体分析

企业履行数字责任的期望收益为:
$$U_1 = za + (1-z)b \tag{11-1}$$

企业不履行数字责任的期望收益为:
$$U_2 = zc + (1-z)d \tag{11-2}$$

企业的平均期望收益为:
$$\overline{U} = zU_1 + (1-z)U_2 \tag{11-3}$$

企业的复制动态方程为:
$$F(z) = z(U_1 - \overline{U}) = z(1-z)(U_1 - U_2) = z(1-z)[(a-c)z + (b-d)(1-z)] \tag{11-4}$$

由复制动态方程的稳定性条件可知,当企业复制动态方程 $F(z)=0$,且满足 $F'(z)<0$ 时,则该点为企业策略的演化稳定点,即企业策略处于稳定状态。

令 $F(z)=0$,可得 $z=0, z=1, z=\dfrac{d-b}{d-b+a-c}$

易得 $F'(z) = (a-c)(2z - 3z^2) + (b-d)(1 - 4z + 3z^2)$

则有 $F'(0)=b-d$ $F'(1)=c-a$ $F'\left(\dfrac{d-b}{d-b+a-c}\right)=\dfrac{(a-c)(d+4b)}{(b-d)(3c+d)}$

根据 $c>d>a>b$，可得 $F'(0)<0, F'(1)>0, F'\left(\dfrac{d-b}{d-b+a-c}\right)>0$

根据 $F'(z)<0$ 可知，$z=0$ 符合稳定性条件(ESS)。企业在无政府监管的情况下，最优策略是不履行数字责任，由此企业数字责任缺失的困局形成。

### 二、困局的化解

由于企业天然的逐利性，依靠其自身道德逻辑下的"自律"难以摆脱数字责任缺失、异化的困局，政府部门必须采取一些监管策略，但考虑到监管成本等问题，政府可以采取数字监管与传统监管两种策略，设政府采取数字监管的概率为 $p(0\leqslant p\leqslant 1)$，则传统监管的概率为 $1-p$。相应地，在政府监管下，企业也有积极配合履行数字责任或是基于投机心理，不履行数字责任两种策略，设企业履行数字责任的概率为 $q(0\leqslant q\leqslant 1)$，采取投机行为不履行数字责任的概率为 $1-q$。

在传统监管模式下，假设政府的基准收益为 $R$，若转向数字化监管，政府需加强对网站、管理信息系统的投入，设需额外投入的成本为 $g$。若不进行监管模式的转型，可能存在监管力度不足、范围不全，无法对企业数字责任进行有效的引导；与此同时，政府作为监管方，公信力也会受到损害，本书假设这一部分的损失为 $m$。

同时，企业的基准收益为 $W$。在数字监管下，若企业采取积极的合作策略，履行数字责任，政府可能给予企业一定的激励和支持，如提供一定的财政补贴等，假设企业这部分额外收益为 $n$；若企业不履行数字责任，政府给予的处罚为 $k$。企业履行数字责任和不履行数字责任之间的收益差为 $v$。

#### (一)收益矩阵

表 11-2　　　　　　　　　政府与企业的博弈支付矩阵

|  |  | 企业 | |
|---|---|---|---|
|  |  | 履行数字责任($q$) | 不履行数字责任($1-q$) |
| 政府 | 数字监管($p$) | $R-g, W+n$ | $R-g+k, W-k+v$ |
|  | 传统监管($1-p$) | $R-m, W$ | $R-m, W+v$ |

#### (二)政府监管策略选择的动态演化分析

政府采取数字监管策略的期望收益为：
$$\theta_{11}=q(R-g)+(1-q)(R-g+k)=R-g+k-qk \tag{11-5}$$
政府采取传统监管策略的期望收益为：
$$\theta_{12}=q(R-m)+(1-q)(R-m)=R-m \tag{11-6}$$

政府监管策略的平均期望收益为：
$$\overline{\theta_1} = p\theta_{11} + (1-p)\theta_{12} \tag{11-7}$$

政府监管策略的复制动态方程为：
$$F(p) = p(1-p)(\theta_{11} - \theta_{12}) = p(1-p)[m-g+(1-q)k] \tag{11-8}$$
$$F'(p) = (1-2p)[m-g+(1-q)k] \tag{11-9}$$

令 $F'(p) = 0$，可得 $q = \dfrac{m-(g-k)}{k}$。

接下来，依次对在 $q = \dfrac{m-(g-k)}{k}$、$q < \dfrac{m-(g-k)}{k}$、$q > \dfrac{m-(g-k)}{k}$ 三种情况下 $F(p)$ 的值进行考察。

当 $q = \dfrac{m-(g-k)}{k}$，无论 $p$ 取何值，$F(p) \equiv 0$，表明当企业履行数字责任的概率为 $q = \dfrac{m-(g-k)}{k}$ 时，政府采取何种监管策略的效果是一致的。

当 $q < \dfrac{m-(g-k)}{k}$ 时，$F'(0) > 0$ 且 $F'(1) < 0$。显然，$p = 1$ 是政府监管部门的演化稳定策略。当企业以低于 $q = \dfrac{m-(g-k)}{k}$ 的概率履行数字责任时，政府会选择数字监管模式。

当 $q > \dfrac{m-(g-k)}{k}$ 时，$F'(0) < 0$ 且 $F'(1) > 0$。显然，$p = 0$ 是政府监管部门的演化稳定策略。当企业履行数字责任的概率高于 $q = \dfrac{m-(g-k)}{k}$ 时，政府会选择继续采用传统监管模式。

基于以上分析，本书提出：

**命题1：企业数字责任的履行情况越差，政府数字监管转型的概率越高。**

### (三)企业策略选择的动态演化分析

企业履行数字责任的期望收益为：
$$\theta_{21} = p(w+n) + (1-p)w = w + np \tag{11-10}$$

企业不履行数字责任的期望收益为：
$$\theta_{22} = p(w-k+v) + (1-p)(w+v) = -pk + w + v \tag{11-11}$$

企业策略选择的平均期望收益为：
$$\overline{\theta_2} = q\theta_{21} + (1-q)\theta_{22} \tag{11-12}$$

企业策略选择的复制动态方程为：
$$F(q) = q(\theta_{21} - \overline{\theta_2}) = q(1-q)(\theta_{21} - \theta_{22}) = q(1-q)[p(n+k) - v] \tag{11-13}$$

对 $F(q)$ 求导，得 $F'(q) = (1-2q)[p(n+k) - v]$。

当 $p = \dfrac{v}{n+k}$ 时，$F'(q) \equiv 0$，此时，$q = 0$ 或 $q = 1$ 都是企业的最优策略选择，即是否履行

数字责任对于企业的效果是一样的。

当 $p<\dfrac{v}{n+k}$ 时，$F'(0)<0$ 且 $F'(1)>0$。这意味着，当政府以低于 $p<\dfrac{v}{n+k}$ 的概率实施数字监管时，企业的最优策略不履行数字责任。

当 $p>\dfrac{v}{n+k}$ 时，$F'(0)>0$ 且 $F'(1)<0$。这意味着，当政府以高于 $p>\dfrac{v}{n+k}$ 的概率实施数字监管时，企业的最优策略履行数字责任。

基于以上分析，本书提出：

**命题 2**：政府实施数字监管能够推动企业履行数字责任。

### （四）政府监管模式与企业数字责任的稳定策略分析

为了进一步考察政府与企业系统的稳定性，令 $F(p)=0$ 且 $F(q)=0$，可以得到五个均衡解，分别为 $E_1(0,0)$，$E_2(0,1)$，$E_3(1,0)$，$E_4(1,1)$，$E_5(p^0,q^0)$ $\left(p^0=\dfrac{v}{n+k},q^0=\dfrac{m-(g-k)}{k}\right)$。根据弗里德曼等人提出的演化博弈均衡点的稳定性分析方法，上述五个系统均衡点并不一定是该复制动态系统的演化稳定策略，需通过对微分方程组 $F(p)$、$F(q)$ 分别求关于 $p$ 和 $q$ 的偏导数，建立雅克比矩阵 $J$ 进行局部稳定分析，判断其行列式 $\det J$ 和迹 $\mathrm{tr}J$ 的符号来确定复制动态系统均衡点的演化稳定状态，进而判断政府和企业的演化稳定策略。

$$J=\begin{bmatrix}\dfrac{\partial F(p)}{\partial p} & \dfrac{\partial F(p)}{\partial q}\\ \dfrac{\partial F(q)}{\partial p} & \dfrac{\partial F(q)}{\partial q}\end{bmatrix}=\begin{bmatrix}(1-2p)[m-g+(1-q)k] & p(p-1)k\\ q(1-q)(n+k) & (1-2q)[p(n+k)-v]\end{bmatrix}$$

矩阵 $J$ 的行列式值 $\det J$ 为：

$$\det J=(1-2p)[m-g+k-qk](1-2q)[p(n+k)-v]\\+pqk(p-1)(q-1)(n+k) \tag{11-14}$$

矩阵 $J$ 的迹 $\mathrm{tr}J$ 为：

$$\mathrm{tr}J=(1-2p)[m-g+(1-q)k]+(1-2q)[p(n+k)-v] \tag{11-15}$$

此时，雅克比矩阵行列式和迹存在以下几种情况：若 $\det J>0$ 且 $\mathrm{tr}J<0$，说明该系统均衡点演化为稳定点；若 $\det J>0$ 且 $\mathrm{tr}J>0$，则该系统均衡点为不稳定点；若 $\det J<0$，则该系统均衡点为鞍点。现将五个均衡点代入，为了简化表示，令 $r_1=m-g$，$r_2=n-v$。具体分析结果如表 11-3 所示。

表 11-3　　　　　　　　　　　　均衡点稳定性分析

| 情景 | 条件 | 稳定性分析 | (0,0) | (0,1) | (1,0) | (1,1) | $(p^0,q^0)$ |
|---|---|---|---|---|---|---|---|
| 1 | $r_1>0, r_2>0$ | det/tr | −/± | +/+ | −/± | +/− | −/0 |
|  | 局部稳定性 |  | 鞍点 | 不稳定 | 鞍点 | ESS | 鞍点 |
| 2 | $r_1>0, r_2<0, k<-r_2$ | det/tr | −/± | +/+ | +/− | −/− | +/0 |
|  | 局部稳定性 |  | 鞍点 | 不稳定 | ESS | 鞍点 | 中心点 |
| 3 | $r_1>0, r_2<0, k>-r_2$ | det/tr | −/± | +/+ | +/+ | +/− | −/0 |
|  | 局部稳定性 |  | 鞍点 | 不稳定 | 鞍点 | ESS | 鞍点 |
| 4 | $r_1<0, r_2<0, k<-r_1, k<-r_2$ | det/tr | +/− | −/± | −/± | +/+ | +/0 |
|  | 局部稳定性 |  | ESS | 鞍点 | 鞍点 | 不稳定 | 中心点 |
| 5 | $r_1<0, r_2<0, -r_2<k<-r_1$ | det/tr | +/− | −/± | +/+ | −/+ | −/0 |
|  | 局部稳定性 |  | ESS | 鞍点 | 不稳定 | 鞍点 | 鞍点 |
| 6 | $r_1<0, r_2<0, -r_1<k<-r_2$ | det/tr | −/± | −/± | +/− | +/+ | −/0 |
|  | 局部稳定性 |  | 鞍点 | 鞍点 | ESS | 不稳定 | 鞍点 |
| 7 | $r_1<0, r_2<0, k>-r_1, k>-r_2$ | det/tr | −/± | −/± | −/± | −/− | +/0 |
|  | 局部稳定性 |  | 鞍点 | 鞍点 | 鞍点 | 鞍点 | 中心点 |
| 8 | $r_1<0, r_2>0, -r_2<k<-r_1$ | det/tr | +/− | −/± | +/+ | −/± | −/0 |
|  | 局部稳定性 |  | ESS | 鞍点 | 不稳定 | 鞍点 | 鞍点 |
| 9 | $r_1<0, r_2>0, k>-r_1$ | det/tr | −/± | −/± | −/+ | −/− | +/0 |
|  | 局部稳定性 |  | 鞍点 | 鞍点 | 鞍点 | 鞍点 | 中心点 |

演化策略稳定性分析：

(1)在情景 4、5、8 中，(传统监管，不履行数字责任)是政府和企业唯一演化稳定策略，即无论初始 $p,q$ 取何值，系统最终均会演化收敛于(0,0)点。从政府方来看，情景 4、5、8 都有 $r_1<0$，意味着若政府不进行监管方式的转型，造成监管不足，引致的公信力损失小于向数字化转型所有付出的成本，因此，政府的最优策略依然是进行传统监管；从企业的角度来看，情景 4、5 中都有 $r_2<0$，即政府给予企业履行数字责任的激励，小于企业不履行数字责任可以留存的额外收益，激励不足导致企业最终会演化收敛于不履行数字责任；即使在情景 8 中，政府激励大于企业投机的收益 $-r_2<k<-r_1$，企业积极配合数字监管、履行数字责任的收益较高，但此情形下，政府对企业数字责任缺失行为的罚款，依然难以补贴高昂的转型成本，故在无限次博弈过后，企业由于无法获得积极合作所能带来的额外收益，最终会选择投机主义行为。

(2)在情景 2、6 中，(数字监管，不履行数字责任)是政府和企业唯一演化稳定策略，在该情景中政府不进行监管模式的转型所带来的公信力损失,无论是否超过转型付出的成本,数字监管下政府对企业不履责行为的罚款都能弥补政府的收益差,故政府最终会选择数字监管策略。而对于企业而言,在该情景下,不履行数字责任的额外收益除去政府付款依然超过了履行数字责任获得的政府激励,因而企业最终会选择不履行数字责任行为。

(3)在情景1、3中,二者的博弈容易演化为帕累托最优解(1,1),即企业选择履行数字责任,政府进行数字监管;在该情景下,政府监管不力的公信力损失大于监管转型所有付出的成本,加之监管过程中的罚款也能为政府带来一定的收益,因此政府最终会演化收敛于数字监管策略;而对于企业而言,情景1中,政府激励能够有效弥补企业决策的收益差,激励企业履行数字责任。情景3中,虽然政府激励较小,但是罚款会减小企业策略的收益差,企业最终会演化收敛于履行数字责任。

(4)情景7、9没有稳定的演化策略,双方的策略选择会随着对方策略的变化而变化。例如,在此情景下,政府监管不足的损失小于转型成本,政府倾向于继续保持传统监管模式;此时,若数字监管下罚款带来的收益能够弥补政府的收益差,政府会转向数字监管。同样地,若政府对企业的激励难以弥补企业的收益差,企业便缺乏履行数字责任的动力,但罚款对企业履行数字责任也会存在一定的激励,当罚款金额足够大,企业也会选择履行数字责任。如此循环,不会收敛于任何稳定策略。

基于以上分析,本书提出:

**命题3**:政府对企业履行数字责任提供的激励越大,企业履行数字责任的意愿越强。

**命题4**:政府对企业数字责任缺失现象的处罚力度越大,对推动企业履行数字责任的作用越强。

**命题5**:政府监管缺位所造成的公信力损失越大,政府进行数字监管的激励越大。

**命题6**:政府转化为数字监管模式投入的成本越小,政府进行数字监管的意愿越强。

## 第四节 实证设计

### 一、研究假设

本书的研究目的是识别政府数字监管与企业数字责任的因果关系,基于政府战略对不同企业数字责任的针对性特征以及政策本身的相对外生性,本书将以2017年中央网信办联合五部门在全国八个省份开展的国家电子政务综合试点(以下简称"试点")为准自然实验,应用双重差分法(DID)评估数字监管对企业数字责任的实际影响效果,以避免传统构建指标体系在测度政府监管的数字化水平时存在的偏差问题,准确估计政府数字监管对企业数字责任履行的影响效果。

结合命题2可知,政府实施数字监管能够推动企业履行数字责任。具体来讲,随着数字经济发展，数字化商业模式引发的用户隐私保护、数据安全、网络空间安全等诸多新的问题迫切需要新的监管方式来解决。政府推进监管数字化，能够充分发挥自身优势，有效统筹、协调和引导企业等数字经济参与主体，构建多元协同共治的数字经济监管体系，树立企业的责任意识，减少不道德行为。因此，提出本书的假设1：

**H1：政府数字监管能够推动企业履行数字责任。**

根据命题4可知，政府在数字化监管过程中的处罚措施，是影响企业数字责任履行的重要因素，政府对企业的罚款实则是加重了企业不履行数字责任的成本，在此基础上，本书将扩展分析企业资金约束对企业策略选择的影响。结合命题5、6，政府也会基于成本—效益原则，选择是否进行监管模式的转型。而"试点"的开展一方面使政府的基础设施集约化水平、信息资源统筹能力明显提升，有助于政府监管的精准性和高效性；另一方面又必然会挤占政府资源，政府也会愈加严格把控财政资金，企业获得政府补贴的门槛增加，尤其是企业遭受政府罚款后，会有更强的动机去寻求新的融资渠道，获得资金支持。传统融资方式分为股权融资和债权融资两大类，但由于股权融资存在稀释管理者股权的问题，在上市后这一融资方式并不是成熟企业的主要融资手段，成熟企业更多地采用债权融资（谈婕、高翔，2020）。因此，本书认为政府数字监管会推动企业扩大债权融资规模，进而为企业履行数字责任提供资金支持。

此外，结合命题3，激励机制的存在也会影响企业的策略抉择。政府作为社会管理者，其行为本身的曝光率不言自明，而在数字化时代下，其管理和服务更加规范与透明，政府对企业的公开激励会进一步吸引媒体的注意力，舆论的放大作用会为企业营造良好的社会声誉。此时，企业也会面临逐渐叠加的外部监督机制，敦促企业高度重视和管理自己的声誉，积极履行数字责任。与此同时，政府数字监管的精准化会使一些存在机会主义倾向的"影子"企业变得更加透明，当有关部门以改造、整顿等措施强制企业做出改变时，也改变了市场现有的竞争格局。面对新的市场竞争环境，迫于"被边缘化"的风险，企业的竞争压力逐日上升，会推动企业积极履行数字责任以得到公众的信赖，树立品牌声誉。基于此，提出本书的假设2：

**H2：债权融资、企业声誉和市场竞争程度是政府数字监管推动企业履行数字责任的正向传导机制。**

### 二、模型设计

根据本书研究目的和上述理论分析，基于双重差分法构建如下基础模型：

$$CDR_{it} = \partial_0 + \partial_1 did + \partial_2 time_t + \partial_3 treated_i \times time_t + \gamma X_{it} + \delta_i + \lambda_t + \varepsilon_{it} \quad (11-16)$$

其中，$i$ 和 $t$ 表示企业和时间，被解释变量 $CDR_{it}$ 是企业数字责任的表现。核心解释变量是"试点"时间和省份的交互项。此外，为控制可能影响企业数字责任的其他因素，如企业规模等，本书引入了一系列控制变量 $X_{it}$。

为检验政府数字监管对企业数字责任的影响机制,本书构建了如下模型:

$$med_{it} = \beta_0 + \beta_1 treated_i + \beta_2 time_t + \beta_3 treated_i \times time_t + \beta_4 X_{it} \\ + \delta_i + \lambda_t + \varepsilon_{it} \quad (11-17)$$

其中,$med_{it}$代表中介变量,分别为债权融资、市场占有率和企业利润。

### 三、数据说明与变量构造

#### (一)被解释变量

企业数字责任(CDR):本书认为,企业数字责任是数字时代企业社会责任的延伸,不脱离传统企业社会责任理念但又赋予数字时代的新内涵。本书以企业数字化转型程度与企业社会责任指数的交乘项作为数字责任的代理变量。企业数字化转型程度参考(牛斐斐,2023),利用Python爬虫功能归集整理了全部A股上市企业的年度报告,对人工智能技术、大数据技术、云计算技术、区块链技术、数字技术运用五个维度76个数字化相关词频进行统计,并形成最终加总词频,从而构建企业数字化转型的指标体系。企业社会责任指数以华政ESG评级衡量银行ESG投资表现。华政ESG指标体系参考国外主流的ESG评价框架,并结合中国资本市场现实情况及各类上市公司特点,最终设定26个关键指标,采用行业加权平均法进行ESG评价,以季度频率更新,并包含了所有上市公司。本书首先对季度ESG评分进行赋值,将C~AAA九档评级分别赋值1~9,再按年份计算平均数,最后取自然对数得到变量lnESG。

#### (二)解释变量

本书以2017年中央网信办、国家发展改革委会同有关部门在北京、上海、江苏、浙江、福建、广东、陕西、宁夏八个省、自治区、直辖市开展的国家电子政务综合试点为准自然实验。关键解释变量以是否为该八个省、自治区、直辖市(treated)和试点前后(time)生成交互项。若企业属于该八个省、自治区、直辖市,则treated取值为1,否则为0;若样本年份在2017年之后,则time取值为1,否则为0。

#### (三)机制变量

债权融资:本书参考周肖肖等(2023),以企业的短期借款、长期借款、应付债券加总之和衡量企业债权融资规模。

企业声誉:参考管考磊和张蕊(2019)的方法,通过构建声誉评价体系的方法衡量企业声誉(Rep),综合考虑各利益相关者对企业声誉的评价,秉承可操作性、层次性、有效性和相对完备性的原则,选择了12个企业声誉评价指标(消费者和社会角度的企业资产、收入、净利润和价值在行业内的排名;债权人角度的资产负债率、流动比率、长期负债比率;股东角度的每股收益、每股股利、是否为国际四大会计师事务所审计;企业角度的可持续增长率、独立董事比率)。然后,对12个指标采用因子分析方法计算出企业声誉得分。最后,按照企业声誉得分,从低到高分为10组,每组依次赋值Rep为1~10。

市场竞争程度:本书用赫芬达尔(HHI)指数衡量行业竞争程度,其具体计算过程为:行业内各企业的主营业务收入除以行业内所有企业主营业务的总数后,再平方进行加总。行业竞争程度越高,HHI指数越小。HHI计算公式如下:

$$HHI_j = \sum_{i=1}^{n}(Y_{ij}/\sum Y_i)^2$$

其中,$HHI_j$表示行业$j$的赫芬达尔指数,$Y_{ij}$表示$j$行业中$i$企业的主营业务收入,$n$为该行业中的企业总数。$HHI_j$的取值范围为0~1。

### (四)控制变量

本书选择了企业规模(Size)、资产负债率(Lev)、总资产收益率(RoA)、净资产收益率(RoE)、经营性现金流(Cashflow)、固定资产占比(Fixed)、主营业务收入增长率(Growth)、董事会独立性(Indep)、两职合一虚拟变量(Dual)作为本书的控制变量,以控制和减少其他因素对企业数字责任的影响。

## 四、实证结果与分析

### (一)描述性统计

总体来看,样本企业之间的企业数字责任表现具有不一致性,存在较大差异,说明在是否履行数字责任方面,企业根据内外部环境进行了不同的策略选择。此外,控制变量的标准差普遍较低,大部分处在1.00之下,相对符合要求。

表11-4　　　　　　　　　　　　变量描述性统计

| 变量 | 样本量 | 平均数 | 中位数 | 标准差 | 最小值 | 最大值 | 范围 |
| --- | --- | --- | --- | --- | --- | --- | --- |
| 企业数字责任 | 35 029 | 50.51 | 6 | 143.7 | 0 | 2945 | 2945 |
| 企业规模 | 46 074 | 21.94 | 21.75 | 1.315 | 15.58 | 28.64 | 13.06 |
| 资产负债率 | 46 074 | 0.432 | 0.427 | 0.213 | 0.007 | 9.699 | 9.692 |
| 总资产收益率 | 46 070 | 0.040 | 0.040 | 0.079 | −1.859 | 0.969 | 2.828 |
| 净资产收益率 | 46 019 | 0.052 | 0.075 | 0.650 | −75.89 | 2.379 | 78.27 |
| 经营性现金流 | 46 074 | 0.047 | 0.046 | 0.079 | −1.938 | 0.876 | 2.814 |
| 固定资产占比 | 46 074 | 0.229 | 0.195 | 0.170 | −0.206 | 0.971 | 1.177 |
| 主营业务收入增长率 | 45 849 | 3.627 | 0.123 | 632.6 | −1.309 | 134 607 | 134 608 |
| 董事会独立性 | 46 004 | 0.355 | 0.333 | 0.090 | 0 | 0.800 | 0.800 |
| 两职合一 | 46 074 | 0.241 | 0 | 0.428 | 0 | 1 | 1 |

### (二)平行趋势检验

双重差分的前提假设是,在政策事件发生前,处理组和对照组的变化趋势应该是一致的。为此,本书以2017年作为政策介入点,将样本分为"试点"前和"试点"后。检验了"试点"提出之前四年直到样本最后一年的趋势变化。结果表明,"试点"前所有回归结果均不显著,表明此时处理组和对照组的变化趋势是一致的,不存在显著差异。"试点"后实验组和对照组的企业数字责任差距迅速减小,实验组企业数字责任变化较大。因此,样本通过了双重差分法估计所需的平行趋势检验(见图11—1)。

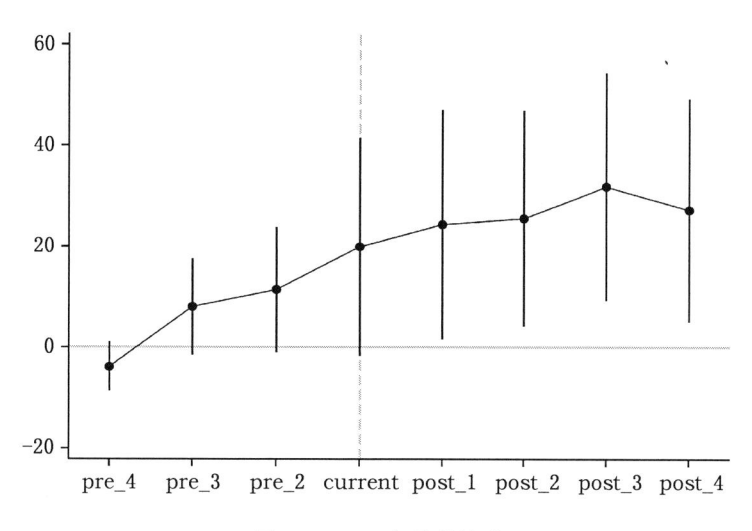

**图11—1 平行趋势检验**

### (三)基准回归

本部分将考察政府数字监管对企业数字责任的实际效应。具体来说,基于方程(11—16)的设定对政府数字监管的推动作用进行检验,同时控制年份和省份的固定效应以及企业层面的控制变量。结果如表11—5所示,列(1)汇报了使用企业数字化转型程度与企业社会责任指数的交乘项作为因变量的回归结果,为了结果的稳健性;列(2)替换了企业数字换转型程度的衡量方式,参考管考磊和张蕊(2019),使用文本分析法和专家打分法构建制造业企业的数字化转型指数;列(3)则是替换了企业社会责任指数,转而使用和讯网发布的企业社会责任报告中的总得分测度企业社会责任承担水平。无论企业数字化转型程度、企业社会责任如何度量,交互项系数均在5%的水平上显著为正,"试点"后的处理组企业数字责任履行情况均有显著提升。这说明政府数字监管的确推动了企业履行数字责任,假设1得证。可能的原因是,政府数字监管有效提升了政府的监管有效性和精准性,克服了传统监管模式中信息缺乏、工具不足的制度劣势,倒逼企业在数字化时代更加注重经营行为的规范性和合法性,恪守道德底线,自觉履行相应的数字责任。

表 11-5　　　　　　　　　　　　　基准回归

|  | (1)<br>CDR | (2)<br>CDR′ | (3)<br>CDR″ |
| --- | --- | --- | --- |
| DID | 16.811** | 32.345** | 70.484** |
|  | (6.387) | (9.833) | (20.384) |
| 控制变量 | ✓ | ✓ | ✓ |
| 观测数 | 27 674.000 | 27 674.000 | 24 395.000 |
| $R^2$ | 0.069 | 0.088 | 0.069 |

注:括号内的数字为标准误;***、**、*分别表示显著性水平为1%、5%和10%。

**(四)安慰剂检验**

国家在开展试点的同时,也可能同步发生一些影响企业数字责任的事件,如舆论监督等。因此,为排除其他随机因素和不可观测因素对本文基准回归结果的影响,本书通过随机改变政府开始实行数字监管的时间点和生成不同"伪"实验组的方式进行安慰剂检验。具体做法是,从全样本中随机抽取样本的年份作为政策时间,随机抽取确定的政策年份确保了本书构建的数字监管代理变量对企业数字责任没有影响。如果随机抽取的估计系数与基准回归系数有差异且不显著,说明企业履行数字责任确实受政府数字监管推动;反之,则说明上文的研究结果不稳健。图11-2汇报了500次随机生成处理组的估计系数核密度以及对应$p$值的分布。其中,水平虚线为显著性水平0.1,垂直虚线为基准回归模型真实估计系数。可以发现,回归系数大部分集中在0附近,均值接近于0,且绝大部分$p$值大于0.1。此外,垂直虚线代表的实际估计系数在安慰剂检验的估计系数中明显属于异常值,这符合安慰剂检验的预期,说明政府数字监管对企业数字责任的影响不太可能受到遗漏变量的干扰,本书的估计结果是稳健的。

**(五)PSM-DID**

为了得到政府数字监管对企业数字责任影响的更准确的结果,本书还使用了倾向得分匹配(PSM)与双重差分(DID)对其进行分析,以缓解双重差分模型在政策评估过程中出现的选择性偏误。首先用倾向得分方法寻找实施了"试点"的企业的可比样本,我们选取企业规模(Size)、资产负债率(Lev)、总资产收益率(RoA)等控制变量维度相似的公司进入控制组,本书选取的是近邻匹配方法,匹配变量的标准偏差绝对值小于20。可以看出,进行倾向得分匹配后,处理组和控制组的倾向得分较为接近,从而使得处理组和控制组在其他维度上具有可比性,它们之间唯一的显著差别在于是否实施了数字监管,这在一定程度上保证了后文双重差分(DID)分析结果的可靠性。在继续使用DID方法检验后,可以看出"试点"下的企业数字责任履行状况均有显著提升,更换被解释变量后结果依然稳健,这进一步支撑了前文的分析结果,因而可以认为政府数字监管对企业数字责任的确有显著的推动作用。

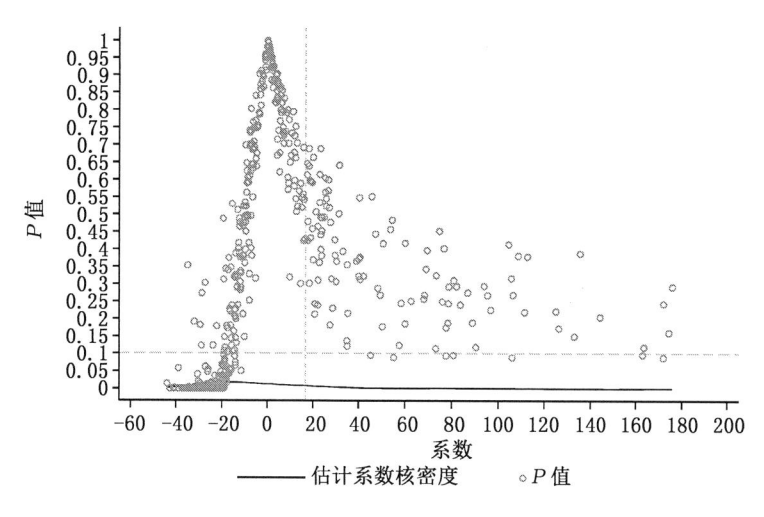

图 11-2　安慰剂检验

表 11-6　配对样本双重差分回归结果

|  | (1)<br>ESGA | (2)<br>ESGB | (3)<br>CSRA |
| --- | --- | --- | --- |
| DID | 25.951** | 52.709** | 136.846** |
|  | (10.609) | (18.947) | (43.883) |
| 控制变量 | ✓ | ✓ | ✓ |
| 观测数 | 34 972.000 | 34 972.000 | 30 466.000 |
| $R^2$ | 0.080 | 0.109 | 0.072 |

注：括号内的数字为标准误；***、**、*分别表示显著性水平为1%、5%和10%。

### 五、机制分析

基准回归结果和稳健性检验表明，政府数字监管的确能够推动企业数字责任的履行。而本书在假设部分提出，债权融资、行业竞争程度、企业声誉都是政府数字监管推动企业履行数字责任的传导机制。因而，本书将结合方程(11-17)，为打开政府数字监管与企业数字责任之间的"黑匣子"提供进一步的经验证据。表 11-7 的列(1)显示，"试点"在 5% 的显著水平上提高了企业的债权融资水平，即政府数字监管的确可以通过改变企业的融资渠道，为企业募集更多的资金以支撑企业数字责任实践。列(2)显示"试点"后的企业所属行业的竞争程度有显著提高，可能的原因是，政府数字监管提高了监管的精准性，给予履责良好的企业一定的激励；或对企业机会主义行为的惩罚会改变市场现有的竞争格局，提升市场的有效性。在激烈的市场竞争中，企业为获得政府青睐以及持续的竞争力，必须重视利益相关者的诉求，积极履行数字责任。结合列(3)，此时企业的声誉也有显著提升，这可能是因为政府数字化的监管会使政务更加透明,对企业的奖惩机制会吸引媒体关注,倒逼企业更加重视自身声誉管理,声誉提升又会进一步提高企业的社会关注度,如此往复,逐渐叠加的外部监督会加强对企业的行为约束,强化企业的道德自律,积极履行数字责任。由此,假设 2 得证。

表 11—7　　　　　　　　　　　　　机制检验

|  | （1）债权融资比例 | （2）赫芬达尔指数 | （3）企业声誉 |
| --- | --- | --- | --- |
| DID | 0.018** | −0.006* | 0.120** |
|  | (0.008) | (0.003) | (0.039) |
| 控制变量 | √ | √ | √ |
| 观测数 | 5 004.000 | 26 005.000 | 22 749.000 |
| $R^2$ | 0.448 | 0.025 | 0.503 |

注:括号内的数字为标准误;***、**、* 分别表示显著性水平为 1%、5%和 10%。

## 第五节　结论与启示

### 一、研究结论

随着数字技术的快速发展,数字经济在国民经济中的重要地位日益凸显。但是,企业在数字化过程中的社会责任缺失现象和异化行为频频出现甚至层出不穷,不仅引致众多平台型企业"昙花一现"或走向衰败,让数字经济的发展前景蒙上一层阴影,而且引发许多严重的社会问题,对经济社会可持续发展产生"意想不到"的负外部性。与此同时,政府数字化建设也成为适应新一轮科技革命和产业变革趋势的必然要求,能否通过政府数字化监管推动企业履行数字责任是创新政府治理理念和方式、形成数字治理新格局、推动数字经济发展的重要举措。本书构建了政府、企业的演化博弈模型,动态分析企业在政府实行数字监管前后的策略选择和演化路径,从理论上探析了政府数字监管对推动企业履行数字责任的微观机制,并基于"试点"采用 DID 等方法进行了中国情景下的实证检验。主要结论为:(1)演化博弈模型中,主体间的策略选择相互影响,政府数字监管有利于推动企业履行数字责任,政府监管过程中的奖惩措施能进一步改变企业履行数字责任的成本或收益,强化企业选择履行数字责任的倾向性。(2)实证检验表明,政府数字监管的确能够推动企业履行数字责任,并且通过刺激企业债务融资、提高企业声誉、促进市场竞争来推动企业履行数字责任。

### 二、研究启示

本书对促进企业积极履行数字责任、推动数字经济健康具有重要的政策启示:

第一,政府加强数字监管生态建设,建立奖惩结合的数字监管体系,对于积极履行数字责任的企业,可以通过税收优惠、政府采购等方式积极支持其发展。对于存在机会主义倾向、拒不履责的企业要加大惩罚力度,在项目申请、行政审批等方面对其进行限制,提高其违约成本,进一步激发其履行数字责任的积极性。

第二,增加有关部门对政府监管失职的问责制度,通过博弈模型可知,政府转化为数字监管模式的成本以及监管不到位公信力损失的程度也会影响政府进行数字化监管的意愿。若加强问责制度,采取适宜的推进策略,将有利于确保数字监管本身的合理性和必要性,并提高政府的监管力度和公平性,避免监管不足以及过度监管。

第三,调动公众参与的积极性,提高消费者的自我保护意识,鼓励其利用法律手段积极维护自身合法权益,并简化维权举报流程,提高维权和办事效率,发挥多元主体的力量,共同对企业数字化发展进程中出现的问题进行治理。

但本书的研究也存在一定的局限性,例如,限于数据的可得性,本书在企业数字责任的量化上做了简化处理,重点讨论政府数字监管与企业数字责任的因果关系,未来可以结合数据的生命周期和数字责任涉及的不同利益相关方,开发多维度的量表对数字责任进行定量研究。同时,考虑到消费者意识的转变也是推动企业数字责任的重要方面,以及消费者行为对生产方的需求指引作用,未来研究中可以加入对更多参与主体(如消费者)行为的讨论。

## 参考文献

[1]胡仙芝,李婷.现代政府监管的模式变迁与数字化改革路径[J].新视野,2022(6):47—53.

[2]管考磊,张蕊.企业声誉与盈余管理:有效契约观还是寻租观[J].会计研究,2019(1):59—64.

[3]姜雨峰,黄斯琦,潘楚林,李浩旋.企业数字责任:数字时代企业社会责任的理论拓展与价值意蕴[J].南开管理评论.2024(3):245—256.

[4]刘亚平,李雪.数字监管能力:概念界定、路径分析与实践演进[J].中山大学学报(社会科学版),2022,62(6):176—188.

[5]吕晓军.政府补贴与企业技术创新投入——来自2009—2013年战略性新兴产业上市公司的证据[J].软科学,2016,30(12):1—5.

[6]孟天广,张小劲.大数据驱动与政府治理能力提升——理论框架与模式创新[J].北京航空航天大学学报(社会科学版),2018,31(1):18—25.

[7]孟天广.政府数字化转型的要素、机制与路径——兼论"技术赋能"与"技术赋权"的双向驱动[J].治理研究,2021,37(1):5—14+2.

[8]牛斐斐.多元化融资、债务结构调整与企业投资不足[J].财会通讯,2023(18):83—86+115.

[9]孙早,肖利平.融资结构与企业自主创新——来自中国战略性新兴产业A股上市公司的经验证据[J].经济理论与经济管理,2016(3):45—58.

[10]谈婕,高翔.数字限权:信息技术在纵向政府间治理中的作用机制研究——基于浙江省企业投资

项目审批改革的研究[J].治理研究,2020,36(6):31—40.

[11]吴非,胡慧芷,林慧妍,等.企业数字化转型与资本市场表现——来自股票流动性的经验证据[J].管理世界,2021,37(7):130—144+10.

[12]肖红军.平台化履责:企业社会责任实践新范式[J].经济管理,2017,39(3):193—208.

[13]肖红军.算法责任:理论证成、全景画像与治理范式[J].管理世界,2022,38(4):200—226.

[14]阳镇,陈劲.数智化时代下企业社会责任的创新与治理[J].上海财经大学学报,2020,22(6):33—51.

[15]周肖肖,贾梦雨,赵鑫.绿色金融助推企业绿色技术创新的演化博弈动态分析和实证研究[J].中国工业经济,2023(6):43—61.

[16]赵宸宇,王文春,李雪松.数字化转型如何影响企业全要素生产率[J].财贸经济,2021,42(7):114—129.

[17]Bradford C., Alan C. Corporate stakeholders and corporate finance[J]. Financial Management, 1987,16(1):5—14.

[18]Coglianese C. Information technology and regulatory policy[J]. Social Science Computer Review, 2004,22(1):85—91.

[19]Elliott K., Price R., Shaw P. Towards an equitable digital society:Artificial intelligence (AI) and corporate digital responsibility (CDR)[J]. Society,2021(3).

[20]Girrbach P. Corporate responsibility in the context of digitalization[J]. Tehnicki Glasnik,2021,15(3):422—428.

[21]Herden C. J., Alliu E., Cakici A., et al. "Corporate Digital Responsibility":New corporate responsibilities in the digital age[J]. Sustainability Management Forum,2021,29(1):13—29.

[22]Kirsten Martin. Ethical implications and accountability of algorithms[J]. Journal of Business Ethics,2019(160):835—850.

[23]Knaut A. How CSR should understand digitalization[M]. Osburg T., Lohrmann C., eds. //Sustainability in a Digital World. Cham:Springer International Publishing,2017:249—256.

[24]Lobschat L., Müller B., Eggers F. Corporate digital responsibility[J]. Journal of Business Research,2019.

[25]Taeihagh A., Ramesh M., Howlett M. Assessing the regulatory challenges of emerging disruptive technologies[J]. Regulation & Governance,2021,15(4):1009—1019.

# 第十二章 结论与展望

如果仅以联合国 2004 年发布的责任投资原则(PMI)作为正式起点,ESG 的产生与发展已有 10 多年时间。当然,如果我们将社会责任投资(SRI)和可持续发展理念作为 ESG 概念的滥觞,则可以追溯至 20 世纪 60—70 年代。联合国基于人类可持续发展而推出的 ESG 理念,特别是联合国集合多个机构共同发布的《在乎者是赢家》(Who Cares Wins)报告,才是真正意义上确立了混合商业与社会价值的实践标准和商业模式理念,并且强调了要通过"ESG 披露→ESG 评价→ESG 投资"这三个环环相扣、逻辑自洽的维度来进一步完善企业的 ESG 生态系统(诸大建,2023)。

就目前而言,社会各界对于 ESG 本身仍然存在着很大的争议。一方面,大部分企业未能有效地践行国际 ESG 理念与标准,导致企业的 ESG 实践仅仅停留在遵循合规性原则的表面性质,而对于实质性议题的重要性分析(materiality analysis)的理解和把握也往往流于形式。另一方面,即使企业认真履行了 ESG 评估中的各类要求,在环境保护、组织治理和员工权益等领域都有所推进,人们仍然对企业 ESG 实践究竟能够产生哪些实际作用存在疑虑。造成上述局面的原因是多方面的。但是,不可回避的问题在于,企业核心运行逻辑和核心业务往往无法与 ESG 实践形成较为有效的耦合机制,因此,实行"脱耦"的战略成为企业的主要选择。除了实务界存在困惑外,学术界在把握 ESG 概念时也存在巨大的理论争论。其中,突出的观点是 ESG 与 CSR 之间并不存在本质上的差异,前者被视为后者的"旧瓶装新酒"或者概念意义上的重新包装。正是由于这种理念上的辨析,导致学术界对 ESG 的研究停留于非市场战略维度,并强调企业只需要从非财务指标的角度去探讨企业的 ESG 战略和治理架构。进一步地,正是由于对非财务指标的关注,导致学术界总是偏重于从传统 CSR 的角度去思考和理解 ESG。尽管从本质而言,这两者的逻辑是完全不同的,ESG 的关键是"评估企业在经营过程的各个环节在环境、社会及治理方面所面临的风险和机遇",而 CSR 则强调了"企业在营利之余,以可衡量价值的形式主动回馈社会,对社会做出正面贡献"(Gillan et al.,2021)。

上述疑问的存在,使得企业对于 ESG 的实践与理解存在着很强的"随意性"和"机会性",导致企业的 ESG 实践往往沦为一个重要的、能够掩盖组织实际财务目标的标签。例如,有研究表明,在 ESG 投资环节,利益相关者往往会把"E"(气候变化等环境问题)作为决策的主导标准,而缺乏对"S"(社会)的重视。这是由于,关于社会维度的投资很难评估其最终的"社会影响力"(social impact);更重要的是,社会维度很难在治理、管理层面与企业运行有机地结合起来。① 正如波特等人所强调的,"那些'想要击败市场'的投资者,以及那些真正关心社会问题的人,显然已经错过了时机,因为他们忽视了社会影响力的力量所驱动的经济价值,而这些社会影响力可以提高股东回报"(Porter et al.,2019)。

可见,从社会影响力出发,并据此延伸至社会治理领域,是进一步完善和拓展企业 ESG 实践的题中之意。ESG 理念本身所强调的可持续发展内核,又与中国所强调的乡村振兴、共同富裕、公益慈善、志愿服务等领域产生了有趣的化学反应,使得中国企业在履行 ESG 实践时,不仅立足于所谓的"合规性",更加应该着眼于其"实质性/重要性"。正是基于上述思路,本书尝试从企业 ESG 实践的社会治理功能或者企业 ESG 与社会治理的关系出发,来探究企业这一市场主体的社会公民角色。然而,系统梳理本书的相关章节后可以发现,尽管借助了社会治理分析框架来探讨 ESG 实践的基本作用,但是,本书的很多内容也体现出以往学者所诟病的——过分分散和琐碎(Gillan et al.,2021)。部分原因是,作者们未能收集到完整的研究素材来一以贯之地梳理本书的内容,但更为重要的原因是,企业现有的 ESG 实践本身就是松散的和破碎的;特别地,企业在相关报告中的信息披露形式较为浅显且完整性有待提升,其中可以结构化的信息和可量化的内容并不多,在大多数利益相关者所关心的关键议题上的数据可靠性与可比性也相对较弱。换言之,大部分的 ESG 实践停留在了所谓的 1.0 时代,尚未系统准备好进入 2.0 时代(Li et al.,2024)。

虽然存在着实践松散、主题散乱的困境,但从本书的内容来看,至少在宏观环境方面,企业实行 ESG 相关实践已经具备了极大的合法性,特别是在中国式现代化等宏大叙事的大背景下,研究者和企业管理者都意识到 ESG 实践在社会治理方面的可能潜力(Liu et al.,2023);进一步地,从微观机理和行动来看,在理论和实务层面,企业借助 ESG 实践完全有着与政府、社会组织乃至公众协同的可能性和跨部门合作的空间(第一部分)。事实表明,企业借助 ESG 实践是完全有机会在公共物品提供(第三部分)、公共意志表达(第二部门)、公共生活改善(第四部分)等方面有所贡献的;同时,在数字时代到来的当下,企业 ESG 实践完全有可能与数字社会相互连接,形成更加新兴的数字社会治理生态(第五部分)。可以说,本书的重点还是围绕社会治理的视角来探讨企业作为多元社会力量的重要支柱,如何在自身成长过程中发展符合自身特色的 ESG 实践,从而在实现企业可持续发展的同时,创造出多元经济社会价值。

总而言之,本书至少对以下几个方面的问题进行了系统探讨并取得了一定的成效:(1)如何从经验、理论和政策等方面来把握和理解社会治理与 ESG 的关系?从经验角度来

---

① 参见:ESG 中的"社会"不被重视?量化或成关键,https://mp.weixin.qq.com/s/ML9nZ67_VzZdJihTJQClgA。

看,中国情景下ESG实践的发展与社会治理现代化之间存在着何种内在关联?从理论角度来看,促进中国ESG实践不断发展壮大的主要动力机制有哪些?从政策角度来看,什么样的政策可以促进中国企业的ESG实践面向社会治理?(2)如何从社会治理视角出发,判断和把握ESG不同维度的构成要素与内涵?目前,国内已有多家机构推出了ESG标准体系,但这些内容多为传统CSR报告的改进或外部成熟框架(如GISA)的汉化,缺乏对本土企业ESG标准体系构建的核心要素的把握,也难以兼顾不同属性社会治理主体的潜在诉求。因此,有必要在后续研究中探讨如何改进和完善企业内、外部问责架构,并通过制度改进以激励利益相关者积极参与到ESG实践中。(3)如何识别不同政策工具对于企业ESG实践的具体作用机理及其范围大小?国务院国资委、证监会等监管部门均已出台了不少与ESG相关的政策和指导意见。在上述政策中,哪些可以确保企业实质性ESG实践在社会治理中的运用,哪些只能起到象征性作用?同时,还可以进一步思考:具有强制性或半强制性的ESG标准体系的主要应用范围可以有哪些?其潜在的社会治理功能应当如何被测度和检验?应该说,本书对于这些研究主题都有相应的涉及,并且都给出了一定的答案。

当然,诚如学者们所强调的,ESG并不是传统意义的CSR活动,其本质上是企业多元价值共创的过程,核心的关键在于将企业资源与其核心价值链有效整合(诸大建,2023)。围绕着上述要义,从宏观政策法规和微观企业战略角度出发,后续研究应当深入分析和探讨ESG实践与企业家精神、社会创业、公益创投等全新概念的有机整合(见附录部分介绍),从而进一步实现其社会治理功能。具体而言,结合企业生命周期这一概念,研究者可以围绕企业在初创期、成长期、成熟期的不同发展需要,思考后续的宏观政策研究和企业战略研究。

第一,基于制度分析的ESG社会治理功能发挥政策研究。

在区分正式制度和非正式制度的基础上,Stephan等(2015)创造性地提出了制度空白(institutional void)、制度支持(institution support)和制度型构(institutional configuration)三个视角来分析政策的潜在影响。特别地,制度空白是指缺乏完备的正式制度(如产权制度和法治);制度支持是指政府在制度设计层面采取更加积极有为的鼓励政策;制度型构是指正式与非正式制度以某种形式产生的组合。延续这一制度分析思路,我们大致可以围绕以下三部分内容来展开梳理:一是从填补制度空白的角度,探讨研究如何制定符合中国基层社会治理需要的ESG体系;二是从制度支持的角度,分析如何建立符合中国主流价值观的企业基层社会治理参与机制;三是从制度型构的角度,探究思考正式制度与社会传统之间如何形成能够有效促进企业ESG参与社会治理的驱动机制。

首先,加强助推ESG体系发展的政策研究。应当立足公共部门视野,对北美、欧盟、东亚等地的ESG政策进行跨区域比较分析,探讨党和政府如何通过制度安排与政策设计,促使企业(上市公司)围绕中国情景,从体系化、指标化和数据化等方向建设自身ESG体系;深入分析各级监管机构如何通过政策引导,推动全社会对ESG投资的研究和落地;探讨如何在实现可持续共建共享经济的同时,推进基层社会治理创新。特别地,除了关注成熟的上市企业之外,还应当从政策层面重视和关注初创期企业的 ESG 社会治理参与空间。

其次,剖析实践创新典型以实现制度支持。通过对典型案例的考察,把握社会企业、共益企业等新兴组织形态在社会(社区)治理中的价值,确认不同类型企业参与社会治理的优劣与适用性。具体而言,针对处于成长期和成熟期的企业,探究政府—市场—社会三元联动机制。重点分析如何在投融资市场上有效运用 ESG 投资指数以促进基层社会治理,研究 ESG 情景下企业在人才培养、社会服务、决策咨询和技术支持等方面对于提升基层治理和促进社会创新的作用。

最后,探究基层政府、公众等治理主体如何与企业协同共创。帮助处于不同发展阶段的企业完善和实现环境建设、社会责任、社会与企业治理等工作指标。一方面,可以研究 ESG 对于企业克服市场偏差的积极作用,探究基层社会治理主体如社会组织、传媒、公众在 ESG 体系建设中的道德建构功能;另一方面,进一步探究合适且有效的信息披露制度,以确保企业的 ESG 实践接受社会的监督和引导,深入分析 ESG 概念在基层社会治理中的普及工作,探讨如何通过媒体宣传、学校教育以及价值引导等方式推进 ESG 概念成为全社会的基础性、常识性知识。

第二基于非市场战略的企业 ESG 社会治理实践研究。

以往研究忽略了非市场战略和多元利益相关者关注点的一致性,即并未考虑在非市场环境下,非市场战略与政府、社会组织、社会公众和社区等的利益的契合度(Mellahi et al.,2016)。对于处在不同发展阶段的企业而言,不同的利益相关者对企业 ESG 战略的反应不同,导致对企业绩效的影响存在不确定性甚至相异的结果。在本书中,我们尝试将跨部门社会治理协同视为一种企业 ESG 战略。如本书第五章所展示的,跨部门协同是企业与政府、社会组织等利益相关者之间通过多元整合、资源交换、功能扩张等方式解决社会问题的有效手段。企业通过跨部门合作,将多元社会主体的利益纳入战略进行考虑,从而减弱了利益相关者关注点冲突的问题。

在这一过程中,我们应当寻找潜在的研究领域作为重点关注点,从而确保多元价值创造与企业 ESG 实践相结合。目前,精准扶贫行动为企业跨部门社会治理协同的应用提供了完美的实验场景,从而有助于解决 ESG 战略与组织绩效之间的争议性问题。具体而言,企业通过与政府、社会组织合作,积极地参与精准扶贫行动,以慈善捐赠、技术培训、产销合作等方式,构成了企业非市场战略中重要的一部分。企业在精准扶贫中不仅考虑单方利益相关者的利益,还考虑了政府、社会组织、社会公众等多个利益相关者的利益。因此,精准扶贫领域可以为解决非市场战略与组织绩效的争议提供理论和实践经验。

特别地,考虑到传统跨部门合作的研究提出,多元主体进行合作的目的是解决社会棘手性问题,产生社会价值(Page et al.,2015)。后续的 ESG 战略研究应该围绕以下关键问题进行思考:第一个问题是,跨部门合作作为企业的 ESG 战略受到哪些企业层面因素的影响？目前对跨部门合作的影响因素研究大多集中在结构层次，如技术、冲突、沟通等，而未来可以研究，哪些在组织层次的内部因素（特别是企业的生命周期因素）驱动了企业参与社会问题的解决。第二个问题涉及市场战略和ESG战略的整合，现有的战略学者已经对这一非市场战略未来研究方向提出了大量的建议（Wrona et al.，2018）；未来可以研究企业的市场战略如何以及何时与跨部门合作战略进行整合，以实现组织和社会目标。第三个问题是，需要对企业跨部门合作的非经济后果进行研究，比如对先后关系的影响。即先前的跨部门合作如何影响现在及未来的跨部门合作结构和方式（Bryson et al.，2015）。为实现以上目标，后续研究可以通过对不同产权、产业类型的企业ESG战略进行深入研究，分析上述企业开展绿色环保、社会价值、功德意识、社会创新等相应工作的具体方式和合作形式，结合"以基层治理问题为导向"原则，研究如何将企业ESG指标有机融入现有基层社会治理体系。

## 参考文献

[1]郭景先,巩文杰.企业ESG表现对债务违约风险的影响——基于企业生命周期理论视角[J].金融与经济,2023(11):21-30.

[2]诸大建.从ESG到可持续商业——企业推进ESG的四个方面的变革和转型[N].可持续发展经济导刊,2023-10-11.

[3]Bryson J. M., Crosby B. C., Stone M. M. Designing and implementing cross-sector collaborations: Needed and challenging[J]. Public Administration Review,2015,75(5):647-663.

[4]Gillan S. L., Koch A., Starks L. T. Firms and social responsibility: A review of ESG and CSR research in corporate finance[J]. Journal of Corporate Finance,2021(66):101889.

[5]Li J., Pan Z., Sun Y., et al. From compliance to strategy: Paradigm shift in corporate ESG practices[J]. Academic Journal of Humanities & Social Sciences,2024,7(2):185-193.

[6]Liu M., Luo X., Lu W. Z. Public perceptions of environmental, social, and governance (ESG) based on social media data: Evidence from China[J]. Journal of Cleaner Production,2023(387):135840.

[7]Mellahi, Kamel, Frynas, Jedrzej George, Sun, Pei, Siegel, Donal. A review of the nonmarket strategy literature: Toward a multi-theoretical integration[J]. Journal of Management,2016,42(1):143-173.

[8]Page S. B., Stone M. M., Bryson J. M., Crosby B. C. Public value creation by cross-sector collaboration: A framework and challenges of assessment[J]. Public Administration,2015(93):715-732.

[9]Stephan U., Uhlaner L. M., Stride C. Institutions and social entrepreneurship: The role of institutional voids, institutional support, and institutional configurations[J]. Journal of International Business Studies,2015(46):308-331.

[10]Porter M., Serafeim G., Kramer M. Where ESG fails[J]. Institutional Investor,2019,16(2):1-17.

[11]Wrona T., Sinzig C. Nonmarket strategy research: systematic literature review and future directions[J]. Journal of Business Economics,2018,88(2):1-65.

# 附录1　各行业代表性企业 ESG 报告涉及 "社会治理"相关的细节

所有内容均来自各企业2022—2023年最新版本 ESG 报告。典型案例选取参考了以下两个主要资料来源:(1)ESG 与可持续发展国际研讨会——"榜样之光"中外企业 ESG 实践案例分享;(2)福布斯2022中国 ESG50。

## 模块1:利益相关方板块

### 一、科技行业

**(一)联想**

- 监管及立法机构:政府机构,专利委员会,政府事务,法务
  - 沟通方式:合规评估工具,监管跟踪服务,外部法律资源,新闻简报,网络研讨会
  - 交流内容:监管要求和趋势,合规要求,数据安全和隐私要求,劳工准则要求
- 关注组织:全球、国家和地方联盟,非政府组织
  - 沟通方式:技术工作组,网络研讨会,新闻简报
  - 交流议题:供应链尽职调查,气候变化,水资源管理,产品生命周期末端管理,循环经济,多元化与包容性,公益

**(二)TCL 科技**

- 政府与监管机构
  - 关注议题:响应国家政策,守法合规经营,促进社会和谐发展,发挥带动作用
  - 沟通方式:遵守国家法律法规制度,充分发挥企业资源优势,积极履行社会责任
  - 重点举措:出台《TCL 科技集团审计监察发现问题整改管理办法》等内部管理办法,开通"诚信廉洁 TCL"微信公众号和微信在线举报通道,持续开展国际化进程,规定7项社会责任重点议题

### (三)美的集团

- 政府与监管机构
  - 关注议题:守法合规,依法纳税,反腐败,保障就业,绿色发展
  - 回应与沟通:守法合规经营,响应国家政策恪守商业道德,创造就业机会,推进节能减排建立绿色工厂,研发节能绿色产品

## 二、互联网行业

### (一)腾讯

- 政府和监管机构
  - 沟通方式:信息公开,政策咨询反馈,专项会议和报告,官方访问
- 非营利组织
  - 沟通方式:行业活动,新闻发布会,社交媒体平台,官方网站

### (二)百度

- 政府与监管机构
  - 关注议题:合规运营,信息安全,数据与隐私保护,内容生态治理
  - 沟通渠道:信息披露,合作项目,日常沟通与汇报,监督检查,来访接待
- 社区
  - 关注议题:开展公益项目,志愿者活动
  - 沟通渠道:社区活动,百度网站以及社交媒体互动

## 三、能源行业

### (一)中国石油

- 政府机构
  - 沟通机制:贡献企业经验,与有关部门开展战略合作,参加专题研讨会议和论坛
  - 重点行动:遵守所在国家法律法规,诚信合规运营,稳定油气供应,积极参与政府有关气候变化和节能减排的政策讨论,促进就业,为业务所在地培养人才,依法纳税
- 非政府组织
  - 沟通机制:贡献企业经验,参与相关活动,促进国际交流
  - 重点行动:针对外界关注的各种问题开展多种形式交流,积极参与和支持国际环境保护标准化活动,广泛参加相关论坛会议,参加《联合国气候变化框架公约》第二十七次缔约方大会(COP27)边会

### (二)中国石化

- 政府与监管机构
  - 关注议题:商业道德与反腐败,风险管理与合规经营,新能源布局,应对气候变化,保障能源供应,纳税与创造就业,科研技术创新
  - 沟通渠道:日常沟通与汇报,座谈与专题研讨会项目审批,政府监管与视察
- 社区
  - 关注议题:社区沟通和参与,纳税与创造就业,负责任供应链,助力共同富裕
  - 沟通渠道:公益慈善活动,实地调研走访社区沟通交流活动,公众开放日活动,举报投诉热线,媒体沟通

## 四、金融业

### (一)光大银行

- 政府
  - 沟通渠道:响应国家战略,根植实体经济;推进乡村振兴,实现共同富裕;加快业务转型,促进区域协同发展;完善绿色金融,助力"双碳"目标实现;践行普惠金融,扶持小微企业发展
- 监管机构
  - 沟通渠道:依法合规运营;落实监管政策,防范金融风险,保证金融资产安全;保持优良内部控制和道德操守

### (二)第一创业证券有限公司

- 政府与监管机构
  - 关注议题:乡村振兴,服务实体经济,行业文化建设,公司治理,ESG风险管理,商业道德
  - 沟通方式与渠道:乡村振兴帮扶项目,服务国家战略相关金融业务,企业文化建设,定期报告及临时公告,ESG风险管理体系,廉洁从业审查机制
- 环境与社区
  - 关注议题:乡村振兴,社会公益,金融服务对环境的影响,负责任投资,ESG风险管理,绿色运营
  - 沟通方式与渠道:绿色金融,负责任投资策略应用,社区公益活动,爱心捐赠和志愿服务,ESG风险管理体系,低碳运营和无纸化办公

### (三)国泰君安

- 政府与监管机构
  - 关注议题:坚持党的领导,服务国家和区域重大战略,合规经营,风险管理,支持

"双碳"目标,乡村振兴,行业文化建设
- 沟通方式与渠道:高质量党建引领高质量发展,服务上海重大战略任务,落实政府及监管政策,接待调研走访,建立全面风险管理体系,发布碳达峰与碳中和行动方案,服务共同富裕目标,深入开展行业文化建设
- 社区与环境
  - 关注议题:支持"双碳"目标,乡村振兴,社会公益,绿色低碳运营
  - 沟通方式与渠道:提供绿色投融资服务,推进乡村振兴四大帮扶项目,打造专业公益平台,开展公益志愿活动,落实节能减排举措

## 五、食品制造业

### (一)蒙牛乳业

- 政府及监管机构
  - 沟通与回应渠道:监管考核,专项会议
- 社区
  - 沟通与回应渠道:提供就业岗位,拉动地方相关产业发展,改善当地基础设施建设,公益慈善

### (二)贵州茅台

- 政府与监管机构
  - 关注议题:遵纪守法,严防腐败,经济发展,依法纳税,增加就业
  - 沟通与回应:依法治企,风险管理,实现可持续发展,按时足额缴纳税收,带动就业
- 社区
  - 关注议题:社会公益,社区发展
  - 沟通与回应:开展公益慈善,促进社区投资,助力乡村振兴

## 六、建筑业

### (一)中国中铁

- 税务、环保、安全等部门,地方政府、证监会等监管机构
  - 沟通渠道:政策执行,公文往来,信息报送,机构考察,相关会议,专题会议,日常工作会议,信息披露
- 运营所在地社区,社会公众,非营利组织
  - 社区活动,员工志愿者活动,公益活动,社会事业支持

### (二)万科集团

- 政府

- 关注议题：遵纪守法，依法纳税，支持经济发展
  - 沟通与回应：合规管理，主动纳税，响应国家政策号召
- 社会和公众
  - 关注议题：支持社会发展，关注弱势群体，健康文化
  - 沟通与回应：支持乡村振兴战略，公益慈善事业，志愿者服务

## 七、汽车制造业

### (一)长城汽车

- 政府及监管机构
  - 关注议题：减少碳排放策略，经济增长，降低生产污染排放，清洁技术发展战略，诚信廉洁，合规运营，减少能源使用策略，应对气候变化，水资源管理
  - 沟通渠道与反馈方式：社交媒体，发布会，信息披露，日常管理，监督检查，政企沟通，会议交流，项目合作，调研问卷
- 公众/社区
  - 关注议题：产品节能与环保，降低生产污染排放，应对气候变化，开展公益活动
  - 沟通渠道与反馈方式：电话交流，面对面解答问题，业务共创，社交媒体，官网，及时通信，线上平台

### (二)理想汽车

- 政府及监管机构
  - 遵纪守法，合规运营，信息安全，商业道德，提供就业，绿色产品
  - 沟通形式：信息披露，日常沟通与汇报，监督检查，来访接待
- 社区
  - 关注议题：开展公益项目，社区投资，志愿者活动
  - 沟通形式：社区活动，公司网站及社交媒体互动

# 模块2：按主题分类

## 一、科技行业

### (一)联想

- 无

### (二)TCL科技

- 乡村教育振兴

- TCL公益基金会与TCL中环合作,向乡村学校捐赠学校屋顶建设太阳能光伏发电系统,电能全额并入电网,在响应国家节能环保政策的号召、实现绿色清洁电力利用的同时,为学校带来发电收益,用于学校教学环境建设及贫困学生资助,打造可持续助学模式,助力乡村教育发展。
- 定向帮扶
  - 2022年,TCL公益基金会持续开展定向帮扶等社区公益行动,建设和谐城乡社区。

**(三)美的集团**

- 社区贡献
  - 美的集团总部扎根于广东省佛山市顺德区北滘镇,公司在立足顺德区发展的同时,重视本地社区教育发展。自2021年以来,集团通过捐赠资金、搭建资源平台等形式支持建设华东师范大学附属顺德美的学校(下称"华东师大顺德美的学校")。2022年8月31日,华东师大顺德美的学校正式投入办学运营,首年招生规模为12个教学班,包括10个一年级班和2个二年级班,共440余名学生。学校采取小班教学,关注每一位学生的全方位成长。未来,美的将携手顺德区人民政府和华东师范大学,持续创新办学模式,充分利用各类教育资源,致力于将华东师大顺德美的学校建设成为区域义务教育标杆学校。
  - 在推动儿童科技教育方面,美的将目光聚焦于乡村留守儿童群体,希望将美的"智慧生活、智慧城市"的理念根植在孩子们心中,并引导孩子们形成绿色低碳的生活观。2022年10月,美的集团楼宇科技事业部携手中华儿慈会科技筑梦专项基金,发起"流动的绿盒子"公益活动。项目以"数字科技引领·绿色筑梦未来"为主题,由中国科学院数位研究员作为科学顾问,为乡村山区、少数民族地区的学校打造了以集装箱为载体的全国首个可移动的科学课堂,倡导"数字+绿色"的融合发展理念。"流动的绿盒子"分别落地位于广东省兴宁市的沐彬中学、锦绣学校、宁塘中学,采用"实验互动+视频课程"的原创科普形式,将前沿科技和城市发展立体地展现在近万名师生面前,让大家近距离感受绿色科技和绿色建筑的魅力。此外,美的联合隆基绿能为"绿盒子"配套光伏发电系统,以实际应用向同学们科普绿色能源知识,助力绿色科技教育发展。
- 乡村振兴
  - 2022年是国家巩固拓展脱贫攻坚成果、同乡村振兴有效衔接的关键一年,美的集团在原有的200多个乡村帮扶项目基础上持续深耕,积极响应国家乡村振兴战略。2022年8月,美的向贵州省黔东南州捐赠1 000万元,助力当地文化教育事业发展。集团积极支持当地政府开展一系列职业技能培训,落实稳企稳岗相关措施,进一步提高黔东南籍务工人员的就业稳定性和职业素质,推动当地经济社会实现高质量发展。

## 二、互联网行业

### (一)腾讯

- 可持续性社会价值
  - 乡村振兴
    - 腾讯出资人民币 5 亿元投入农村人才培养项目——"耕耘者"振兴计划,旨在培育一批乡村治理和产业发展的能人,为线上 100 万人和线下 10 万人提供免费培训,以推进"培养一个人、带动一个村"的作用,并获得中国农业农村部支持在全国范围推广。截至 2022 年底,项目已落地全国 28 个省、自治区、直辖市,线下培训超过 2.3 万人,学习平台吸引乡村振兴人才超过 15 万人线上学习。在组织实施培训工作的基础上,腾讯"耕耘者"团队助力越来越多的村干部和村民使用数字化工具进行"自动化办公"。
    - 推广数字化的村集体积分制管理体系,"村级事务管理平台"以及"粤治美"等数字化治理工具已经在全国 29 个省、自治区、直辖市超过 3 500 个村庄广泛应用,服务村民超过 97 万人。
    - 持续构建"为村耕耘者"知识平台,分享乡村振兴政策、农业经营管理和种养技术、线下培训信息,并开设"乡村振兴 100 问"专栏,方便全国 60 多万名基层管理者进行交流互动、分享经验。
  - 公益平台
    - 启动"腾讯技术公益创投计划",聚焦乡村振兴、爱老助困、应急救灾、生态保护、文化保育、青少年发展和志愿服务七大领域,通过技术、资源和资金的助力,帮助提升公益组织的运转效率和发展模式,支持优质项目的复制和扩展。同时,为公益组织提供可免费申领的技术公益数字工具箱,配备专业志愿顾问,帮助更多公益机构共享数字化的便利,共建更高效的公益事业。
  - 公众应急
    - 2022 年,腾讯发起公共卫生人才提升项目,捐赠人民币 1 亿元,用于长期系统性助力国家公共卫生人才培养,包括疾控体系首席专家、青年精英、临床医生、管理人员、乡村医生等群体,提升公共卫生科研和实践能力。其中,乡村医生能力提升培训项目旨在帮助提升乡村医生理论知识素养及业务水平,提高乡村执业助理医师资格考试通过率,已举办 1 期共 48 场线上直播培训,12 个省份 3 万余名乡村医生参加培训,并面向 3 个省份的 250 名乡村医生开展 5 期线下技能和理论培训活动。
  - 银发科技

- ◆ 腾讯努力探索如何利用科技创新应对人口老龄化的挑战。我们持续推进适老化和无障碍改造工作,上线适老模式及版本、适配无障碍功能,提供防诈骗技术支持,开通"长辈无忧专线"客户服务热线,并以产品与技术的能力助力守护老年群体的身体健康和网络安全,帮助老年人更加轻松地融入数字化生活。
- ● 数字文化
  - ◆ 为助力北京中轴线申遗,腾讯携手北京市文物局启动"数字中轴"项目,建设中轴线遗产展陈体系、数字博物馆和中轴线文化遗产指数体系。推出《云上中轴》小程序,借助游戏技术,与高清数字扫描相结合,让大众沉浸式体验中轴线的恢弘气势和四季变化。打造北京中轴线申遗首个数字形象"北京雨燕",并发布数字藏品"万人中轴字",探索文化遗产保护活动传承新模式。

## (二)百度

- ○ 数据治理
  - ● 百度点石凭借在政务公共数据开放场景中的领先技术与完善的应用体系,获选2022年大数据"星河"案例优秀案例。百度运用隐私计算技术,基于数据安全沙箱平台实现了政务数据的安全开放和建模,为实现政府内部数据协同共享、提升政务处理效能、盘活政府数据资源提供了技术支撑,为解决社会数字化转型过程中的个人隐私与数据保护痛点问题提供了新方案。
- ○ 科研创新
  - ● 百度积极与外部合作伙伴开展安全保障、隐私保护类项目研究。2022年,百度共参与4项国家科研项目和1项高校技术合作项目,其中,国家科研项目"面向工业互联网的人工智能数据安全风险检测验证服务平台"已顺利完成。
  - ● 2020年工信部工业互联网创新发展工程"面向工业互联网的人工智能数据安全风险检测验证服务平台",2021年科技部"十四五"重点专项"网络安全空间治理"重点专项,移动应用隐私手机行为的分析检测技术及应用示范,2021年科技创新2030"新一代人工智能"重大项目,数据安全与隐私保护下的机器学习技术,2022年工信部产业基础再造和制造业高质量发展专项公共服务平台——产业技术基础平台。
- ○ 绿色产品供给
  - ● 在北京海淀区,百度助力构建"城市大脑",以AI为核心,汇聚城市各领域数据资源,监管城市碳排放,实现城市低碳运行,并为优化低碳政策提供支持,实现城市绿色治理全局协同。
    - ◆ 城市碳排监管基于遥感数据,结合大气监测站点和水质监测站点的点位数据,对大气污染、河流污染、裸露土地等进行监控分析,实现环境污染溯源;利用AI技术自动识别乱堆物堆料、店外经营、暴露垃圾等城市环境管理痛点问题,并对违规事件进行监管、上报与派发处置,降低违规行为产生的碳排放;通过算法识别进而准确抓拍违法高污染车辆、渣土车违规倾倒等情况,杜绝重点车辆违规排放;利用 AI 技术实时监测扬尘等,防止环境污染。

◆ 城市低碳管理通过传感器、路侧智能设备、互联网技术构建城市运行监测体系,采集城市各类应用场景数据,以城市感知神经网络支撑城市大脑对碳排数据的分析与决策;采用百度飞桨深度学习框架建设 AI 计算中心,统一集中提供基础算力算法支撑,减少重复投资建设,间接降低碳排放强度。助力减碳政策优化基于海量数据与算法积累,对客流、机动车、非机动车等因素进行分析,提高道路运输效率,降低交通拥堵产生的碳排放,并在应用中不断学习和优化,贯穿服务于政策的设计、落地和迭代。

◆ 百度携手北京亦庄高级别自动驾驶示范区,开展智慧交通示范区建设。截至 2022 年,百度智能交通系统已覆盖示范区 329 个路口,通过感知道路交通流量、车辆排队长度等信息,实时自动调整路口红绿灯时长,助力车辆一路畅行;同时,百度地图可为车主建议最佳行驶车速与车道,保证抵达路口时绿灯恰好亮起,有效减少等待时间,避免因等待红灯带来的能源消耗。据统计,亦庄示范区目前已实现单点自适应路口车均延误下降 28.48%,车辆排队长度下降 30.30%,绿灯浪费时间下降 18.33%,每个路口实现每年平均碳减排量达 51.71 吨,若按照 329 个路口计算,年减碳量可达 1.7 万吨。

○ 网络信息内容治理
  ● 百度积极履行公共内容治理的使命,持续打击各类网络有害信息,并定期发布信息安全综合治理数据。2022 年,百度通过人工巡查清理有害信息 6 952.4 万余条,通过机器大数据挖掘打击有害信息 584.9 亿余条,累计拦截全网各类恶意网站触达用户 778 亿次,拦截涉诈网站及 App 2 700 万次,日均保障公民个人信息免遭恶意披露 22 万次。

○ 技术赋能
  ● 2022 年,百度智能交通与广州黄埔打造智能网联第二期项目,建造并完善新型智慧城市公共数字底座,提升市民出行效率与交警部门执法效率。提升交通出行效率黄埔区科学城、知识城路口依托百度智能网联解决方案,完成自适应控制升级的路口数量占比达 57%,路口车均延误下降约 20%,绿灯空放浪费下降约 21%。在开创大道、开泰大道等 6 条干线道路主车流方向实现"动态绿波"通行,平均行程时间下降 25%,平均遇红灯停车次数由 3～4 次下降为 0～1 次。提升交通部门执法效率采用创新智慧巡检,可自动识别信号灯故障,非机动车违章、违停以及保障道路畅通。搭建商用车管理平台,对自卸车超速、逆行,驾驶员玩手机等违法或危险行为实时感知,并智能上报至相关部门。

- 百度搭建了海淀"城市大脑",利用AI技术,实时捕捉区域内各领域数据信息。以渣土车违规管理为例,海淀"城市大脑"可以实现日处理过车数据100万条,渣土车抓拍数量提升近30%,对违法特征识别的准确率达到95%以上。目前,海淀"城市大脑"已接入全区20余万个传感器设备、29个街道的实时数据,日均数据流转近亿条,赋能城市智慧化治理水平提高。

○ 数字助农
- 2022年,百度联合河南省政府、科普中国等机构共同举办助农直播。在直播中,百度数字人度晓晓借助飞桨深度学习平台AI智能辨音功能,现场展示了准确辨别蜜瓜生熟度的能力,帮助果农减少因判断失误所带来的损失。此外,基于百度飞桨平台,内蒙古工业大学团队开发了母羊分娩自动监测系统。该系统可通过摄像头实时监测母羊状态,并第一时间通过手机和电铃通知农户,切实减轻牧民工作量,提高羊羔成活率。通过技术创新,百度有效帮助农民增产增收,以数字强农。

○ 社区慈善
- 2022年,百度持续在"HelloWorld"公益项目上发力,走进中国西南、西北地区30所中小学。"HelloWorld"项目的初衷在于帮助偏远地区的孩子们走出贫困、放眼未来。2022年,百度基金会联合北京体育大学中国足球运动学院,依托百度爱采购丰富的行业资源与专业能力,采购一批高质量足球训练器材,并为当地教师提供教学指导。除了激发孩子们的运动热情外,百度希望孩子们能通过阅读来了解世界。为此,百度为当地青少年准备了包括自然科学、世界名著、英文书籍等多种类型在内的5 000余本图书,激励他们走向世界。

○ 公共物品供给
- 2022年,百度迎来了"百度百科博物馆计划"十周年纪念。在5月18日国际博物馆日当天,"百度百科博物馆计划"联合12家文博机构开启"数字藏品文博周"。此次活动将百度AIGC技术与传统文物相结合,让文物与用户产生了别样的互动和交流。除数字藏品外,"百度百科博物馆计划"已经与全球596家博物馆合作,运用数字技术描绘线上文物地图,并收录超25 000件藏品的相关知识。丰富的藏品与便捷的观赏方式相结合,使用户足不出户即可浏览大江南北的博物馆。

## 三、能源行业

### (一)中国石油

○ 社区影响管理
- 公司遵循自由自愿、事先知情的认可权(FPIC)原则,与当地政府、非政府组织、社区代表等建立起多种形式的沟通机制,积极开展沟通交流,保障当地居民各项权益。
- 社会公益投资
  - 可持续发展能力建设
    - ◆ 当地技能培训
      - ▲ 提高当地人口技能水平,是实现欠发达地区可持续发展的重要环节。中国石油发挥企业资源优势,通过提供和创造就业岗位、搭建就业平台、开办多种类的技能培训班等方式,针对不同地区、不同类型人才实施差异化培训,提高人员就业技能,激发人员内生动力,协助当地人口就业创业。公司建设"兴农讲堂"智力帮扶网络平台,针对性开展各类培训,激励各类人才在农村广阔天地大展拳脚。拓展合作渠道,定制有关乡村振兴、专业技术等课程300多节,建立线上线下常态化融合机制,实现数字化赋能培训。平台全年在线培训19.7万人次。
    - ◆ 教育
      - ▲ 推进教育事业发展,是保障欠发达地区人员基本发展机会的关键举措。中国石油从改善教学环境、提高教学质量、提升师资力量、营造家庭环境等多方面入手,充分发挥自身的社会影响力与号召力,通过打造特色学校、创新助学模式、链接多方教育资源等方式帮助欠发达地区青少年获得公平教育机会,倡导全社会关注并携手解决教育公平问题。针对脱贫地区教育发展不均衡等问题,公司连续8年开展"益师计划"教师培训,着力提升定点帮扶地区教师队伍素质。2022年累计培训10个定点帮扶县教育工作者超2万人次。为家庭经济困难的高中生提供助学金和奖学金,帮助他们完成学业,实现求学梦想。2022年,"旭航"助学项目继续捐赠资金1 100万元,在8省19校新增19个2022级旭航班,为950名品学兼优但家庭经济困难的学生提供助学金支持。
    - ◆ 医疗与健康
      - ▲ 提升医疗水平是消除欠发达地区公共卫生隐患的必要行动。公司积极改善偏远地区乡镇卫生院医疗基础设施和就医环境,强化医务人员专业能力,组织医疗机构开展定期巡诊,提升卫生健康常识普及度,促进当地医疗服务水平和健康生活水平的提高。努力探索医疗救助创新方式,积极动员社会力量参与,为家庭经济条件困难的人群提供健康医疗保险及大病医治和康复补贴,减轻家庭负担。2022年,公司参与由中国石油集团、中国乡村发展基金会及浙江蚂蚁公益基金会共同实施的"加油宝贝"项目,将健康管理、乡村振兴与互联网公益相结合,自身投入1 500万元帮扶资金,吸引社会大众捐赠善款1 500万元,为脱贫地区13万儿童提供大病公益保险,减少因病返贫情况的发生。与专业机构合作推进"互联网＋医疗健康"项目,为新疆6县3 600多名患者远程会诊,实现大病不出县;为县级医院和村卫生所5 200多名医务工作者开展针对性培训,提升医疗水平。
  - ◆ 员工志愿项目
    - ▲ 公司鼓励员工弘扬"奉献、友爱、互助、进步"的志愿精神,成立"青年员工志愿服务队",广泛参与扶贫济困、社区建设、环境保护、抢险救灾等社会公益活动。
- ○ 乡村振兴
  - ● 产业振兴
    - ◆ 结合受援地自然禀赋,在定点帮扶的10个县实施"特色产业提升行动"。立足粮食安全:在新疆尼勒克县、吉木乃县援建玉米烘干厂、智慧粮仓,为粮食安全提供有力保障。延伸富民产业链:在新疆青河县援建生物饲料厂,持续构建牧草种植、饲料生产、牲畜养殖、加工屠宰、产品销售一体化产业链;在河南范县援建农林花卉基地项目,推动花卉种植标准化、市场化。支持发展乡村旅游:在江西横峰县援建乡村梯田民宿,因地制宜发展乡村旅游、休闲农业,打造一、二、三产业融合发展生态模式。促进脱贫地区群众就业:支持项目建设运营和驻地企业用工向定点帮扶县倾斜,2022年帮助10个县转移就业4 326人,本公司招用脱贫人口529人。
  - ● 人才振兴
    - ◆ 2022年,公司支持培训基层干部、乡村振兴带头人、专业技术人员超20万人次,为乡村振兴奠定人才基础。打造中国石油"兴农讲堂"平台:投入专项资金倾力打造"兴农讲堂"自有培训平台,引入专业机构,按照"缺什么补什么、干什么学什么"原则,科学制订培训计划。开展多种培训方式:采取集中授课、送教下乡、网络直播相结合的方式,拓展培训覆盖范围;针对性调整、增设专业课程,激发线上线下培训热情。探索开展油气专业定向培养:以石油工程为培养方向开设"油苗计划"定向班,在新疆定点帮扶6个县招收100名高三应届毕业生,将学历教育与职业教育相结合,未来优先吸纳进入石油行业就业。
  - ● 文化振兴
    - ◆ 挖掘当地文化优势,传承优良文化传统,推动文明乡风、良好家风、淳朴民风建设。深入挖掘传统文化:在河南范县和台前县援建两个乡村旅游帮扶示范项目,深入挖掘中原文化、黄河文化价值内涵,推进移风易俗,带动民宿经济和特色文创产业发展。推进乡村精神文明建设:在贵州习水县和江西横峰县设立精神文明"教育现场教学点",在新疆地区开展主题文化活动600余场次,丰富了广大民众的精神生活。

- 生态振兴
  - ◆ 按照"国家农村人居环境整治提升五年行动"要求，将基础设施援建、农村环境整治、环境保护等有机结合。持续改善人居环境：实施"人居环境改善示范村项目"，2022年在10个县推进"幸福乡村"建设行动，在76个村实施生活垃圾和污水治理，累计厕改2000余户，深入推进村庄绿化、美化、亮化提升。推行减排固碳绿色基建：在新疆察布查尔县援建国家储备林及碳汇研究等"双碳"项目，实施1万亩苗木购置、种植、管护，创造生态护林员等就业岗位，推动乡村绿色发展。拓展农村生态功能潜力：在缺水、低产、弃耕地区援建节水灌溉项目，在新疆青河县通过水肥一体化和高效节水灌溉项目，2万亩戈壁变良田；在贵州习水县建设珍稀植物标本林和耕地轮作示范项目，助力当地实现生态价值。保护生物多样性：在新疆青河县投入启动"送河狸宝宝回家"计划，实现科普教育、生态环境保护、濒危动物保护与农牧民增收有机结合，探索建立人与自然和谐共生示范基地。

- 消费帮扶
  - ◆ 中国石油全面实施"消费帮扶赋能行动"，全年购买帮扶产品4.44亿元，帮助销售帮扶产品7.56亿元。依托内部市场加大帮扶产品产销对接：印发《消费帮扶产品推荐目录》，精选近300个脱贫县3000余种产品，鼓励员工和所属公司加大定点帮扶县消费帮扶产品采买力度。多措并举拓宽帮扶县产品销售渠道：在加油站便利店和非油品销售线上平台开辟"消费帮扶专区"，组织开展直播带货比赛，重点推介特色帮扶农产品，通过2万余座加油站便利店将帮扶产品销往全国。立足优质资源打造特色品牌：充分发挥非油商品渠道优势，帮助帮扶地区打造巴里坤甜瓜、尼勒克黑蜂蜜、吉木乃面粉等具有地方特色的名优产品，建设区域公用品牌，带动产业升级，提升帮扶产品的认可度和影响力。

- 海外社区建设
  - 我们坚持"互利共赢、共同发展"的国际合作理念，尊重业务所在地文化习俗，致力于与东道国建立长期稳定的合作关系，主动将公司发展融入当地经济社会发展中，积极创造经济价值和社会价值，与东道国政府、商业伙伴等共同促进当地社区的繁荣发展。

## (二) 中国石化

- 生态保护
  - 进行鱼类、虾类增殖放流，补充、恢复水生生物资源群体，改善水域环境，优化渔业资源群落结构。积极配合安庆市政府开展长江安庆段长吻鮠大口鲶鳜鱼国家级水产种质资源保护区修编工作，投入80万元用于支持该项工作。

○ 乡村振兴
- 公司依据《中国石化助力乡村振兴"十四五"计划》《中国石化教育帮扶工作实施方案》《中国石化大力开展消费帮扶接续助力乡村振兴实施方案》等规划安排,加速推进产业帮扶、教育帮扶、消费帮扶项目落地见效,为助力乡村振兴与共同富裕做出切实贡献。2022年,公司投入帮扶资金2.11亿元,引进帮扶资金2.31亿元,培训人员6.53万人次,完成消费帮扶11.56亿元,定点帮扶6个县的各项任务指标再创新高;70家直属单位共承担616个村的帮扶任务,选派驻村干部927人,并从内部招募31名志愿者参与定点帮扶县的教育、建设等工作。
  - ◆ 产业振兴
    - ▲ 支持帮扶乡村地区发展特色农业,在甘肃省东乡县10个乡镇实现16 175亩的藜麦种植,带动4 964户群众增收,全年销售东乡藜麦超过7 000万元。
    - ▲ 公司持续完善"一县一链"帮扶模式和产业发展规划,统筹推进产业发展和消费帮扶,促进形成"以产带销、以销定产、产销互促、双向提升"的良性循环,大力推动帮扶产业从种养环节向产品深加工延伸,努力使每个县都有一条高品质农产品产业链、有一批具有市场竞争力的产品,打造"产业+消费""一县一链"全链条帮扶模式。
    - ▲ 依托公司在管理、人才资源等方面的优势,探索建立"政府+科研单位+企业+新型经营主体+农户"的多方协作发展模式,帮助地区特色产业做大、做强、做优。
    - ▲ 中国石化持续优化"产、供、销"经营路径,发挥企业渠道、营销、流量等优势,探索打造"以渠道带销售、以销售带产业、以产业带振兴"的特色帮扶模式,增强东乡"造血"功能,带动老百姓增收致富。
  - ◆ 人才振兴
    - ▲ 中国石化把教育帮扶作为重中之重。援建的布楞沟小学解决了当地孩子们上学难的问题,并设立中国石化助学金、援助"关爱女童希望工程"等。2022年7月,在全国妇联的指导下,中国石化与中国儿童少年基金会共同发起"春蕾加油站"公益项目,目前,已在东乡县石化中学建成全国首个"春蕾加油站"女童成长友好空间。十年来,累计投入资金1.74亿元,实施帮扶项目28个,资助困难学生881人,助推教育优质均衡发展。截至目前,中国石化对口支援及定点帮扶地区已建成"春蕾加油站"11座。2023年2月8日,中国石化在甘肃东乡举办"牢记嘱托,推进乡村振兴再出发"考察调研活动,中国石化董事长、中国工程院院士马永生结合东乡脱贫攻坚十年巨变的生动实践,现场讲授"开学第一课"。为继续推进乡村振兴事业发展,中国石化还将继续在东乡县因地制宜推动地区产业发展、教育提升、产品销售、劳动就业、乡村治理等工作,继续选派挂职干部和帮扶工作志愿者,持续做强以藜麦产业为龙头的特色"全产业链",努力办好"老百姓家门口的学校",计划将帮扶学校增加至 15 所,继续发挥"春蕾加油站"女童成长友好空间作用,帮助东乡县整体教育水平持续提升,通过增加就业带动居民增收,助推当地经济高质量发展。

◆ 定向帮扶

▲ 2023 年 2 月 8 日,中国石化与甘肃省临夏州东乡族自治县人民政府签订《中国石化帮扶东乡县五年工作规划框架协议》。未来五年,中国石化将持续加大对东乡帮扶力度,投入帮扶资金超 5 亿元,促进东乡县实现乡村振兴目标。东乡族自治县曾属于"三区三州"深度贫困地区,也是甘肃省脱贫攻坚的主战场。自 2013 年以来,中国石化用心用情用力开展东乡定点帮扶工作,累计投入帮扶资金超 7 亿元,实施帮扶项目 236 个,惠及群众 15.4 万余人次,在东乡石化中学建成全国首个"春蕾加油站"女童成长友好空间,得到了当地政府与居民的赞扬和感谢。

○ 公共服务供给

● 西北油田分公司"沙漠健康快车"志愿者医疗服务队于 2015 年 5 月成立,依托西北油田治安消防中心气防医护站资源优势,与新疆军区总医院北京路医疗区和巴州、轮台县、库车市、沙雅县等地人民医院签订合作协议,设立应急绿色医疗通道,建立起油区群众"结对式"、医疗问诊"菜单式"、医院联动"组团式"志愿服务模式。服务队由 27 名具有专业救护资格的医护人员组成,足迹遍及西北油田南疆工区及周边乡镇和村庄,广泛开展自救互救知识传播、远程医疗咨询、医疗义诊、送医送药、健康知识讲座等志愿工作,被当地人民群众亲切地赞誉为"大漠生命线"。2022 年,"沙漠健康快车"偏远地区医疗救助志愿服务项目获得第六届中国青年志愿服务项目大赛全国赛铜奖。

● 公司秉承"回报当地,为繁荣当地经济做贡献"的信念,积极参与社区发展支持工作,带动当地社区建设与经济发展。境外分公司严格履行依法纳税要求,坚持国际安全、健康和环保标准,优先雇用本地员工,重视提高公司员工本地化比例,为本地人才提供就业岗位,增进当地社区民生福祉,促进社区环境可持续发展,实现公司与社区共同进步。

◆ 茂名工业引水渠全长 20 多公里,流经"两市一区",它不仅是茂名石化炼油生产专用水渠,同时担负着保障沿线 5 万多亩农田灌溉用水的任务。为了满足当地春耕灌溉用水需要,茂名石化深入了解各村镇用水需求,精算出每日工农业用水总量,做好计划性供水统筹,在确保炼油生产正常用水的基础上,充分发挥工业引水渠流域优势,科学做好水量调配,全力保障水渠沿线农田灌溉用水。春耕时节,公司志愿者服务队还深入工业引水渠沿线农田,帮助缺少劳力的村民干农活,解决他们的燃眉之急。
- ◆ 国勘哥伦比亚圣湖能源公司制订了社会沟通和参与计划,通过支持当地教育、公共基础设施、医疗卫生等发展,为油田所在社区创造价值。公司自2018年开始实施的"可可发展计划"旨在帮助马格达莱纳Medio地区发展可可种植业,累计投资超过32亿比索,超过400个家庭受益。2022年,公司已圆满完成"可可发展计划"的所有承诺,有效提高了当地可可种植业的生产效率,加强了哥伦比亚农林业生产者和可可合作社的生产基础。

## 四、金融业

### (一)光大银行

- ○ 支持战略性新兴产业发展
  - ● 通过与区域内政府部门、重点客户的高层高频互动,以"分层分级分群"进万企、"服务方案"进万企、"政策支持"进万企、"创新产品"进万企、"帮扶纾困"进万企,服务推动"万家企业"高质量发展,保障各类企业主体的有效信贷需求。活动期间,光大银行实现首次授信客户新增4 915户,实现新增授信批复金额2 196亿元。
- ○ 支持乡村振兴
  - ● 产业振兴
    - ◆ 脱贫地区农副产品网络销售平台("832平台"),是政府采购脱贫地区农副产品工作的战略性电商平台。自2019年起,本行应用"光付通"数字金融产品,为其提供商户注册、账户管理、订单支付、信息查询和系统通知等服务,并免除全部手续费用,切实减轻商户负担。
    - ◆ 购精彩平台通过线上农产品直播带货、专题营销活动、联合外部机构开展消费帮扶等方式,不断加大消费帮扶力度。截至2022年12月末,帮助包括定点帮扶县在内的29个省198个县乡村企业238家,上线农产品1 157款,累计销售240.71万件,销售额1.57亿元,其中2022年销售额2 331.89万元。2022年荣获新华网"乡村振兴在行动"全国创新案例奖。
  - ● 人才振兴
    - ◆ 为破解人才瓶颈制约,畅通智力、技术、管理下乡通道,造就更多乡土人才,昆明分行推出"金融知识送训上门""乡村振兴金融消费者权益教育宣传"培训活动,在西盟县、养马村开展金融知识专业培训,重点围绕金融知识普及、乡村教育提升、乡村产业发展、环境改善等方面丰富宣教内容,拓展帮扶举措,推动定点帮扶地区经济社会高质量发展,持续提升当地群众的获得感和幸福感。

- 文化振兴
  - 乌鲁木齐分行驻英买力村工作队通过综合文化站,让歌舞表演、电影播放、农民画展览等文化走进万家,驻村工作队组织有绘画、刺绣、音乐特长的村民,开展"乡村美好生活大家一起表达"活动,参与群众有 200 余人,带动农民画家和艺人展现美好乡村、唱出美好生活,丰富村民的文化生活。
  - 太原分行驻村工作队在两个定点帮扶村举办孝老敬亲活动,为活动现场敬献孝心钱的子女奖励相应爱心积分,引导子女关心老人,常回家看看。
- 组织振兴
  - 广州分行制定《光大银行广州分行开展与黄埠镇基层党组织党建共建方案》,开展分行基层党总支部与被帮扶乡镇行政村党支部一对一结对共建,推动各帮扶资源要素向帮扶乡镇聚集,促进帮扶双方融合发展。
  - 海口分行多点发力,推动党建引领和党史学习教育有序开展。认真履行定点帮扶村党建主体责任,开展党员一对一结对帮扶。海口分行下辖党支部与定点帮扶村 12 个村小组脱贫户结成"一对一帮扶对子",党员进村入户与脱贫户面对面交流,有针对性地制定帮扶措施,不断巩固脱贫成果。
  - 多渠道宣传定点帮扶成果,2022 年 4 月推出乡村振兴主题品牌故事《美丽世界》,讲述驻村干部驻村一线的真实故事;9 月,推出乡村振兴品牌行动片《坚守初心持续为乡村振兴贡献"光大力量"》,联合央视策划开展"主播探场"节目,充分展现光大银行助农惠农兴农的决心与举措。开展二十四节气涉农产品宣传推广活动,对应二十四节气选择适配的涉农特色产品制作产品宣传海报。

○ 支持国家基础设施建设
  - 连云港市连云区新能源充电桩基建项目是国家基础设施基金重大项目之一,将为 82 个经营性场站和 57 个居民小区建设充电桩 7 158 个。南京分行对该项目授信批复 4.5 亿元,助力项目高效开工建设。
  - 太原分行落地山西省股份制商业银行首单国家基础设施重大项目配套融资,为呼北国家高速公路山西离石至隰县段项目投放贷款 3 300 万元。

○ 支持民生服务
  - 养老服务
    - 持续推进"敬老示范网点"建设,尊重老年人使用习惯,提升老年客户服务体验,多维度推进养老服务体系建设。累计创建 100 家制度完善、规模适度、运营良好、服务优良、具有光大特色的"敬老示范网点",实现 39 家分行全覆盖,为老年客户提供"热心、用心、耐心、细心"的专属服务,切实提升老年客户的服务体验。

- 健康医疗服务
  - 光大银行微信小程序上线"第三代社保卡"申领功能,具备线上采集社保卡申领信息、客户身份认证、网点预约等能力,简化预约客户到柜办理流程,优化客户到柜业务体验。截至2022年12月末,第三代社保卡客户突破100万户。
- 便民服务
  - 光大银行App全面打造"市民专区",其中,"社保一站式"服务提供包含"查账单""快缴费""电子社卡""医保电子凭证"四项高频服务,客户可在线查询个人参保信息、线上办理社保缴纳。
- 普及金融知识
  - 积极参与监管部门组织的金融知识普及月、金融知识进万家等活动,以多样化的方式提升消费者金融素养。开展"2022·阳光消保温暖守护"年度主题活动,聚焦新市民、青少年、老年客户、乡村居民打造"新小老乡"教育宣传体系,推出"银发一族"和"美丽乡村"专项活动。截至2022年12月末,累计建设完成100家"敬老示范网点",打造首批7家"乡村金融教育基地"。通过手机银行App推出"阳光消保"服务号、数字人"小璇",通过数字化手段增强对无网点地区及无法到达网点人群的教育宣传。
- 公益慈善
  - 持续关注社会需求,用实际行动积极践行社会责任,在教育、环保、精准帮扶、爱老敬老、公益慈善等领域开展多种形式的公益活动,为构建和谐美好社会添砖加瓦。截至2022年12月末,对外捐赠额1 576.56万元。

(二)第一创业证券有限公司

○ 定点帮扶/乡村振兴
- 2022年,公司在湖南省平江县、安徽省颍上县、河南省淮滨县、贵州省锦屏县、广西隆林各族自治县5个结对帮扶县持续开展各项针对性帮扶行动,累计投入帮扶资金近300万元,从智力帮扶、公益帮扶、文化帮扶、生态帮扶、消费帮扶5个方面落地帮扶项目,积极助力乡村振兴。

○ 公益慈善
- 2022年,公司向上海真爱梦想公益基金会捐款20万元建成广西隆林各族自治县第五小学"梦想中心",这是公司连续九年建成的第11间"梦想中心"。公司向湖南省平江县大爱平江慈善基金会捐款20万元,改善平江县启明中学的体育基础设施。公司向上海真爱梦想公益基金会捐款30万元,在河南省淮滨县40所学校推广"运动梦想课",通过线上学习和线下培训以及对学校体育课程的运营服务,帮助体育教师掌握科学的教学理念和方法,带领学生积极参与科学运动。公司向大连市普兰店区慈善总会、湖南省平江县大爱平江慈善基金会、安徽省颍上县添爱慈善基金会共计捐款10.3万元,帮扶当地贫困家庭学生。
- 2022年,公司向河南省淮滨县慈善总会、安徽省颍上县添爱慈善基金会和湖南省平江县大爱平江慈善基金会共计捐款51万元,用于改善农村基础设施及促进生态环境改善等。

○ 文化建设
- 2022年,公司向河南省淮滨县慈善总会、广西隆林各族自治县慈善总会、安徽省颍上县添爱慈善基金会、湖南省平江县大爱平江慈善基金会和贵州省锦屏县红十字会共计捐款110万元,用于文化保护及展示项目建设、红色文化旅游项目建设及促进文明乡风文化建设等。

○ 社区公益
- 2022年,公司向所在社区捐赠了茶叶、音箱、移动电源、电动车等价值19.79万元的物资。同时,公司开展了走进社区的公益活动,通过加强员工参与力度,逐步完善志愿者服务体系,参与社区建设。

(三)国泰君安

○ 战略合作
- 服务上海"五大新城"建设深化与五个新城所在区政府、产业园区全方位战略合作,签订《关于本市金融国企服务五个新城建设发展的框架协议》,与青浦区政府签署《金融赋能新城高质量发展倡议书》深耕重要产业,推动产城融合发展,为五大新城企业提供全生命周期的投融资综合金融服务完善网点布局。在临港新设创新型特色分支机构;在青浦新设旗舰级数字财富管理中心和示范性智能营业网点;在奉贤新设普惠财富中心,实现对五大新城的全覆盖,有力提升服务能级。
- 公司为诸多龙头企业绿色减排提供领先的碳金融服务,与电力、林业、新能源及智慧出行等重要企业集团与政府部门建立了广泛的合作,开发的碳排放权交易项目涵盖可再生能源、甲烷利用、森林碳汇、碳普惠等各种类型。

○ 公益慈善
- 国泰君安公益基金会共支出公益资金3 300.75万元;员工志愿服务6 584人次,志愿服务总时长26 336小时。
- 公司发挥金融行业特长,通过"保险+期货"工具,为海南、湖南等地的橡胶种植、生猪养殖等行业提供助力。项目共计服务1.3万户农户,其中超过4 000户为脱贫户,预计赔付额约为311万元。
- 2022年,公司在云南省麻栗坡县杨万乡与上海信托合作设立了"上善"系列·国泰君安低碳添植乡村振兴慈善信托,期限为5年,规模100万元,共同建设"国泰君安公益林",支持当地青皮红心柚产业发展,促进当地农民增收,增加就业岗位。

- 乡村振兴
  - 产业帮扶
    - 公司积极响应上海市国资委"百企结百村"帮扶行动号召,立足产业与民生,在麻栗坡县援建黄牛集市、物流中心停车场,开展"厕所革命",改善当地的产业环境和人居条件。
  - 教育帮扶
    - 2022年,由公司资助筹建的国泰君安天柱山中心小学正式揭牌,校内爱心书屋、音乐教室、室内运动场等设施已投入使用,近1 600名师生受益,成为当地硬件设施最好的义务教育学校。
  - 医疗帮扶
    - 为配合做好上海市对口帮扶地区支援项目,公司携手上海市慈善基金会,参与"沪青慈善牵手果洛行"扶贫助困系列项目,投入金额80万元。该项目以防止"因病致贫、因病返贫"为目标,为54户困难家庭、82名困难大学生及140名重病患者提供援助,帮助青海地区生活困难群众解燃眉之急。
  - 民生帮扶
    - 公司积极配合做好上海市静安区帮扶云南省广南县乡村振兴工作,根据当地需求和自然条件,投入135万元助力小海子村打造"美丽乡村"。2022年11月,项目建设完成并举行揭牌仪式,优美的村居设计、良好的卫生条件极大地改善了小海子村的民生环境,成为当地"美丽乡村"建设的模板。
- 环境保护
  - 2022年11月,由雄安新区管委会指导、国泰君安主办的"绿色金融"助力雄安新区高质量发展论坛在河北雄安新区举行。论坛现场,公司与联手合作伙伴共同发起"百千年秀林"认助仪式,国泰君安社会公益基金会通过员工自愿捐赠结合基金会配捐形式,共计认助雄安新区"千年秀林"份额2 000份,认助总额超过60万元,共同携手助力雄安新区绿色发展。
  - 2022年,国泰君安国际志愿者团队参与世界自然基金会的"海岸线观察"项目,于11月11日顺利完成海岸线修复志愿者活动。活动中,志愿者们积极参与修复海岸线活动,传播对海洋资源保护、人海环境和谐、保持海洋生态系统平衡的理念和态度,呼吁大家为共同保护地球贡献自己的一份力量。

## 五、食品制造业

### (一) 蒙牛乳业

- 乡村振兴
  - 战略合作

- ◆ 2022年，蒙牛举办奶业生态圈"2025爱你爱我"价值共享战略发布会，邀请政府主管部门代表、行业专家、金融机构代表以及蒙牛全国产业链合作伙伴共500余人参会。该项活动旨在积极贯彻国家奶业振兴战略，助力提高奶业质量效益和行业竞争力，并进一步加强蒙牛产业链合作关系，实现产业链共生共赢共成长。
- ● 产业振兴
  - ◆ 2022年，蒙牛在全国带动600多万亩、1 200多万吨优质饲草种植，带动170多万头奶牛养殖，累计发放奶款近320亿元，直接和间接带动全国400多万农民增收致富。
  - ◆ 近年来，蒙牛在全国布局建设10余个种养加奶产业园，2022年蒙牛与战略合作伙伴在全国新增新建牧场30余座，直接和间接新增带动6万多名农民就业增收。
  - ◆ 2022年，蒙牛投资建设中国乳业产业园，通过项目建设、产业链招商等举措，带动当地农民工就业。在绿色未来乳业全产业链示范基地的工程建设环节，公司优先吸纳当地农村劳动力，解决近2 000人就业，成为产业带动乡村振兴的重要力量。
- ● 乡村营养普惠
  - ◆ 蒙牛持续深化营养普惠工程，通过"蒙牛营养普惠基金"，开展"未来星"助学计划、"一分钱公益"、"敲铃人·村小校长赋能计划"、"希望卫生室"等公益项目，助力地方乡村振兴工作开展。2022年，蒙牛在全国20个省58个市的277所学校开展营养普惠工程牛奶公益捐赠项目，捐赠牛奶397余万包，覆盖学生17.92万人次。近五年共惠及全国28个省、自治区及直辖市学生近100万人次。
- ● 组织振兴
  - ◆ 近三年来，蒙牛集团党委共推动合作牧场成立党支部62个，与合作牧场打造有蒙牛特色的党建阵地657个，并与政府、银行、合作牧场等产业链上下游189家合作单位结成党建联合体，持续开展"两进一帮扶"和"一企连百牧"党建共建活动139次，有力地加强了党组织对乡村振兴工作的领导，确保了抓党建促乡村振兴有人管、有人抓、有人干，使乡村振兴各项部署在蒙牛的各大牧场落地生根。
- ● 基础设施建设
  - ◆ 蒙牛向对口支援的西藏洛扎县捐赠资金1 000万元，向包联帮扶的武川县西乌兰不浪村捐赠30万元，用于村展览馆修缮升级及小巷道路硬化改造建设。
- ○ 公益慈善

- 为规范发展集团公益事业、完善社会责任发展体系,蒙牛设立内蒙古蒙牛公益基金会。基金会以"营养普惠生命每个生命都要强"为使命愿景,聚焦营养赋能、均衡发展、环境保护等领域,通过知识研究、系统资助和公众倡导的行动策略开展公益慈善项目。同时,蒙牛修订《中国蒙牛公益性捐赠管理制度》,优化应急捐赠机制,在规范管理捐赠的同时,有效响应灾害救助应急捐赠。此外,蒙牛制定员工志愿服务活动规范,系统性开展志愿服务活动。2022 年,蒙牛捐赠支出超过 1.06 亿元。未来蒙牛将持续系统性、战略性地开展公益慈善工作,勇担企业社会责任。2022 年,蒙牛志愿者参与志愿者服务活动达 10 000 余人次,投入志愿服务时间近 20 000 小时。

### (二)贵州茅台

○ 公益慈善

- 贵州茅台持续探索思想引领与公益实践深度融合的有效方式,携手中国青基会和各省级青基会连续 11 年开展"中国茅台·国之栋梁"希望工程圆梦行动,帮助困境学子从"家门"走进大学"校门",成长为各行各业的建设者,实现人生梦想。截至报告期末,"中国茅台·国之栋梁"希望工程圆梦行动累计捐资逾 11 亿元,资助学生超 21 万名。
- 关爱乡村留守儿童。"茅台王子·明亮少年"公益基金持续开展"希望工程·陪伴行动""壮苗计划""星星计划""百年青春路·红色少年行""播撒梦想·声传你我"等公益项目,助力贵州乡村师资队伍建设,帮助乡村儿童开阔视野、增强自信,让孩子们在温暖的阳光下健康快乐成长。
- 持续为爱老敬老、扶助老人事业贡献力量。"贵州大曲·点滴有爱"专项基金投入建成 25 个"老吾老驿站",开展贵州省"村寨志"编撰项目 10 个,参与援建河南省综合性老年活动场所"乐龄之家",丰富老年人生活,保护传统村落,提升老人晚年生活质量和幸福指数。
- 注重保护文物,守护历史。"汉酱·匠心传承"公益基金于 2022 年 7 月在安阳成功举行殷墟公益项目文物修复展,助力文物保护与传承,为守护民族文化遗产贡献力量。

○ 乡村振兴

- 产业振兴
  ◆ 发挥白酒产业资源优势,推行"公司+政府+平台公司+合作社和农户"高粱基地管理模式,助力茅台酒用高粱示范基地建设,为原料基地农户免费提供绿肥种子和有机肥,开展高粱种植知识专题培训,加大农作物有机认证投入,持续提高原料种植标准。
  ◆ 聚焦道真资源"菜县菇乡"定位,结合茅台管理优势,统筹农业专家资源,通过选派驻村第一书记和帮扶队员、鼓励经销商捐资建设香菇菌棒成熟培养房等举措,激活乡村振兴内生动力,共同扶持道真食用菌菇产业发展。
- ◆ 参与赤水市、播州区等地红色美丽村庄和湄潭县乡村振兴引领示范县建设。携手经销商助力红培项目建设,组织前往赤水、湄潭等地开展教育培训、团建等活动,助推红色文旅产业发展。
- 人才振兴
  - ◆ 以四年为周期持续性资助1500名大学生攻读乡村振兴需求迫切的专业。
  - ◆ 与赤水市互派挂职干部,探索人才培养新路径,选派14名优秀干部长年进行实地驻扎帮扶。
  - ◆ 开展特色农业种植技术技能培训,开展帮扶区域技术培训9期,培养技术人才97人。
  - ◆ 统筹公司招聘需求,吸纳符合资质要求的乡村振兴重点区域大学生。
- 公共服务供给
  - 贵州茅台充分利用自身消防资源,与消防、森林公安、搜救中心等合作,参与周边社会救援,保障居民安全。2022年8月,赤水市天台山发生森林火灾,公司迅速响应,出动5台消防车、45名战斗员参与救援行动,挽救社会损失1.32亿元,赢得了各级政府、地方企业与居民的高度赞誉。
  - 2022年9月,四川省甘孜州泸定县发生6.8级地震,造成当地重大人员伤亡和财产损失。贵州茅台第一时间响应,通过四川省红十字会向泸定地震受灾群众捐款1500万元,支持抢险救灾和防汛工作开展,助力受灾地区群众尽快恢复正常生活,诠释"人道、博爱、奉献"的红十字精神,彰显企业担当。
  - 2022年12月,第五届"茅台王子杯"全国广场舞大赛暨第六届"茅台王子杯"贵州省广场舞大赛毕节站圆满落幕。贵州茅台酱香酒营销有限公司自2016年起连续冠名赞助广场舞大赛,促进体育健身融入日常生活,助推全民健身与全民健康深入融合,也为员工打造了强身健体、展示风采的活力平台。

## 六、建筑业

### (一)中国中铁

- 战略合作
  - 中国中铁十分重视与国内外各类组织和大型企业的战略合作。公司在人才培养、资金管理、施工生产、材料供应、文化构建、科技创新、战略发展等方面,与各级政府、高校、社会组织、金融机构及其他相关企业等建立了稳固的战略联盟和密切的合作关系,促进了多方优势互补,实现了资源共享与协同发展。
- 社区服务

- 中国中铁长期以来坚持"地企文明、和谐共建"的工作思路,志愿服务敬老院、医院、街道、社区、学校等地方单位,以实际行动履行企业社会责任。2022年,全公司持续以"青年文明号""青年安全质量监督岗""青年突击队"三支队伍为依托,组建青年志愿服务队2 300余支,投入包含防汛救灾、助老帮困、助力高考等工作在内的各类志愿服务达到3万余人次,开展各类志愿服务活动近3 000余次,帮扶人数超过4.5万余人次。持续开展"海外青年家访""千人百团"志愿服务活动,接续开展第六季"五彩梦想"接力计划品牌项目,其中2个项目荣获第六届中国青年志愿服务项目大赛银奖,大力弘扬社会道德风尚,积极构建和谐社会。

○ 乡村振兴
- 定点帮扶
  ◆ 创建生态文明示范村,打造美丽宜居家园。投入超过1 500万元,深入开展乡村建设、农村人居环境整治行动,在11个村实施乡村建设、人居环境整治专项工程,倾力打造干净、整洁、有序的美丽宜居家园,当地村民积极投身自己的家园建设,内生动力被全面激发。
- 产业振兴
  ◆ 突出产业振兴,进一步发挥带动作用。紧扣产业振兴带动乡村振兴这一核心,结合当地资源禀赋和帮扶前期工作成效,计划在桂东县、汝城县发展文旅产业,打造文旅品牌;在保德县继续发展光伏产业。夯实帮扶地区特色产业根基,增加帮扶地区群众长远福祉。
- 生态振兴
  ◆ 聚焦生态振兴、文化振兴,进一步深化美丽乡村建设。践行"绿水青山就是金山银山"理念,遵循因地制宜、经济适用、运行良好的原则,以乡村振兴示范村建设作为契机,深入开展农村人居环境整治提升行动,着力提升乡村精神文明和建设,按照"办点、连线、扩面、成景"的思路,抓好乡村环境、乡风文明建设工作,努力绘就乡村美丽画卷。
- 消费帮扶
  ◆ 围绕致富增收,进一步提高消费帮扶质量。着力打造更具特色的产品品牌,拓展微信公众号、电商平台、直播带货等线上营销方式,进一步便利消费者购买商品;探寻中央企业引路搭台、对外推介等方面的方法路径,畅通物流运输渠道,降低物流成本,压缩销售环节,逐步培育差异化农副产品竞争优势,加强与邻近地区市场、超市的合作,进一步深化推动消费帮扶。
  ◆ 多措并举,加大帮扶地区农产品购销力度。建立农产品销售"一平台、四机制",进一步疏通销售渠道和保障购买职工的利益。全年实现购买农产品2 248.2万元;帮助销售地区农产品220.8万元。

- 人才振兴
  - 强化人才振兴,进一步壮大农村集体经济。充分发挥挂职干部引领作用,注重发掘和培育本土人才,增强集体经济发展活力;发挥"外脑"持续拉动作用,加大人才引进力度,邀请专家、学者现场指导,为各类人才大展才华提供平台,为村集体经济高质量发展输送人才源动力。
  - 扩大培训覆盖面,提升各类人才能力素质。精准结合帮扶县实际需求,分层次、分类别组织做好各类人员培训工作,扩大培训的覆盖面,全年共培训基层干部 406 人、乡村振兴带头人 123 人、专业技术人才 1 160 人。利用公司党校等培训平台,组织 54 名帮扶县基层干部参加第二期定点帮扶基层党支书培训班,进一步发挥乡村振兴带头人的"领头雁"作用;在深入组织开展保德县"保德好司机"和汝城县"人人有技能"两个培训品牌项目的同时,打造"保德好物业"新品牌,帮助首批 44 名脱贫户家庭人员完成相关技能提升培训,为脱贫户劳动力找到了一条致富新门路。

## (二)万科集团

- 乡村振兴
  - 基础设施建设
    - 2022 年,万科继续在广东省内少数民族地区支持乡村振兴,跟进韶关市乳源瑶族自治县多镇连片乡村振兴示范带项目,在乳桂公路一侧,建成了"最美瑶客民俗通道";对瑶族大村进行改造,依托地理优势,在溯溪河沿岸形成"必背八景",带动沿线旅游业发展。
    - 必背大村是瑶族原生态村落,万科在保留村落原生风貌的前提下,对大村瑶寨进行微改造;提取瑶族建筑元素,新建过山瑶文化展厅和村民中心,完善精品民宿、特色瑶菜体验馆等旅游配套;同步改善乡村基础设施,对原村落进行电力扩容、网络信号改善和饮用水管网扩容,并改建村口广场,打造乡村公共空间。此外,在贯穿瑶族村落主题区的溯溪河,万科在沿路设置了多个可供休憩观景的节点,形成"必背八景",吸引游客驻足,进一步提升旅游体验。
    - 万科响应国家乡村振兴战略部署,支持深圳市对口帮扶汕头工作,将 2021 年及 2022 年省"630"扶贫济困日活动的认捐款合并用于在汕头支持教育基础设施建设,具体将在汕头澄海、潮阳、潮南和濠江四区捐建 9 所公立镇中心幼儿园。
  - 人才振兴
    - "万科·桂馨乡村教育支持"项目启动于 2016 年,旨在关注和支持乡村教师的专业能力发展、身心健康和职业认知,并结合教学设施捐建和相关教学实践支持,推动乡村教育。6 年来,万科在贵州省贞丰县累计投入 1 538 万元,超过

12.8万人次乡村师生直接受益。2022年在乡村教师支持的基础上,万科启动了县域乡村教育支持项目,计划在四年(2022—2025年)周期内,向湖南省永顺县通过开展桂馨书屋、桂馨科学课、桂馨乡村教师支持等系列项目,助力改善县域乡村教育环境,充分激发县域乡村教育活力。

○ 城市更新
- 新建商品房住宅小区的周边,常存在缺少专业物业管理的老旧小区和城中村。万科在多个地区进行尝试,通过政府引导、多方参与共治的方式,围绕基础设施焕新、数字化设备基建、牵动社区共建共生等板块将老旧小区居民关心的民生事项逐步落实,营造更好的家园。
  - 万物云城江汉城资为武汉江汉区99个老旧小区提供物业服务,楼龄约30年、住户超过1 000户的西马新村就是其中之一。西马新村此前没有签约物业,也没有成立业委会,存在房屋立面破损、管道老化、停车位不足等问题,是典型的老旧小区。与传统的物业管理不同,万科通过社区、街区服务的重新解构,让城市空间市政业务进入小区,打造武汉首个老旧小区"物业城市"长效治理模式。万科通过安装智慧门禁、停车与公区监控设施,并将小区楼宇信息数据、人口数据、安保监控等上传公司智慧运营调度平台,实现远程运营和智慧化管理。运用"政府出一点、百姓给一点、经营补一点"的方式,万科推动政府、企业和居民共同努力建立自我"造血"机制,降低居民缴纳的物业费用,并通过政府财政经费和小区公共资源经营及有偿服务的补充,解决老旧小区管理资金不足的难题。
- 为推动政府、居民和社会共建共治共享,探索老旧小区更新治理的可持续模式,万科与万物云、业主群体、地方政府等多方联手,积极开展"美丽社区计划""友邻计划"等行动。"友邻计划"是万科物业于2016年发起的"消费支持社区更新与文化建设"的公益行动。它以友邻市集为依托,为住户提供粮油生鲜、家居用品、教育旅游、母婴、宠物等优质产品,然后将获得的部分收入以"友邻计划"资金的名义无偿提供给所在社区,助力社区焕新升级。相关小区"友邻计划"的收入余额,可在"住这儿"App上随时查询。2022年度,"友邻计划"划定健身器材、娱乐设施及AED作为核心支持事项。截至报告期末,"友邻计划"累计募集资金已超2 910万元,覆盖3 400余个住宅小区,参与募集的住户超100万人,已助力100余个社区完成数百项的改造焕新,超百万业主受益。

## 七、汽车制造业

### (一)长城汽车
○ 社会公益

- 2022年9月5日,四川省甘孜州泸定县发生6.8级地震。灾情牵动人心,长城汽车紧急捐赠总价值200万元款项及物资驰援四川省甘孜州泸定县、雅安市石棉县及周边灾区。其中,向中国红十字基金会捐赠总价值150万元的长城皮卡,用于赈灾物资运输、灾区紧急救援以及支持灾区后续重建等事项;向中国妇女发展基金会捐赠50万元,用于妇女儿童急需物资和医疗防护用品的购买、灾区妇女儿童的心理援助等工作,与灾区人民共渡难关。

### (二)理想汽车

○ 公益慈善

- 2022年9月5日,四川甘孜州泸定县发生6.8级地震。地震灾情牵动全国人民的心,也牵动了理想汽车每一位员工的心。理想汽车在灾难发生的第一时间向四川省慈善联合总会捐赠500万元,用于支持甘孜州泸定县、雅安市石棉县及周边受灾地区的紧急救援、受灾群众生活救助以及灾后重建等相关工作。

○ 对口帮扶

- 理想汽车在2021年对口支持内蒙古巴林左旗碧流台镇团结村的工作基础上,于2022年9月新增内蒙古巴林左旗十三敖包镇东风村的扶贫支持,捐赠80 000元现金,用于当地村孤残老人和留守儿童的帮扶以及当地卫生基础设施建设,共同促进两地经济繁荣、社会进步,实现巩固脱贫成果,助力乡村振兴。

# 附录2　学术是另一种社会创业
## ——《创业型社会:中国创新五讲》评述[①]

**摘　要:** 基于社会创新创业的新兴经济形态在当今中国方兴未艾,但对于上述现象的研究相对而言较为欠缺。刘志阳教授出版的《创业型社会:中国创新五讲》一书,围绕着"从商业创业到社会创业""从社会企业到社会经济"这两条主线,分析了企业家精神、社会创业、乡村振兴、公益创投与数智创业等议题,并且重点论述了基于商业创新和社会创新的创业型社会的形成图谱。尽管在分析框架、内容安排等方面存着一些有待商榷的部分,但总体而言,该书不仅具有较高的理论价值,也有一定的政策意涵。

**关键词:** 社会创业　商业创业　社会企业　社会经济

### 一、引言:创业型社会的缘起

韦伯曾经提及,"学术生涯是一场鲁莽的赌博"。在韦伯所处的那个学术分工尚未完全展开的年代,学者们仅仅是在纯粹智力的意义上需要面对研究失败的苦涩和学术活动漫长的枯燥。在当今这个所谓"内卷"时代,学者们面临着更多的挑战。因此,如何选择自己的专业、研究对象、研究方向甚至是研究方法,已经成为一个希望获得学术成功的研究者不得不面对的挑战。特别地,对于已经成名的学者而言,迈入一个自己不甚熟悉的领域,不仅在智识上会有所冲击,更会在事业上承担相当的风险。因此,学术研究特别是从事一项完全意义上的全新研究,对于学者而言,也是一场充满不确定性、近乎赌博的冒险。很显然,《创业型社会:中国创新五讲》(以下简称《五讲》)的作者——刘志阳教授,就是这样一位富有企业家精神的学术开拓者。在过去的15年中,刘志阳教授围绕着创新创业领域,开展了大量相关的科研和教学工作,积累了大量富于洞见的学术论文与实践指南,例如,独创的"蜗牛创业心法""创业画布"等新兴分析框架(刘志阳,2018),甫一提出便获得了实务界的广泛认可和借鉴。而此次一举出版《创业型经济》与《创业型社会》两大专著,更是体现了作者强大的学术跨界能力和敏锐的研究选题意识——套用奈特的话,我们甚至可以有这样的预期:

---

[①] 原载:宋程成.学术是另一种社会创业——《创业型社会:中国创新五讲》评述[J].中国非营利评论,2021,28(2):299-309.

在这场学术冒险中,富于企业家精神的作者不仅战胜了不确定性,更将在不远的将来获得巨大的超额"回报"。

2015年前后,通过体察和感悟中国经济、社会的宏大变迁趋势,刘志阳教授凭借独到的专业眼光和敏锐的学术嗅觉,果断选取了社会经济与社会创业作为自身的研究方向。这些年来,刘志阳教授借助深入实地考察、举办学术会议、参与政策倡议和组织行业评审等多种方式,对于中国社会创业的多个维度进行了细致的剖析,并敏锐地提出了"创业型社会"正在形成的重要判断。作为社会创业领域的"执牛耳者",刘志阳教授与合作者们发表了大量的论文和评论,这些研究探讨了社会企业、公益创投、数字创业等各种新兴经济社会形态,并基于中国自身情境,探讨了社会企业作为"摆渡现象"、社会创业的文化根源等关键性学术命题。而《五讲》一书,正是刘志阳教授在社会创业领域的集大成之作。这其中既包含了作者过去多年的学术思考和洞见,也体现了作者作为管理学者和公民所秉持的价值观和追求。诚如作者在著作序言中提及的,"立足新发展阶段,贯彻新发展理念,构建新发展格局,站在新的历史起点有必要从理论上对'创新创业创造'进行一次更为宏大的基础性阐释与提升"(p.6)。笔者以为,这本书不仅是刘教授对于自身工作的提炼和升华,于学术界而言,这更是一本创业社会研究的奠基之作。它的出版不仅意味着刘教授形成了关于社会创业的独创判断,更意味着中国学者逐步摆脱西方强势学术话语、立足中国情境提出契合实际的分析架构。无论是有志于从事中国社会创业和社会经济研究的学者,还是公共政策的制定者,抑或是相关领域的实务工作者,都可以在本书中寻找到可供借鉴的思想资源。而对于初学者而言,这本书则可以被视为最佳的入门读物。

作为《五讲》的第一批读者,笔者尝试着对其进行深入解读:首先,简单概述该书的主要内容,并提炼其核心命题,从而更好地向读者介绍该书的主要贡献;其次,围绕着社会创新创业的基本特征,对于书中的一些关键点做出一定的评论,从而就可能的不足提出一些建议。

## 二、从商业创业到社会创业

作者在序言中开宗明义:创业型社会,是指由商业创新和社会创新驱动,制度创新作为保障,充满创新创造活力的一种新型社会形态,创业型社会是人们追求自由方式的主动选择(p.1)。因此,贯穿着《五讲》一书的一条隐含主线就是,中国的经济是如何逐步从商业创业时代进入到社会创业时代的。这就需要对这两种创业形式进行详细界定。作者认为,社会创业大致上有如下几个特征:(1)解决社会问题导向,而不是利润导向。社会创业解决的社会问题主要包括两个领域:一部分是传统市场力量不愿做、政府和慈善也无效的复杂领域;另一部分是被排斥在市场之外的,长期依赖社会援助或救济的个体借助商业力量实现自我发展的领域。从这个意义上说,社会创业活动区别于商业创业活动。(2)采取了创建或创业形式,分别以项目创建、企业新创或组织内部创业的形式进行,上述形式是鼓励多元创新和跨部门创新的,也鼓励一定程度的市场化经营以获得一定商业收入来维持组织自身可持续发展。在这个意义上的社会创业活动区别于传统慈善活动。(3)在未来,组织利润分配是有限制的。在作者看来,社会创业者创立的组织,其收益应该再投入社会公益事业中,组织可能越做越大,但受益者永远是社会,同时,这一限制应该是未来创业型社会中的一种基本特点。在强调"共同富裕""第三次分配"的当下,社会创业的理念可谓正当其时,而作者在分析中偏重于创业的社会属性、公共属性和时效性等内容的介绍,亦表明这一概念阐述并不是单纯的"吊书袋",而是基于实际的严格界定。

围绕着商业创业与社会创业的相关实践,《五讲》首先在第一讲("企业家精神:从冒险到责任")中探讨了近四十年来的中国企业家精神发展。作者强调,从政府通过引入市场机制,形成第一部门和第二部门间良性互动,是商业创业活动的基础性条件;这其中涉及不同类型的企业家精神与创业活动,也涉及制度创新和制度型开放之于进一步拓展改革红利、激发企业家精神的积极意义,以及为了弘扬社会企业家精神,制度与政策层面的突破口在何处;进一步地,作者还以家乡泉州的企业家精神与创业活动演变为例,探讨了作为创业主体的企业家群体从冒险转向责任的潜在心路历程,从而推动泉州市经济社会的整体性转型。在作者看来,中国的企业家精神逐步转向社会创业领域,本质上是一种文化意义(儒家式义利兼容)的回归和复兴,而非简单的"舶来品"。

同时,作者另辟蹊径,在第二讲("乡村振兴:从乡建到乡创")中围绕着乡村振兴这一重要的话题,开展了乡村创新创业的相关研究。这些研究主要依托上海财经大学"中国千村调查"的调研数据来开展农村创业相关的分析。特别地,这些研究不仅涉及传统意义乡村商业创业的具体模式及其分类、资源枯竭地区女性创业的政策设置以及创业行为之于农民自身幸福感的促进作用。此外,在这一讲中,也探讨了借助社会创业来实现乡村振兴的各类机制。作者强调,乡村创业,尤其是乡村社会创业,是一种能够平衡外来援助与乡村内生发展的关键手段,并在相当程度上已为国内外经验所验证。这其中值得关注的是,作者对比国内外社会创业机制并且梳理出社会创业的机会识别、机会开发以及机会实现三大阶段。

《五讲》还结合技术创新维度,在第五讲("数智创业:数智时代的破坏性力量")中探讨了数字智能技术的产生,对于中国社会创意阶层(即创客)以及新兴社会治理模式产生的潜在影响。在这一讲中,作者专门提及,"互联网革命遗产酝酿并开启了一个更加崭新的数字化和智能化的时代",同时,作者强调"数智时代"本质上带有一定的"破坏性"(p. 217)。上述内容既涉及对人工智能之于商业创业范式的重新塑造和赋能作用的分析,也梳理了区块链技术如何促进社会创新的具体机制,还分析了数字技术进步对于社会创业的赋能赋权与规制作用。在这些分析的基础上,作者在政策层面,针对价值链环节锁定、区域发展不平衡、平台垄断与个体数字化生存困境等技术带来的时代问题,提出了针对性的对策——构建包容性数字创新创业体系。

除了以上具体的理论与政策问题分析,《五讲》一书中还隐含地分析了以下两个学理问题:第一个问题是,社会创业的研究对象,或者说真正值得概念化的一个难题,在现实中到底是需要基于创业的社会创业还是基于社会的社会创业(p.221)?事实上,基于创业的社会创业,很有可能就是创业管理的一个特殊分支,其本质上是创业活动的类型化。而基于社会的社会创业,本质上是一个混合类型,需要考虑公益特征之于社会创业活动的塑造和影响,从而使得传统意义的创业分析手段和方法难以被直接借鉴和挪用。从《五讲》整体的内容来看,作者的重点还是放在了"基于创业的社会创业"之上。

第二个问题是,社会创业到底是一个摆渡现象还是一个长期现象(p.221)?作者曾提及,社会创业的本质是一个"摆渡"——社会企业家不断去开拓新的市场领域和机会,当商业机构逐步进入新兴市场时,社会创业者应该主动退出,并且去新的领域创业或者起到桥梁作用,帮助更多的商业机构进入这些领域。在这个意义上,社会创业者的本质是一个连续创业者,而不是一蹴而就的投机者。但是,必须指出的是,大部分社会问题之所以难以彻底根除,正是源于其长期性和重复性,因而某些领域的社会创业可能长期存在,而不是简单的创立与退出。

### 三、从社会企业到社会经济

创业型社会的核心内涵是以社会公益为主去探讨创业创新活动的运行机制。因此,在《五讲》中,作者专门安排了与社会企业与公益创投相关的一些议题。在第三讲("社会创业:新商业的崛起")中,社会企业被认为是一种基于机会导向和社会创新的组织形态,其主要目标在于能够实现公益(社会)与商业的相互链接,从而使得一部分企业家得以获得一定程度的"致良知"理想(p.113)。

作者对于社会企业的认识,与国内外学术的认识有着一致性,即认为社会企业是建立在"混合型"组织的特点之上,并且试图表明社会企业与传统商业企业和非营利(社会)组织的不同,进而确立了社会企业存在和发展的原因。但是,作者也提出,单纯从混合性出发来推断和确立社会企业的产生和发展,在某种程度上会导致人们认知的混乱(如对共享单车属性的界定),使得所谓的社会企业被认为是某类企业的变种。尤其是混合性问题的存在,使得商业和公益内在地被对立起来,学者们如何看待公益和商业的关系,以及如何判断社会与市场之间的相互影响,构成了理论上的难题和实践上的困境。例如,两光之争的出现,便是源于公益事业商业化、社会事业民营化风险问题的争议,在大力发展社会企业等组织形态的同时,传统意义社会领域和市场领域的边界正在变得越来越模糊。在作者看来,公益和商业的边界问题的探讨,仍然是一种偏于概念的分析,在现实中不同实践形态纠缠共存的情形下,从社会创新创业的角度来探讨,更加有助于我们理解公平和效率的共同存在,以及通过更有效率的技术和手段来推动特定社会问题的解决(p.163)。

结合社会企业的上述特征,作者也认同,社会企业、影响力投资等形式乃是社会具备强大的自我改造和创新能力的重要例证和标志;同时,经由社会创业所创立的社会企业也可被确立为化解非营利部门内部的"志愿与商业"对抗危机的重要基础,即通过设立一系列必要的治理和管理约束,社会企业完全有机会克服传统商业偏重利益而非营利部门缺乏必要能力的缺陷,从而成为政府实现良好治理的重要助力。但是,如何把握社会企业的这种潜力?毕竟,上财团队自己整理的调研数据显示,从2015年开始到2019年四年间,中国社会企业的数量尽管有了长足的增长,但是社会企业的规模总体来说还较小,社会企业普遍面临着合法性不足、难以获取资金资源的困境。

对此,作者在"中国社会企业的生成逻辑"中给出了自己的答案:即认为社会企业的生成经历了国营单位、福利企业、社会组织、企业社会责任、社会企业等不同历史阶段,其产生是国家、市场和社会三方互动的历史结果——儒家义利兼顾思想是中国社会企业产生的思想根基,单位办社会体制和政府隐性期待是制度基础,西方社会企业理念传播和中国市民社会发育奠定了参与基础,社会创业的大规模涌现是直接市场条件。中国社会企业具有义利兼顾、机会导向和变通参与等不同于西方社会企业的本质特征(pp. 143-159)。进一步地,作者发现,传统的企业社会责任行为也正在逐步转型为公司社会创业行为,这不仅有助于大型企业发现特定商业机会,还使得企业社会责任的履行由形式主义变为实质行动。

谈及社会企业的创立和发展,就必须重视一种社会导向形式的金融活动——公益创投。在第四讲("公益创投:新金融的上场")中,作者对于公益创投的基本概念、在西方的相关实践以及其如何在中国获得长足发展等内容,做了相关介绍。一般而言,公益创投被认为是风险投资的具体机制在社会实践领域的应用和拓展,学者们对其共识如下:一是公益创投涉及风险投资的基本原则和方法的应用;二是目标是促进非营利组织的有效发展。换言之,公益创投在很大程度上是知识实践领域中的一种"特殊"风险投资,公益创投指导和分析工具可以借鉴及应用风险投资(宋程成,2021)。作者提出,公益创投的核心是追求社会影响力的最大化,注重"将投资理念运用至社会部门"以确保财务回报上的稳健性(斯晓夫、刘志阳等,2018)。作者还发现,国内在引入公益创投后,主要投资实体却是以政府部门为主,基金会等的参与力度相对较小,但是仍然形成了一定程度的公益创投网络,如何把握这些创投网络主体是实现其治理的重要前提。除了偏重投资社会创业的公益创投,作者还分析了影响力投资,在文中,影响力投资被界定为"除了获取财务收益,还会贡献可衡量的积极社会或者环境投资"(p. 208)。由此可见,在作者眼中,公益创投是在创造社会影响力的基础上获取一定的财务回报,而影响力投资是在确保财务回报的前提下实现相应的社会影响,两者虽然存在着一致性,但也有着本质上的差异。从某种程度而言,公益创投的主体可能是基金会或者政府委托的机构,而影响力投资的主体则多数是风险投资。从投资对象的角度来看,公益创投的核心是社会企业,而影响力投资则会关注那些有着ESG(Environment, Society & Governance)意识的企业。当然,所有的这些主体,本质上都是社会创业必须考虑的对象。

无论是社会企业的发展,还是公益创投、影响力投资的活跃,都预示着公益新前沿的到来以及商业向善的演变,这在本质上体现为一种新兴的经济形态——社会经济的产生。社会经济,可以被视为那些为主流商业经济所忽略的多个潜在社会市场及其对应的经济性行为所产生的价值,作者认为,社会经济可以包含金字塔低端市场和公共服务市场两个大的方面,而推动社会经济发展的关键则在于社会创业发展、社会企业的规模化以及公益创投和影响力投资的助推。在笔者看来,作者关于社会企业和社会经济蓝图的思索,都立足于一个微观的起点,即特定的社会创业行为以及相应的社会创新活动,因此,只有把握了社会创业活动在不同阶段所需的资源以及其潜在的社会影响,才有可能抓住社会经济的真正内核。正如作者所言,"社会经济的形成是社会创业者推动的,是社会企业规模化乃至扩散化的产物,是政府积极助推的结果。社会经济培育不仅仅是社会创业者利用机会、资源动员和社会创新的结果,更是社会创业者带动他人,和政府、企业、非营利组织共创的结果"(p. 210)。无论认同与否,当我们认真读完整本《五讲》时,都不得不佩服作者强大的逻辑演绎能力和出色的理论想象力。

**四、简评:超越纯粹概念迷思**

刘志阳教授以社会创业活动分期作为理解整个创业型社会的起点,在整体上把握了这一社会中独有的制度创新、技术创新和社会创新形式,以及其对于人们的经济和生活的影响。这种理论建构的雄心和分析的大开大合,很难与《五讲》整本书中所呈现的内容形成完美的契合,特别地,作者在书中使用了大量的新兴概念和理念,却无法做到逐一分析和介绍,最终导致不少分析流于表面,难以与这些概念所对应的文献进行有效对话,亦无法将一些基本的实践与这些概念形成印证。具体来看,《五讲》一书在分析框架、内容安排和政策启示三个方面存在着一定的不足:

第一,《五讲》整体意义上理论架构较为松散,看似存在着统一的分析框架,但是无法对文本中的各个概念形成"统摄性"。例如,作者曾经提及,从创业型社会的理论看,中国社会呈现从管理型经济到创业型经济并且最终过渡到创业型社会的特点(p. 5)。可以说,《五讲》整本书都是围绕着创业型经济形态下,创业型社会是如何形成的这一基本框架来勾勒的。应该说,这种阶段论式的划分有着其学术价值,但这一框架划分能够在何种意义上帮助我们理解中国当前经济的发展状况,是值得进一步讨论的。这是由于,作者为了区分明显的阶段,强行将一些经济活动的特点进行了静态切割,而忽视了这些活动很有可能是同一个主体施为的。如果我们从其他的理论视角看,就会难以认同作者的一些判断。比如,作者强调,管理型经济的支柱产业是"传统工业",创业型经济的支柱是"高科技产业+新兴产业",而创业型社会的前提是"分享经济+平台经济"。事实上,从目前来看,缺乏传统工业,我们无法产生新兴产业,更无法形成分享经济或者平台经济,同时,我们也很难区分高科技产业与平台经济之间的边界在哪里。换言之,这些静态阶段分析的划分标准非常模糊,甚至缺乏关键的判断指标。类似的情况也存在于作者探讨社会创业阶段划分和公益创投分类等内容时,应该这样说,作者的概念化做得非常出色,但是具体操作化则会因为研究对象的变化而参差不齐。

第二,由于分析框架的概念松散以及操作化相对不足,使得《五讲》的内容安排呈现一定的"头重脚轻"和"前后分离"。作者确立了"创业型社会"这一关键概念,也对其核心内容进行了深入剖析,并且通过阶段论的划分,明确了创业型社会的种种特征,并据此来安排相应的文本内容。尽管如此,仔细阅读全书,仍然会发现,由于涉及的概念和内容过于庞杂和繁复,这必然无法保障每一块内容都获得必要的着墨。例如,作者在开篇就特别提及,创新是创业型经济和创业型社会的关键内容,但在所有五讲内容中,涉及创业型社会中的创新内容介绍并不充分。特别地,文本中缺少对于社会创新、商业创新和制度创新三个概念内容的细致分析,可以说,全文"创新"至上,却没有任何创新相关的章节进行介绍和分析。又如,直接阅读《五讲》的目录,就会发现乡村振兴这一讲内容很难与其他几讲之间形成有机整合。类似的问题体现在每一讲当中,则会发现,其中总有一些小节很难与某一讲中的内容形成有机整合,譬如,第一讲的最后一节突然讲到了贸易摩擦与企业家信心之间的关系,这一章节既难与企业家精神的理论探讨有所呼应,也无法佐证与整本书的基本分析框架。进一步地,整本书中既有一部分理论性论述,也有相应的经验分析和实证研究,但我们仔细分析这些内容会发现,其组合方式略显"机械"。

第三,由于作者对创业型社会寄予了一定的价值期待,因此,《五讲》对于社会创业、社会经济等负面影响的探讨相对欠缺。例如,笔者曾对中国社会企业的发展有一定的统计,数据显示,大部分获得慈展会认证的社会企业活跃在养老、环保、青少年儿童(教育)和弱势群体救济等领域,其中,超过80%的组织运用依靠收取服务收费作为自身的经济收入,其销售对象既有相关市场主体,也包括各级政府;同时,负责认证的社创星披露的资料显示,截至2018年,已经获得认证的234家社会企业中,大约有65%的社会企业是以企业方式注册,另外一些是以社会组织形式注册的。笔者以为,在现阶段,社会企业至少面临着经济上存在替代物、政策上难以严格落实以及道德上过度制造社会问题的潜在危机(宋程成、任彬彬,2020)。而对于这些问题,《五讲》在相当程度上进行了忽略。进一步地,即便是在公益创投领域,也存在着这样一个危机,即当政府投资占比较高且社区缺乏必要的参与度时,公益创投变成了类似传统政府购买服务的一种方式,其项目选择往往会体现出政府的政策需要,在这种情况下,公益创投更多变成了政府鼓励社会治理创新的一个集成式"平台"(宋程成,2021)。

此外,由于社会创业和创业型社会本身涉及公共管理、战略管理、社会学、创业学等多个领域,有时候《五讲》在引用一部分文献时,也会出现"张冠李戴"的情况。例如,作者提到,新公共管理倡导"行政吸纳社会",政府应该与私营部门、社会部门共同构建新型关系来改善公共服务状况(p.144)。这一简单的判断存在着两个问题:其一,"行政吸纳社会"是从国家社会关系的角度来立论的,并不涉及政府、市场、社会三个部门的关系;其二,在原作者看来,"行政吸纳社会"并不是一种平衡的合作关系,也并不涉及社会企业这一主体的产生(康晓光、张哲,2020)。

最后,就终极的意义而言,笔者完全认同《五讲》的以下倡议:"我们倡导社会创业,培育社会经济,不仅有利于商业发展,也更加有利于我们社会革新跟系统的稳定。尤其它关乎我们人类自身,关乎我们每个人心灵向善。"(p. 291)因此,如果我们试图创立起富于道德和创新精神的新兴经济形态,就不能满足于在概念上的比较和创造,更要在制度上创设出可持续的企业形式和金融手段,以确保其更好地服务社会,从而使得社会企业这一"混合体"不仅成为学者们的理想和期许,更成为创业者们的重要备选方案。从这个角度看,《五讲》一书必将闪烁长久的光芒。

## 参考文献

[1] 刘志阳. 创业型社会:中国创新五讲[M]. 上海:上海财经大学出版社,2021.

[2] 刘志阳. 创业画布[M]. 北京:机械工业出版社,2018.

[3] 康晓光,张哲. 行政吸纳社会的"新边疆"——以北京市慈善生态系统为例[J]. 南通大学学报(社会科学版),2020,36(2):73−82.

[4] 宋程成. 从公益创投到创造性治理——基于江南县实践的制度分析[J]. 公共管理学报,2021,18(1):90−101+172.

[5] 宋程成,任彬彬. 群体多元化与社会企业成长:基于结构起源视角的考察[J]. 福建论坛(人文社会科学版),2020(6):115−124.

[6] (加)斯晓夫,刘志阳,等. 社会创业:理论与实践[M]. 北京:机械工业出版社,2018.

d